万家寨引黄入晋工程地质勘察与研究

宋 嶽 张怀军 李彦坡 徐建闽 著

黄河水利出版社

内 容 提 要

万家寨引黄入晋工程是以地下工程为主的长距离跨流域的调水工程。本书主要介绍:各勘测设计阶段主要工作内容和勘察方法,隧洞经过的主要地层的工程性质和工程地质问题,TBM 隧洞工程地质,地下泵站工程地质,地下工程动态变化,以及大梁水库工程地质等。对 Q_3、Q_2 黄土和 N_2 红土工程性质、隧洞外水压力折减系数、TBM 隧洞围岩分类、高内水压力隧洞勘察及隧洞涌水动态变化等提出一些新的认识和观点。

本书可供从事长距离调水工程、地下工程、TBM 隧洞工程的地质、设计、科学试验及工程建设人员参考。

图书在版编目(CIP)数据

万家寨引黄入晋工程地质勘察与研究/宋嶽等著.—郑州:黄河水利出版社,2007.12
ISBN 978-7-80734-326-4

Ⅰ.万… Ⅱ.宋… Ⅲ.黄河—引水—水利工程—地质勘探—山西省 Ⅳ.P641.622

中国版本图书馆 CIP 数据核字(2007)第 205887 号

组稿编辑:王路平 电话:0371-66022212 E-mail:wlp@yrcp.com

出 版 社:黄河水利出版社
地址:河南省郑州市金水路 11 号 邮政编码:450003
发行单位:黄河水利出版社
发行部电话:0371-66026940、66020550、66028024、66022620(传真)
E-mail:hhslcbs@126.com
承印单位:河南省瑞光印务股份有限公司
开本:787 mm×1 092 mm 1/16
印张:10.75 彩插:4
字数:260 千字 印数:1—1 000
版次:2007 年 12 月第 1 版 印次:2007 年 12 月第 1 次印刷

书号:ISBN 978-7-80734-326-4/TV·537 定价:30.00 元

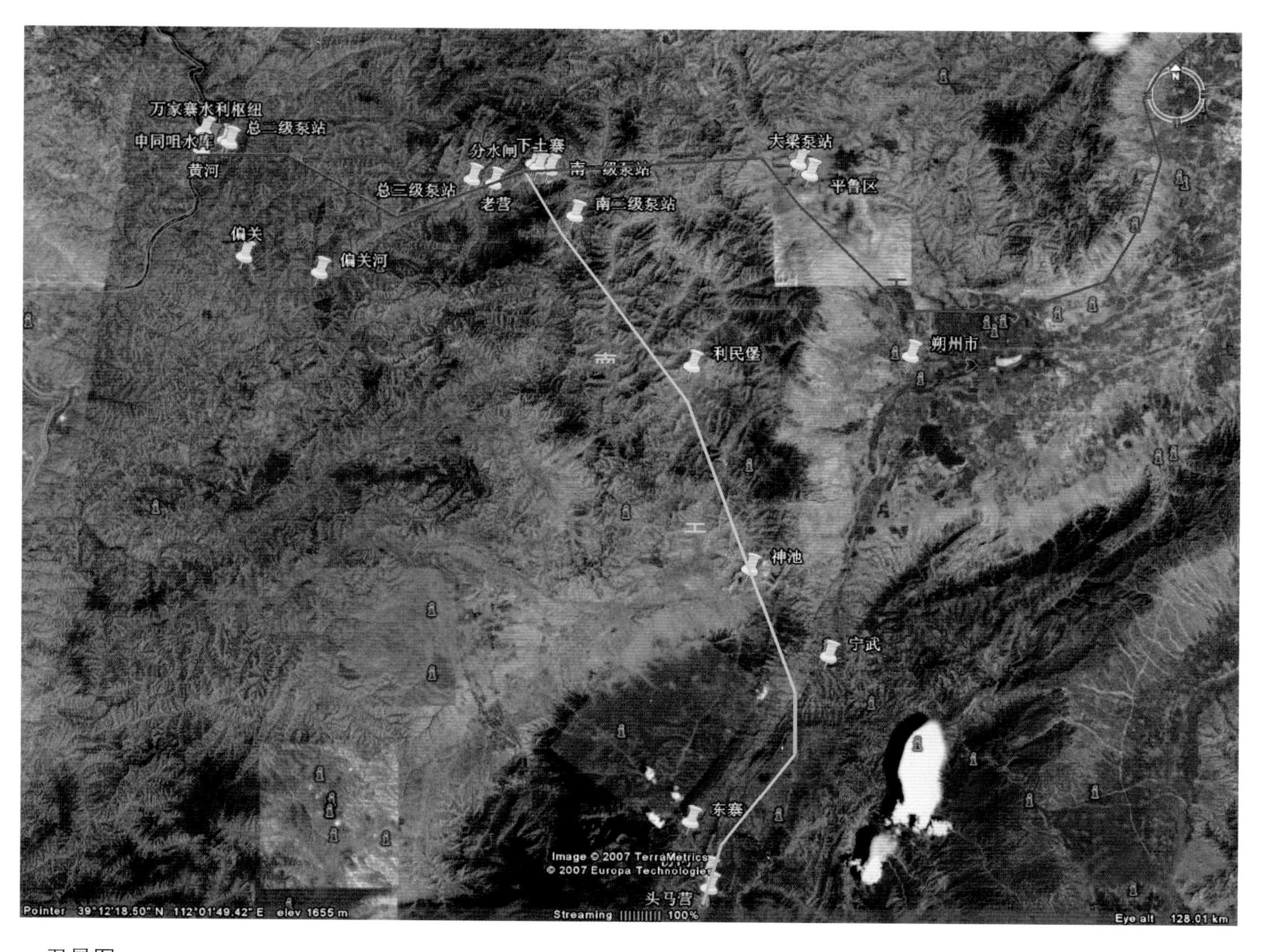
万家寨水利枢纽
总二级泵站
中同咀水库
黄河
分水闸
下土寨
南一级泵站
总三级泵站
老营
南二级泵站
大梁泵站
平鲁区
偏关
偏关河
利民堡
朔州市
神池
宁武
东寨
头马营
Image © 2007 TerraMetrics
© 2007 Europa Technologies
Pointer 39°12'18.50" N 112°01'49.42" E elev 1655 m
Streaming |||||||||| 100%
Eye alt 128.01 km

卫星图

建成后的申同咀水库

头马营明渠消力池部分

南干线一级泵站

木瓜沟埋涵全景

总干线一级泵站主厂房第三层开挖后的景象

总干线三级泵站施工场区

水泉河渡槽工程

洞内场景

TBM掘进出洞瞬间

TBM成洞

泵站高压钢衬管道浇筑混凝土

总干线8号洞口内混凝土预制管片施工后状况

TBM1在西坪沟渡槽进行检修

序

万家寨引黄入晋工程位于山西省西北部，从黄河万家寨水利枢纽引水，分别向太原、大同、平朔三个能源基地供水。工程由总干线、南干线、北干线和联接段组成，全线工程段总长 371.45 km，其中总干线长 44.4 km、南干线长 102 km、北干线长 166.9 km。南干线出口头马营至太原市呼延水厂有 81.2 km 天然河道和 58.15 km 输水管线。设计引水流量 48 m^3/s，年引水量 12 亿 m^3。

引黄工程输水线路长，建筑物众多，沿线地形、地质条件复杂，线路所经地带有高山峻岭、深切河谷和断陷盆地，大部地区为黄土所覆盖。引水工程需提水，总扬程达 600 多 m。在规划阶段对清水河线（岱海线）、万家寨线、龙口线、天桥线、军渡线、碛口线（黑峪口线）等调水方案及线路进行比选论证。水利部天津勘测设计研究院自 1983 年承担了工程勘测设计工作，工程总干线、南干线 2002 年建成通水。

《万家寨引黄入晋工程地质勘察与研究》是对 20 余年来工作和经验的总结。在引水线路方案比选的工程地质勘察工作中，在查明各线路基本地质条件的基础上，特别注意对工程线路有重大影响的地质问题的勘察，例如煤矿采空区和压煤问题、岩溶问题、区域性断裂问题、区域地下水及特殊岩土问题等。对工程所遇到的湿陷性黄土、上第三系红土（N_2）、膨胀岩（土）等的工程特性进行了详细的科学试验研究。对湿陷性黄土隧洞、N_2 红土隧洞、灰岩地层中隧洞的岩溶问题、隧洞的突水涌水问题、高地下水位外水压力及折减问题、TBM 隧洞工程地质、地下泵站工程地质及高边坡的稳定与支护等问题都进行了专题性研究；对地下工程出现的塌方、变形、涌水及动态变化等进行了分析研究。同时还对长引水工程的勘察方法和新技术（如高压压水试验等）进行了论述。对 TBM 法施工的隧洞工程地质勘察、围岩的分类、工作方法等开拓了一些新思路和研究领域。有部分勘察成果如外水压力折减系数、TBM 隧洞工程地质等已编入《水利水电工程地质勘察规范》（报批稿）中。

万家寨引黄入晋工程地质勘察及 TBM 长隧洞工程地质研究等的宝贵经验和一些新的思路，将给我国大型调水工程建设的地质勘察及设计提供有益的借鉴和启示，也有助于提高我国的水利水电工程建设水平。

中国工程设计大师 王宏斌

2007 年 8 月 7 日

前　言

万家寨引黄入晋工程位于山西省西北部。从黄河调水滋润三晋大地、改善城市供水状况和满足工农业发展的需要，是山西人民长期的期盼与奋斗目标。

该工程的主要特点是：输水线路长、需修建多级大泵量的扬水工程和深长隧洞，线路地区工程地质条件复杂，且工程地质问题甚多，工程投资巨大。由于工程各方面条件的制约，使工程经历了长期而复杂的前期策划与勘察设计阶段，并经历了多种工程线路方案的反复比选与优化过程。在20世纪80年代，工程地质勘察在湿陷性黄土隧洞、N_2红土隧洞、高扬程大跨度地下洞室工程、岩溶、膨胀性岩土、蚀变砂岩、地应力、高外水压力、TBM隧洞工程地质和湿陷性黄土地区兴建大型调蓄水库等方面，还存在理论认识、勘察方法与评价等方面的不足。通过长期工程勘察实践，逐步掌握了解决这些问题的方法，取得了许多认识上的改进与突破。

万家寨引黄入晋工程的胜利竣工，标志着我国在长距离调水工程、TBM深长隧洞工程和具有复杂工程地质条件下地下工程的勘察、设计、施工及管理已进入一个新的发展阶段。因此，进行万家寨引黄入晋工程勘察的技术总结是十分必要的，也是参加本工程地质勘察工作者的愿望与要求。

在本书完成之际，首先感谢山西省万家寨引黄工程管理局长期对工程勘察的关心与支持；感谢中水北方勘测设计研究有限责任公司勘察院在本书编写过程中的大力支持。我们缅怀原天津院李通文总工程师，在他的有生之年对引黄工程做过巨大贡献；对长期关心、支持地质勘察工作的闵家驹总工、仇德彪设总表示感谢；对在本工程中付出艰辛劳动的主要地质负责人秦增荣、刘冀山等表示敬意；对中国科学院地质研究所曲永新研究员在湿陷性黄土、膨胀岩、蚀变砂岩的研究给与的帮助与指导表示感谢；对中国地震局地壳应力研究所李方全研究员在地应力方面的研究给与的帮助和指导表示感谢。在本书编制过程中，中水北方勘测设计研究有限责任公司勘察院黄翠稳高级工程师绘制了插图，程莉助理工程师完成了大部文字的打印工作，黄全京高级工程师在稿件的整理、核对方面做了很多的工作，在此一并表示感谢！

中国工程设计大师王宏斌在百忙之中为本书作序，闵家驹总工程师对本书进行了认真的审阅，提出了许多宝贵的意见，在此表示衷心的感谢！

由于本工程勘察时间长，各种资料文献繁杂和涉及的方方面面较多，编写内容不可避免地存在许多遗漏和错误，尤其是提出的一些新观点、新方法，还有待工程实践的检验与改进。作者诚恳地希望读者与专家们不吝赐教、批评指正。

作　者

2007年9月于天津

目　录

绪 论

山西省地处黄土高原,是我国水资源最紧缺的省份之一。全省多年平均水资源总量为123.8亿 m^3,居全国倒数第2位。人均占有水资源量381 m^3,相当于全国人均水平的1/6,世界人均水平的1/20。

山西省以其丰富的煤炭和矿藏资源,成为国家重要的能源重化工基地。但由于水资源的极度紧缺,限制了山西将资源优势转化为经济优势。根据中国科学院《2002年中国可持续发展战略报告》,山西省在全国区域水资源指数排序中居倒数第3名,受此影响山西省在区域可持续发展总体能力排序中居第28位,仅排在青海、贵州和西藏之前。

太原、大同、朔州三个城市是山西省经济发展较快、大型能源重化工企业集中的城市,水资源短缺矛盾也特别突出。三个城市现状人均水资源占有量分别只有168 m^3、283 m^3和491 m^3,均属于资源型缺水城市,目前三个城市的水资源开发利用率均超过70%,特别是太原市的水资源开发利用率高达81.6%,大大超过了合理的开发利用限度。为了满足国家对本地区能源工业发展的需要,三个城市多年来除大量挤占农业用水外,都采取了大量超采地下水的应急措施,但仍有企业因供水不足不得不采取限产措施,而且造成大面积的地面沉降、水地变旱地、城市居民间断供水、火电厂新装机组不能正常运行等严重局面。

因此,万家寨引黄入晋工程是山西省的"生命工程",是山西省经济社会可持续发展的必然选择。这项工程建成后,将为缓解山西省水资源危机、促进国家能源工业基地建设、振兴山西经济发挥巨大作用。

万家寨引黄入晋工程,是山西省有史以来最大的水利建设项目,被世界银行专家誉为"具有挑战性的世界级跨流域引水工程"。该工程位于山西省西北部,在万家寨水利枢纽取水,由总干线、南干线、联接段和北干线等部分组成,输水线路全长452.65 km。

万家寨水利枢纽位于黄河北干流托克托至龙口河段峡谷内,是黄河中游规划开发的八个梯级电站之一,左岸隶属山西省偏关县,右岸隶属内蒙古自治区准格尔旗。枢纽坝型为混凝土重力坝,坝高90 m,坝长438 m,总库容8.96亿 m^3,坝后建有调峰电站,总装机容量108万kW,年发电量27.5亿kWh。枢纽的主要任务是向山西省和内蒙古自治区供水,发电调峰,同时兼有防洪、防凌作用。

引黄入晋工程从万家寨水利枢纽大坝左岸2号、3号坝段上两个取水口取水,枢纽至偏关县的下土寨分水闸为总干线,长44.4 km,引水流量48 m^3/s,年引水总量12亿 m^3,主要建筑物有3座扬水泵站、11条隧洞、4座渡槽及1座调节水库等。经下土寨分水闸分水后,向太原输水的工程为南干线,长102 km,引水流量25.8 m^3/s,年引水总量6.4亿 m^3,主要建筑物有2座扬水泵站、7条隧洞、3座渡槽、2条埋涵及1段明渠等。向大同、朔州输水的工程为北干线,长166.9 km,引水流量22.2 m^3/s,年引水总量5.6亿 m^3,主要建筑物有北干线1号隧洞、大梁水库、大梁地下泵站、明渠、埋管及赵家小村水库等。南干线7号隧洞出口至太原市呼延水厂为联接段,长139.35 km,引黄水从位于山西省宁武县境内头马营的南干线7号隧洞出口进入汾河，至汾河水库的81.2 km利用汾河天然河道输水，引黄水经汾河水库调节后，采用隧洞及埋管输水至太原市呼延水厂，线路长58.15 km，设计引水流量20.5 m^3/s。

本工程分两期建设，一期工程经总干线、南干线及联接段向太原市年供水3.2亿m^3；二期工程经总干线、北干线向大同、朔州年供水5.6亿m^3和最终向太原年供水6.4亿m^3。

一期工程于1993年开工，历经10年建设，2002年10月18日实现全线试通水，2003年11月起正式向太原市供水。

万家寨引黄入晋工程技术特性见表0-1～表0-4，输水线路布置见图0-1。

表0-1 引黄入晋工程总干线泵站技术特性

项目	设计扬程(m)	厂房型式及尺寸 长×宽×高(m)	装机台数	单机流量(m^3/s)	单机容量(MW)	备注
一级泵站	140	地下泵站 148.8×17.6×33.2	10	6.45	12	其中一期装机台数均为3台
二级泵站	140	地下泵站 148.8×17.6×33.2	10	6.45	12	
三级泵站	76	地面泵站 124.3×19.6×36.7	10	6.45	6.5	

表0-2 引黄入晋工程总干线输水建筑物技术特性

序号	项目	长度(m)	断面形式及尺寸(m)	设计流量(m^3/s)	运行条件	备注
1	1号隧洞	139.0	圆形 $D=4.0$	24	有压	钻爆法施工
2	2号隧洞	126.3	圆形 $D=4.0$	24	有压	钻爆法施工
3	3号隧洞	812.2	圆形 $D=5.6$	48	有压	钻爆法施工
4	一级泵站					地下泵站
5	4号隧洞	1 698.9	圆形 $D=5.6$	48	有压	钻爆法施工
6	二级泵站					地下泵站
7	申同咀水库					日调节水库
8	5号隧洞	177.8	圆形 $D=5.6$	48	无压	钻爆法施工
9	6号隧洞	6 525.1	圆形 $D=5.46$	48	无压	TBM施工
10	1号渡槽	74.0	矩形 $B\times H=5\times4.95$	48	无压	沙峁西沟
11	7号隧洞	2 685.0	圆形 $D=5.46$	48	无压	TBM施工
12	2号渡槽	90.0	矩形 $B\times H=5\times4.95$	48	无压	沙峁东沟
13	8号隧洞	12 176.6	圆形 $D=5.46$	48	无压	TBM施工

续表 0-2

序号	项目	长度(m)	断面形式及尺寸(m)	设计流量(m^3/s)	运行条件	备注
14	3 号渡槽	330.4	矩形 $B \times H = 5 \times 4.95$	48	无压	水泉河
15	9 号隧洞	217.0	马蹄形 $R = 5.36$	48	无压	钻爆法施工
16	4 号渡槽	57.0	矩形 $B \times H = 5 \times 4.95$	48	无压	东小沟
17	10 号隧洞	7 380.0	城门洞形 5 ×5.36	48	无压	钻爆法施工
18	三级泵站					地面泵站
19	11 号隧洞	10 032.4	城门洞形 5 ×5.36	48	无压	钻爆法施工
20	下土寨分水闸					竖井式

表 0-3 引黄入晋工程南干线泵站技术特性

项目	设计扬程(m)	厂房型式及尺寸长×宽×高(m)	装机台数	单机流量(m^3/s)	单机容量(MW)	备注
一级泵站	140	地面泵站 84.9×20.0×37.9	6	6.45	12	其中一期装机台数均为 3 台
二级泵站	140	地面泵站 84.9×20.0×37.9	6	6.45	12	

表 0-4 引黄入晋工程南干线输水建筑物技术特性

序号	项目	长度(m)	断面形式及尺寸(m)	设计流量(m^3/s)	运行条件	备注
1	1 号隧洞	876.4	马蹄形 $R = 4.24$	25.8	无压	钻爆法施工
2	1 号渡槽	700.5	矩形 $B \times H = 4 \times 4$	25.8	无压	偏关河
3	一级泵站					地面泵站
4	2 号隧洞	1 902.5	马蹄形 $R = 4.24$	25.8	无压	钻爆法施工
5	2 号渡槽	97.4	矩形 $B \times H = 4 \times 4$	25.8	无压	龙须沟
6	3 号隧洞	4 184.7	马蹄形 $R = 4.24$	25.8	无压	钻爆法施工
7	压力埋涵	46.4	圆形 $D = 4.0$	25.8	有压	信虎辛窑
8	二级泵站					地面泵站
9	4 号隧洞	6 882.0	圆形 $D = 4.3$	25.8	无压	TBM 施工
10	3 号渡槽	370.0	矩形 $B \times H = 4 \times 4$	25.8	无压	西坪沟
11	5 号隧洞	26 449.4	圆形 $D = 4.2 \sim 4.3$	25.8	无压	TBM 施工
12	1 号埋涵	622.5	圆形 $D = 4.2$	25.8	无压	木瓜沟
13	6 号隧洞	14 545.1	圆形 $D = 4.2$	25.8	无压	TBM 施工
14	2 号埋涵	720.0	圆形 $D = 4.2$	25.8	无压	温岭
15	7 号隧洞	42 565.0	圆形 $D = 4.2$	25.8	无压	TBM 施工
16	明渠	472.0	梯形 $B = 6$ m, $M = 1:1.5$	25.5	明渠	头马营

本工程全线的工程地质勘察工作由中水北方勘测设计研究有限责任公司(原水利部天津水利水电勘测设计研究院,以下简称天津院)和山西省水利水电勘测设计研究院(以

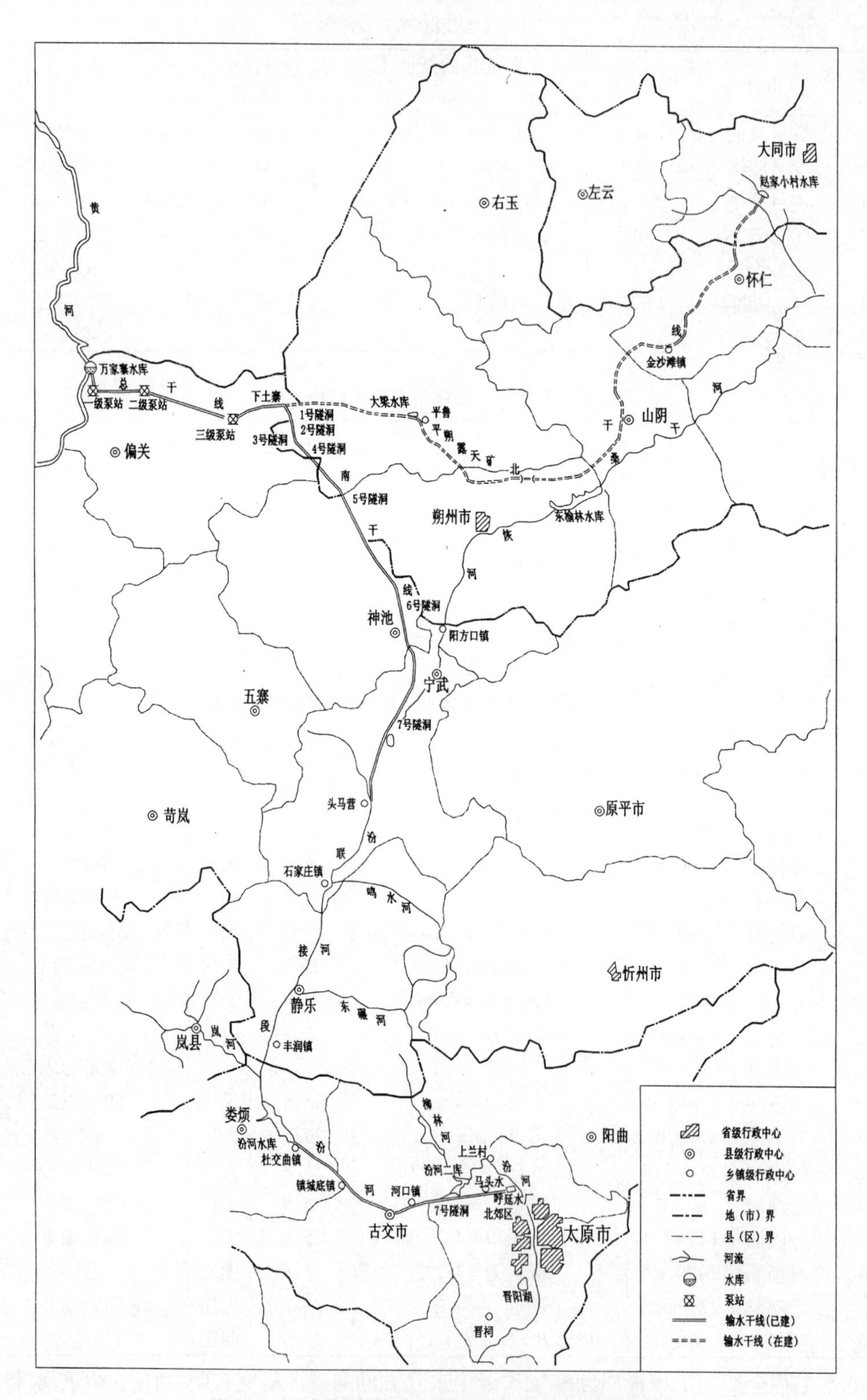

图 0-1　万家寨引黄入晋工程输水线路布置示意图

下简称山西院)共同完成。天津院主要负责总干线、南干线、北干线1号隧洞(下土寨至大梁水库地下泵站段)、大梁水库及大梁地下泵站的勘测设计,山西院主要负责联接段和北干线大梁地下泵站以下的输水工程的勘测设计。

本工程是我国20世纪90年代最长的跨流域调水工程,是以地下工程为主的最为复杂的和使用TBM掘进机施工最多的工程,是在黄土地区兴建输水建筑物规模最大的工程,也是我国与外国公司联合设计与施工的大型水利工程。长期的工程实践凝聚了人们的大量智慧和经验,它的成功标志着我国长距离输水工程在勘测设计、施工和工程建设管理等方面又上升到一个新的阶段。

本书共有七章,各章的主要内容为:

第一章　工程地质勘察。其主要内容有各勘察阶段的划分、各勘察阶段的主要工作内容、输水线路方案比选与优化及勘察的基本经验。

第二章　工程地质环境研究。主要介绍主要地质要素对工程的影响,特别是对线路比选及工程布置的优化,具有重要意义。

第三章　隧洞工程主要地质问题研究。主要介绍第四系上更新统(Q_3)黄土、中更新统(Q_2)黄土、第三系上新统(N_2)红土的工程性质及对隧洞工程的影响;奥陶系岩溶发育规律及对工程的影响;下二叠系~侏罗系泥质膨胀岩的分布规律、工程特性及对策研究;隧洞高外水压力及开挖涌水量的勘察研究与工程对策;岩溶裂隙水、第三系上层滞水的分布及对工程的影响;黄土高边坡稳定性及工程对策;有害气体及水质的分布与工程对策研究等。

第四章　掘进机(TBM)隧洞工程地质。主要介绍TBM施工中遇到的工程地质问题,提出TBM隧洞工程地质勘察、隧洞围岩分类和施工地质应注意的问题。

第五章　地下泵站工程地质研究。主要介绍大跨度地下泵站厂房及高内水压力隧洞工程地质勘察评价方法及技施阶段对高压隧洞围岩工程性质的专题勘察研究等。

第六章　地下洞室围岩动态变化问题。主要介绍较高地应力、低地应力隧洞和土洞的围岩稳定与地下水动态变化规律,并对地下工程围岩类别变更的原因进行了探讨。

第七章　大梁水库工程地质勘察与研究。大梁水库为兴建在第四系上更新统(Q_3)黄土地区的大型水库,主要存在库区渗漏、坝基黄土沉陷(湿陷及压缩)变形、坝基砂砾石层渗漏、右岸煤矿采空区及黄土天然建筑材料工程性质等工程地质问题。通过地质勘察研究,为在湿陷性黄土地区和煤矿采空区修建大型水库积累一定的经验。

本书编写的思路和宗旨是:①参阅和汲取大量的地质、水工、施工、科研及有关工程文献资料,客观地反映工程实际情况,并使之具有真实性和科学性;②书中用较大篇幅介绍工程地质勘察的过程,目的是能够反映这一复杂的大型水利工程是通过几代人的开拓进取、艰苦奋斗和无私奉献取得的,因而是十分珍贵的;③由于天津院负责勘测的工程部分以地下工程为主,因而本书的重点以地下工程地质为主;④由于在本工程的勘察和施工期间,我国对深长隧洞和TBM隧洞的勘察等尚处在探索阶段,因此本书在介绍该方面内容的同时提出了一些新的观点和经验,以利于今后类似工程借鉴、提高和发展;⑤本书内容尽量做到三个突出:第一突出重要工程地质问题的勘察与研究,第二突出运用先进的勘察技术、方法和理论的情况,第三突出在工程实践中发生的并予以解决的问题。

第一章 工程地质勘察

第一节 勘察简史

新中国成立以后,随着国民经济的发展,山西的缺水问题日益明显。1956 年山西省就提出引黄入晋的设想。

1958 年 10 月,在原水利部的直接帮助下,由水利电力部北京勘测设计院与山西省组成引黄入晋工程规划队,着重对岱海线(清水河线,见图 1-1)进行过地质调查,并着手研究具体的引水方案,后因国家经济困难,于 1961 年 8 月暂停。

1977 年,山西省再度研究引黄问题。1979 年 4 月,山西省科协和山西省人民政府引黄工程领导组联合召开了“山西省引黄工程学术讨论会”。由山西省人民政府引黄工程领导组办公室(以下简称山西省引黄办)主持,先后对天桥线、黑峪口线、军渡线及万家寨~太原自流引水线进行过地质调查,见图 1-1。

党的十一届三中全会后,中央要求把山西省尽快建设成为全国的能源重化工基地。为了解决山西省水资源紧缺状况,同时也综合考虑北京、天津等地区的缺水问题,1982 年 7 月,山西省政府和水利电力部在太原联合召开了水资源评价会议,会议认为“山西省的水资源紧缺,……不仅影响山西经济的发展,也将影响到全国的现代化建设”,“从长远着想必须考虑引黄入晋,补充当地水源不足,除此别无其他途径”。兴建引黄工程,是从根本上解决山西省水资源紧缺的唯一途径。

1983 年 2 月,水利电力部在北京召开了“引黄入晋济京工程座谈会”,会议指出:“本工程的主要任务是雁北、晋中和北京地区工业及城市供水,以及部分农业补水。”供水线路由黄河万家寨水库扬水至山西雁北地区,然后分流入汾河水库至太原地区和桑干河册田水库,往下沿永定河经官厅水库至北京地区。

1983 年 6 月,水利电力部和山西省联合召开了“万家寨引黄入晋济京工程引水线路选线会议”。

在对万家寨引黄方案可行性研究的过程中,水利电力部要求进行多方案比较,先后由海河水利委员会、水利电力部天津勘测设计院、北京勘测设计院、山西省引黄工程指挥部、内蒙古自治区水利设计院等单位参加,对引黄入晋的托克托线、天桥线、碛口线、军渡线、万家寨线进行了研究和比选。通过认真细致的工作,水利电力部和国家计委最终认定万家寨引黄是解决太原、大同、朔州三个能源城市供水的最佳选择。

1984 年 1 月,由山西省引黄办和天津院完成了《万家寨引黄入晋济京工程预可行性研究报告》及有关地质勘察报告。

1985 年 6 月,在郑州召开的“黄河上中游水土保持工作座谈会”上,钱正英部长指示:“万家寨引黄入晋工程的前期工作不能停,不然要上的时候,什么工作也没做,怎么能行?

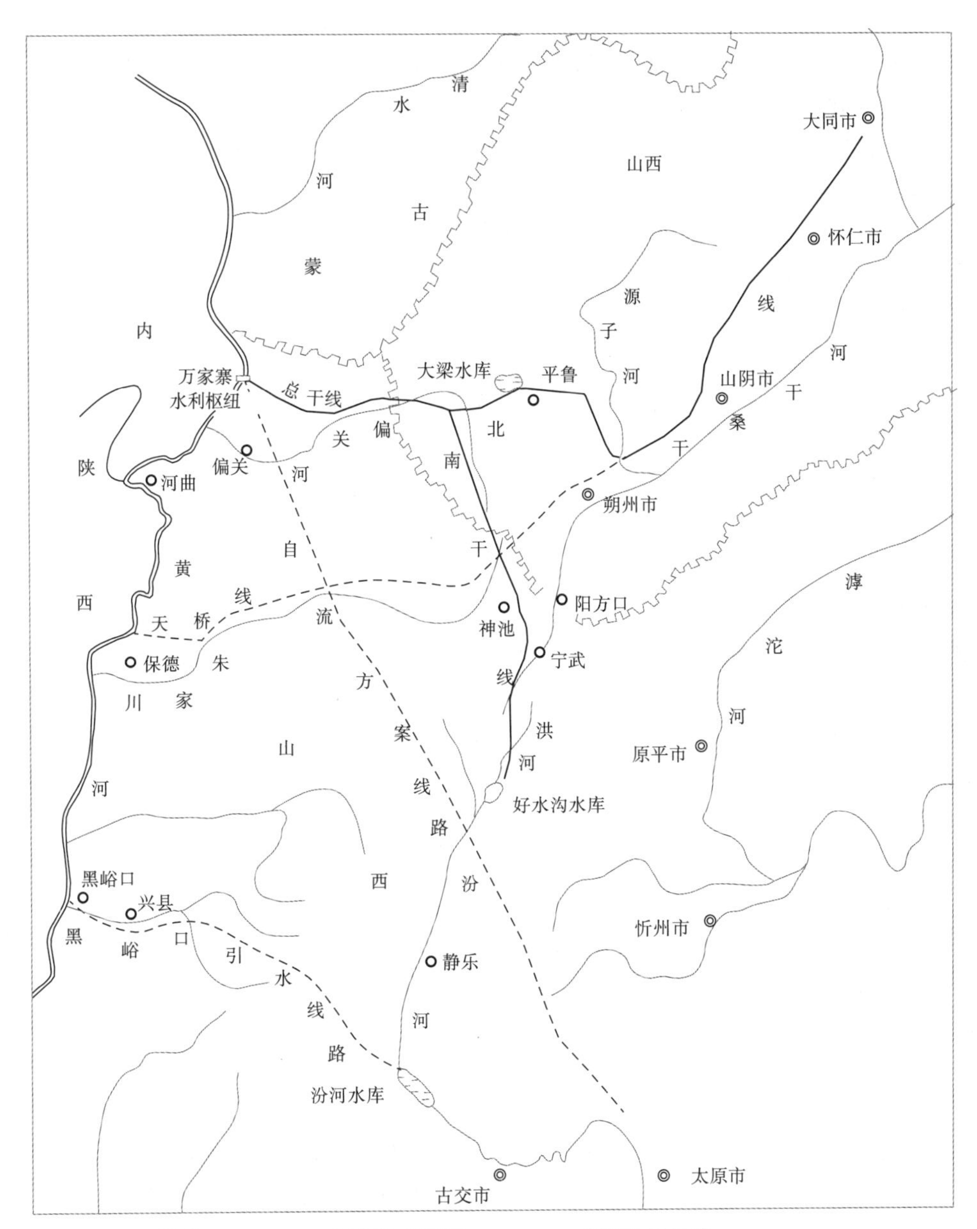

图 1-1 规划阶段引黄入晋工程线路方案示意图

考虑国家财政困难,引水规模不妨比 10 亿 m^3 小一些,引 5 ~ 6 m^3/s,花钱不超过 10 亿元,是有可能的。”

1986 年 1 月,天津院协助山西省引黄办完成了《万家寨引黄工程应急方案可行性研究报告》及相关的地质勘察报告。

1986 年 5 月,水利部海河水利委员会遵照部领导关于恢复引黄入晋工程前期工作的批示,下达了引黄规划选线任务[(86)海水计财字第 45 号文],指出:“万家寨引黄入晋线路,天津院负责完成由万家寨取水至平朔地区的总干线全部工程规划设计,山西省引黄办公室配合,分水至太原和大同地区的南、北干渠由山西省引黄办公室负责完成,天津院配合,并由天津院汇总。”

1987 年 6 月,天津院完成了《山西省万家寨引黄入晋工程规划方案简要报告》和相应的地质勘察报告。

1987 年 1 月,天津院完成了《山西省万家寨引黄应急工程可行性研究修订报告》,同年 2 月提出了《山西省万家寨引黄应急工程设计任务书》,1988 年 6 月完成了《山西省万家寨引黄应急工程初步设计说明书》。1989 年 1 月,山西省引黄办编制了《万家寨引黄工程北干渠初步设计说明书》。

1988 年 9 月,根据水利部海河水利委员会指示,由天津院承担,山西省引黄办协助,完成南干线的规划设计工作。

1989 年 8 月,为研究大梁水库在黄土地基上建坝的技术问题,天津院编制了《山西省万家寨引黄工程大梁水库坝型选择及基础处理研究》。

1990 年 6 月,在山西省引黄工程总指挥部的配合下,天津院完成了包括太原供水区在内的《山西省万家寨引黄入晋工程规划选线设计说明书》及《山西省黑峪口引黄入晋工程规划选线报告》。通过比较说明,万家寨引黄优于黑峪口引黄,是最佳选择。

1990 年 9 月,国务委员邹家华同志主持会议,召集国家计委、能源部、水利部、中国国际工程咨询公司、能源投资公司、山西省和内蒙古自治区人民政府等单位负责人及有关人员,明确了万家寨引黄入晋工程由水利部归口建设和管理。中国国际工程咨询公司(以下简称中咨公司)主持的评估会,提出取消北干线四级扬水泵站和增加大梁地下泵站的低线方案。经过 1991 ~ 1992 年的勘测设计工作,基本确立了引黄入晋工程总干线、北干线的方案布置,并进入初步设计阶段。

1992 年 6 月,在山西省引黄工程指挥部的领导下,天津院完成了大梁水库初步设计阶段地质勘察,编写了《大梁调节水库初步设计阶段工程地质勘察报告》。1993 年 10 月,天津院完成了《大梁水库初步设计说明书》。

1993 年 11 月,天津院完成了总干线、北干线初步设计说明书及初步设计工程地质勘察报告,为总干线和北干线部分洞段正式施工,提供了相应的勘测设计文件和资料。

鉴于太原地区水资源匮乏,供水严重不足,地下水位连年下降,水资源已成为太原地区社会、经济发展的主要制约因素。1993 年初,按照山西省政府和引黄工程总指挥部“引黄入晋南干线工程势在必行,刻不容缓”的指示精神,天津院在多家勘探单位的协助下,于 1993 年 6 月完成了南干线可行性研究阶段工程地质勘察,同年 8 月完成了《南干线可行性研究阶段设计说明书》,并于同年 10 月在朔州市通过了水利部水利水电规划设计总院(以下简称水规总院)的审查。嗣后天津院于 1993 年 11 月完成了《南干线初步设计说明书》和《南干线初步设计阶段工程地质勘察报告》,1994 年 2 月,中咨公司和水规总院在天津进行了联合评审。至此,由下土寨至汾河支流洪河的南干线基本引水线路初步得到确认,并要求对引水线路继续勘察设计和进行线路优化调整。

1993 年 5 月,在全国政协副主席钱正英的关怀下,加拿大国际项目管理联营公司(CCPI),对本工程总干线、南干线及北干线部分工程段进行咨询。同年 10 月,世界银行

和奥地利 D_2 公司对引黄工程进行了首次调查和评估。D_2 公司主要咨询地下工程和引进TBM 掘进机隧洞设计施工技术。1994 年,由天津院与 CCPI 和 D_2 公司进行了联合设计。经过世界银行多次评估咨询,为工程贷款 4.1 亿美元。从此,引黄入晋工程成为我国水利工程重点项目,进入更为紧张有序的并与国际工程接轨的勘测设计过程。无论从工程地质勘察、优化工程设计与施工、引进 TBM 先进技术和工程管理等方面均上了新的台阶,工程得到有序而快速的进展。

1993 年 3 月,根据中咨公司和水规总院的审查意见,对南干线二级泵站以下的高、低引水线路(扬程 142 m 与 80 m)和南干线尾部约 20 km 线路的入洪(河)与入汾(河)方案进行勘察设计比选。同年 6 月,天津院提交了《南干线初步设计补充论证报告》。1994 年10 月,天津院提交了《南干线可行性研究补充论证修订报告》。通过比选,确立了高线引水线路的入汾(河)南干线方案。

1994 ~ 1997 年,总干线和南干线部分洞段相继进入初步设计或技施设计阶段,工程地质勘察为工程设计、线路优化调整、TBM 隧洞设计等提供了大量资料并提出了许多优化线路方案的工程地质建议,取得了良好的效果。1995 年 9 月,天津院和山西院为世界银行专家组提供了《万家寨引黄入晋工程总干线、南干线、北干线工程地质综合报告》。1996 年 3 月,天津院为世界银行第二次评估提供了《万家寨引黄入晋工程详细设计阶段工程地质综合报告》。与此同时,天津院针对地下泵站、TBM 隧洞、大梁水库等工程存在的工程地质问题,进行了勘察和科学试验研究,提供了大量的单项报告或专题报告,为工程顺利解决这些问题打下了良好的基础。

1996 ~ 1997 年,总干线、南干线、大梁水库等相继进入施工高潮。天津院在施工阶段主要承担三个方面的任务:①成立施工地质监理总部,负责统一全线施工地质技术要求与工作方法,审查验收各工程段施工地质工作成果,汇总全线施工地质资料,编写施工地质竣工报告;②参加设代地质工作,解决设代工作中的有关地质问题;③完成业主委托的补充地质勘察和工程缺陷处理地质勘察任务。

第二节　勘察阶段的划分及主要工作内容

万家寨引黄入晋工程经历了长期的勘察设计过程,总干线、南干线、北干线的线路方案变化甚多,不同时期勘察设计阶段的名称种类繁多,曾经历多次反复的方案论证、比选过程。但就从工作的性质内容来讲,可归纳为规划、可行性研究、初步设计(含联合设计)、标书设计和技施设计等几个阶段。现将这些阶段的主要内容介绍如下。

一、规划阶段工程地质勘察

该阶段大致在 1958 ~ 1983 年期间,进行了岱海线、天桥线、军渡线、黑峪口线、万家寨至太原自流线与万家寨线的比选。

规划阶段的地质工作以现场查勘、收集区域性地质资料和进行小比例尺的区域地质测绘为主,并辅以少量的钻探工作,编写了不同线路方案的工程地质勘察报告。

在规划阶段工程地质勘察工作中,主要以调查、阐明引水线路地区的自然地理、地形地貌、地层、构造、工程地质及水文地质等基本条件为主,判断工程上可能遇到的主要工程地质问题,特别要关注是否存在制约工程成立的不良工程地质问题。例如,一些引水线路方案需经过许多煤矿区、采空区、塌陷区等,存在大量压煤和复杂的沉陷问题,而这些问题往往是难以查清的,因而是工程上的严重制约因素。又如一些引水线路需经过大面积的第四系湿陷性黄土分布区,这对修建隧洞、泵站等大型输水建筑物危害很大。

通过对各引水线路勘测设计后认为,岱海线是在万家寨水库库区经多级扬水至岱海,再向北京和大同地区引水,该引水线路主要在内蒙古境内,无法解决太原和朔州地区的供水问题。天桥线是在天桥水库引水,向东经多级扬水穿过吕梁山至朔州和大同地区,该线路经过大面积第四系黄土分布区和石炭系煤层分布区,工程地质条件差,也无法满足向太原供水的要求。黑峪口线和军渡线均需在黄河干流上修建水库大坝,需经多级扬水穿过吕梁山,线路上有大面积黄土出露,分布许多煤矿区、采空区和沉陷区等,线路工程地质条件较差,并且这两条引水线路只能解决太原地区的供水问题。万家寨至太原自流引水线路,万家寨水库引水口高程约 960 m,太原市地面高程约 600 m,理论上具备自流引水条件,但因输水隧洞埋深普遍为数百米,最大超过 1 000 m,单洞长度愈百公里,存在岩爆、围岩大变形以及穿过大的涌水断层等工程地质问题,在 20 世纪 70 年代采用钻爆法完成该深埋长隧洞工程,这是在技术和能力上所不可及的,因此只能暂时放弃。

万家寨引黄入晋引水线路,能够利用万家寨水利枢纽工程控制供水,可经三级扬水穿过吕梁山向朔州、大同地区输水;在南干线上再设两级扬水泵站,可将黄河水输送到汾河,从而达到向太原供水的工程目标。该引水线路的隧洞工程约有 2/3 分布在寒武系和奥陶系地层中,区域地下水位较深,隧洞工程地质条件较好;约有 1/3 隧洞线路经过太古界、石炭系、二叠系、三叠系和侏罗系等地层,仅有少数隧洞经过第三系和第四系地层。线路上煤矿分布区相对较少,且能够避开。因而,该引水线路方案是可行的,比前述几个线路方案有着明显的优点,故在 20 世纪 80 年代初基本确立了万家寨引黄入晋线路方案(见图 1-2)。

二、可行性研究阶段工程地质勘察

该阶段的工作始于 1983 年,至 1993 年末基本结束。可行性研究工作的重心首先是总干线和北干线,而后转入南干线,其工程地质勘察工作主要是围绕引水线路方案比选而进行的。现列举总干线、北干线和南干线几个重大方案比选勘察的情况。

(一)总干线方案比选

1. 总干线一、二级泵站地面与地下方案比选勘察

1)地面泵站线路方案

该方案也称分散布置方案,包括向太原和大同两条线路。主要建筑物有地面泵站 4 座,隧洞 8 条(总长 7 088 m),大清沟倒虹 1 座,高压干管 2 条(总长 1 600 m),申同咀和黄草梁两座小型调蓄水库,库容均为 20 万 m^3,见图 1-3。

经过勘察,地面泵站方案工程地质方面主要缺点是:①大清沟和大岔沟为深切峡谷,谷深约 100 m,无足够的地面泵站布置场地,并需在其上游布设防洪坝、泄洪洞等,工程量较大;②大清沟倒虹,地形地质条件差,有较大的土石开挖量;③压力隧洞埋深较小,许多

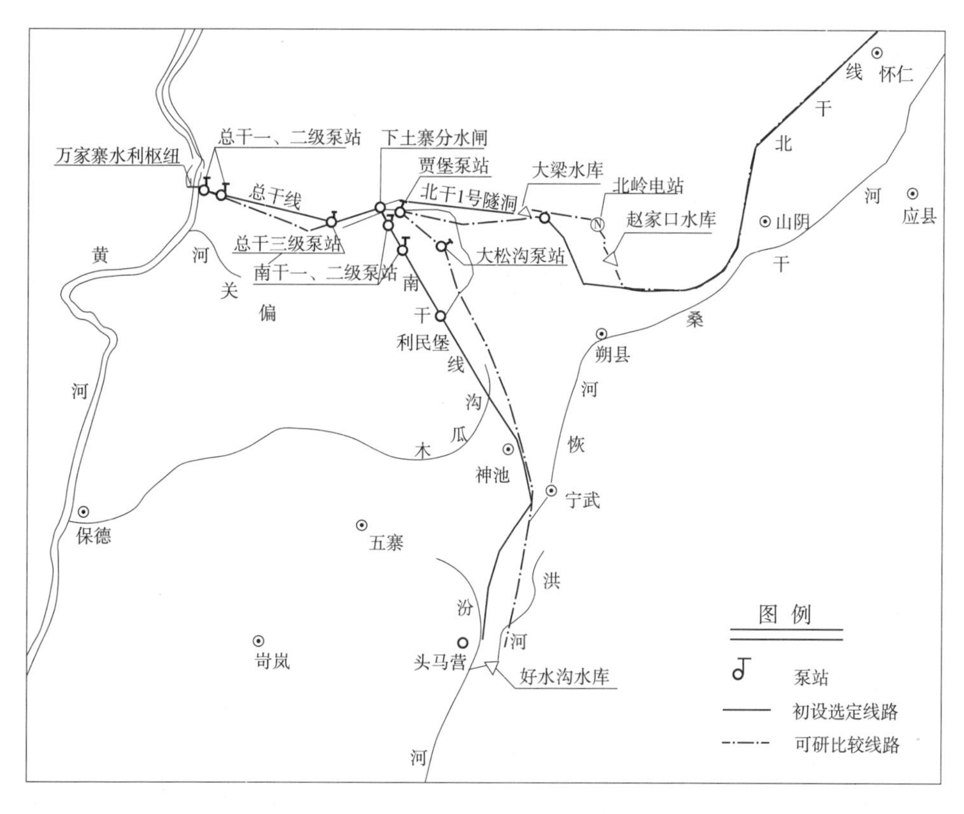

图 1-2　可研与初设阶段引黄入晋工程线路方案示意图

土石洞段抗内水压力能力差,需加强衬砌或采用钢管衬砌;④申同咀和黄草梁水库,均存在严重的坝基和库区渗漏问题,需采取防渗措施,同时由于库区及其上游分布有大面积的风积黄土,水库淤积问题严重且不易解决。

2)地下泵站方案

该方案也称集中布置方案,主要建筑物有地下泵站 2 座,主、副厂房长 194.5 m、宽 15.4 ~ 23.0 m、高 34.0 m,埋深 130 ~ 150 m,设计扬程 142 m,调蓄水池 1 座,其库容为 15 万 m^3。

地下泵站方案地质方面的优点主要是,建筑物位于鄂尔多斯台向斜地区,地层产状平缓,断裂构造不发育,寒武系和奥陶系灰岩坚硬完整,地下水水量不大,具备开挖大型地下洞室(群)的良好地形地质条件。此外,该方案线路比地面泵站线路方案短近一倍,工程投资费用少 2 500 万元。

通过综合设计比较,推荐地下泵站方案,并于 1993 年 12 月通过了水规总院和中咨公司的审查与评估。

2. 申同咀水库、地下蓄水洞及人工开挖地面蓄水池方案比选勘察

由于申同咀水库存在严重的渗漏和淤积问题,1994 ~ 1995 年进行了地下蓄水洞方案和人工开挖地面蓄水池方案的比选勘察。

申同咀地下蓄水洞位于总干线二级地下泵站出水调压井后约 400 m 的申同咀山梁及

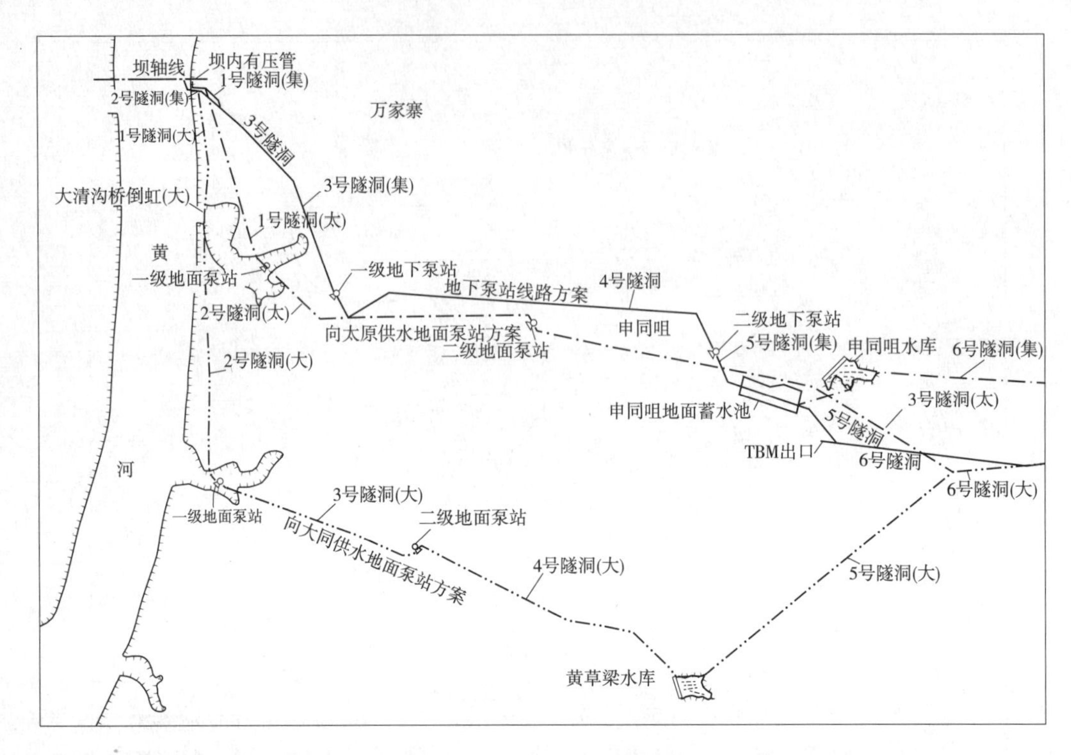

图 1-3 总干线首部地下泵站输水线路与地面泵站输水线路示意图

葛家山山梁地区。主要由两条相互连通的 A、B 蓄水洞组成，总长约 3.3 km，隧洞断面为底宽 12 m、高 6 m 的城门洞形，设两个直径为 5.6 m 的竖井闸门。蓄水洞围岩为奥陶系下统亮甲山组二段（O_1l^2），岩性主要为中厚层白云岩夹薄层泥质白云岩，上覆基岩厚度 40 ~ 150 m，多属Ⅱ类围岩。由于该方案投资较大，运行管理复杂，因而予以放弃。

申同咀人工调蓄水池分布在近东西向黄土覆盖的申同咀山梁地区。通过大量钻孔探查，查明了工程区风积黄土层的分布和下伏基岩面的埋藏情况。该蓄水池的最高蓄水位以下基本为寒武系白云质灰岩，产状近水平。由于山梁地形较为狭窄，池边山体基岩单薄，在充分重视施工开挖爆破对周边岩体的影响和采取全面防渗措施的情况下，该方案是可行的。该方案在上述三个方案中投资最省，且运营管理方便，为最终选定的方案。

通过比选和优化勘察设计，较好地解决了泵站调蓄水池的问题。

3. 总干线 6 号隧洞进口 ~ 下土寨分水闸段线路比选勘察

总干线 6 号隧洞进口 ~ 下土寨分水闸段长约 40 km，主要建筑物有 6 条隧洞（总长约 38.7 km），4 座渡槽（总长约 550 m）和总干线三级地面泵站。

该工程区西部为明灯山中低山区，东部为吕梁山中低山区，中部为向斜凹陷下降区。在 8 条宽阔的沟谷中沉积了厚度达百米以上的第三系（N_2）红土砾石、第四系中更新统（Q_2）离石黄土和上更新统（Q_3）马兰黄土地层。下伏的奥陶系和寒武系灰岩地层在该地区仅在山顶及深切沟谷的局部地区出露，再加上当地交通十分不便，所以该段勘察选线工作难度很大，颇费周折。

该段工程建筑物布置原则是：①尽量避开或减少土洞段，特别是湿陷性黄土洞段的长度;②隧洞进出口应避开黄土滑坡体;③隧洞线路尽可能顺直,以同时满足钻爆法和 TBM 法施工的要求;④总干三级泵站为地面泵站,扬程 80 m,泵站出水压力隧洞需在基岩中,并有建调节池的地形条件;⑤下土寨竖井分水闸,其井筒需在基岩地层中。为达到此目的,进行了 1∶2.5 万及 1∶2 000(跨沟部位)比例尺的工程地质测绘、钻探、物探及岩土试验工作。

该段线路的勘察设计过程中,方案颇多,在 6～10 号隧洞段(总长约 29 km)曾有 4 次大的线路摆动。总干三级泵站站址曾 2 次变动,11 号隧洞及下土寨分水闸也做过 2 次大的调整。

4. 对总干线基本地质条件的认识

(1)本区在第三纪、第四纪为下降区,沉积了巨厚的 N_2、Q_2、Q_3 及 Q_4 地层,总厚度在 100～200 m 之间,地貌上属黄土丘陵区,构造上属 NNE 向的宽缓基岩向斜区,该地区古基岩地形十分复杂。

引水线路呈 NWW～SEE 向穿过该地貌单元。勘察中根据河流基岩纵坡在 10‰～5‰之间的现象判断,该段隧洞因受高程的限制,不可能完全避开 N_2、Q_2、Q_3 和 Q_4 地层。但通过工程地质勘察可以选择古基岩地形相对较高,土洞段相对较短,且避开大型黄土滑坡的地区。其工作方法是根据地质测绘成果,分析河谷地区少量基岩露头的分布规律,来寻找基岩面相对较高、基岩河谷相对较窄的部位,这样可以减少许多勘探工作量,且效果较好。最终选定的路线中,N_2 红土洞段长约 2.9 km,黄土洞段长 536 m。

(2)本区断裂构造不发育,寒武系、奥陶系地层完整性普遍较好,隧洞位于区域地下水位以上,岩溶不很发育,基岩隧洞围岩以Ⅰ、Ⅱ类为主,Ⅲ类次之。

(3)第三系(N_2)红土属固结～超固结土,砾石层具钙质胶结现象,大部具备成洞条件。Q_2 黄土厚度 10～20 m,因受 N_2 顶部上层滞水的影响,饱和度较高,工程性质差,开挖时需采取及时的支护措施。Q_3 黄土成因类型有冲洪积、坡洪积及风积等,具中等湿陷性和压缩性,水中崩解速度快,全部崩解时间小于 30 s。因此,开挖 6.6 m 直径的圆洞,需采取强有力的支护措施,为防止黄土湿陷发生,需采取严格的防渗措施。

(4)教儿嫣沟第四系全新统(Q_4)含水砂砾石洞段长约 200 m,隧洞围岩稳定性极差,需采取及时的支护措施。

通过施工证实,总干线工程地质勘察成果与实际情况吻合,预测的工程地质问题全部存在,为工程顺利完成打下了良好的基础,为在黄土覆盖严重地区的工程地质勘察积累了经验。

(二)北干线高、低引水线路比选勘察

在万家寨引黄入晋工程规划及应急方案勘测设计阶段(1983～1992 年),北干线方案为自总干线三级泵站向东,经原 9 号隧洞(长 13.8 km),在贾堡村向南以倒虹(2 号倒虹)形式穿过偏关河,进入贾堡四级泵站,而后向东经 10 号隧洞(长 9 km)在下水头村附近第二次穿过偏关河(3 号倒虹),过河后在下石窑村附近进入 11 号隧洞(长 12.68 km)穿过吕梁山,进入大梁水库,线路总长约 41 km。

1992 年,经水规总院和中咨公司审查和评估后,取消贾堡四级泵站,引水线路则由总干线三级泵站,经总干线 11 号隧洞至下土寨分水闸,向东为北干线 1 号隧洞(长 30.6

km),穿过吕梁山,直抵大梁水库地下泵站。1992~1994年对该引水线路方案进行了工程地质勘察。

通过设贾堡四级泵站高线方案与不设四级泵站低线方案的勘察比选,高线方案的主要缺点是:①需两次穿过偏关河,该河河谷宽约1 045 m,倒虹置于Q_4砂卵砾石层中,该地层中孔隙潜水丰富,对施工开挖影响较大,并且受偏关河洪水的影响;②有600 m长的Q_3黄土隧洞和665 m长的N_2红土洞段,而低线方案在下土寨分水闸至大梁地下泵站长30.6 km的隧洞线路中,仅有约250 m长的N_2红土洞段,其余均在基岩中,隧洞最大埋深434 m,一般为100~200 m,含水洞段长约22 km;③低线方案比高线方案短约10 km,且泵站扬程减少了163 m。综合比较,低线方案线路地质条件相对较为简单,技术上可行,经济上合理,为选定的方案(见图1-2)。

(三)南干线方案比选

在可行性研究阶段,由于取消了贾堡四级泵站,因此自总干线三级泵站以后的线路须重新调整,必须选择新的南干线引水线路。此外,由于南干线的勘察设计工期很短,在确定了线路大致走向后,又经过了多次方案优化和比选的勘测设计过程。

1.新老输水线路的比选

通过勘察设计确立了下土寨分水闸分水,经南干线1号隧洞,向南穿过偏关河(南干线1号渡槽),设立南干线一级泵站和二级泵站,再向南经4号、5号、6号隧洞至温岭的基本线路方案,否定了原由贾堡四级泵站分水至大松沟五级泵站,再向南至温岭的线路方案。

新南干线路方案的优点是两个扬水泵站均建在基岩地区,6条隧洞占该段线路总长的96%,土洞长仅为1.9 km;隧洞位于区域地下水位以上,围岩以Ⅱ类为主;跨沟建筑物——3号渡槽(长370 m)及1号埋涵(长622.5 m)工程地质条件简单,隧洞线路地形地质条件可同时满足钻爆法和TBM法施工的要求,因此本线路方案技术上可行。而原大松沟线路方案,两座泵站均位于第四系地层分布区,特别是大松沟泵站(含压力隧洞)位于Q_3湿陷黄土地层中,存在难以解决的不良工程地质问题,工程处理难度很大,故该线路方案总体上不可行。

2.南干线二级泵站140 m扬程与80 m扬程的高线与低线的比选勘察

高线方案是根据线路尾端出水口位置不同分为汾河头马营出口方案和洪河白马崖出口方案(见图1-4),线路长度分别为102.8 km和102.5 km,主要建筑物有4号、5号、6号和7号4条隧洞,两条线路隧洞总长分别为98.43 km和98.24 km,渡槽1座、埋涵2条,明渠1条。

低线方案是根据线路尾端出水口位置不同分为洪河出口方案和汾河出口方案,两个方案线路均为一条隧洞,长度相近,为110.2 km。

高线方案与低线方案在工程地质方面主要存在以下几个方面的差异:

(1)高线方案4条隧洞有6个天然进出口,在木瓜沟有2个浅埋洞口,可同时满足钻爆法或TBM法施工。低线方案为1条长隧洞,没有天然的进出口,采用TBM法施工困难很大;采用钻爆法施工时,需布置施工支洞30条,斜洞长度多为400~800 m,施工难度大,施工工期要比前者长0.5~1年。

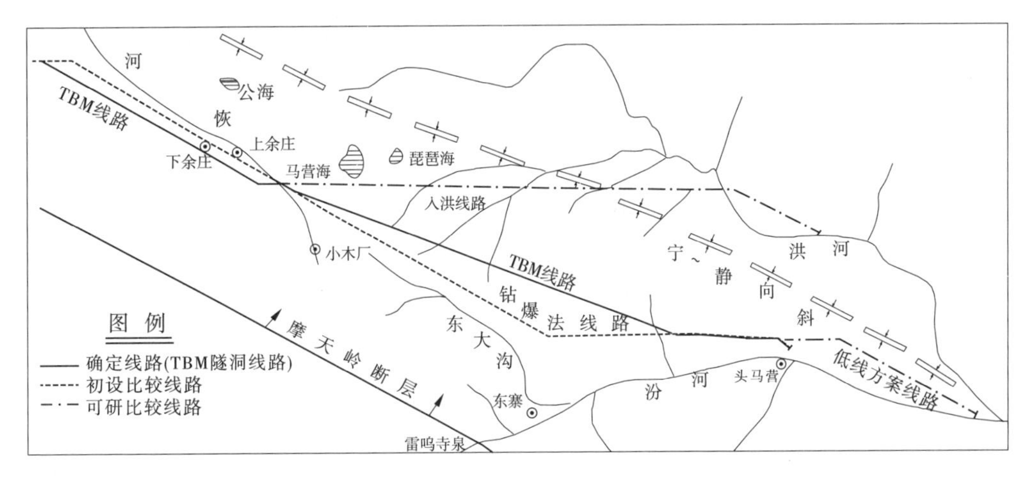

图1-4　南干线7号隧洞入洪(河)、入汾(河)及TBM线路分布示意图

(2)由于南干线经过的利民堡和温岭断陷盆地及木瓜沟，覆盖层厚度分别为273 m、204 m和105 m，使低线方案土洞段长度并未明显减少，前者为3 044 m，后者为2 763 m，仅差281 m，但低线方案土洞工程地质条件相对较差。

(3)低线方案地下水位以下洞段长度较高线方案多24 km，需穿过地下水比较丰富的宁～静向斜核部地区。而汾河出口的高线方案可避开宁～静向斜核部地区，隧洞水文地质条件较好，于隧洞工程有利。

(4)低线方案可减少水泵扬程约64 m，长期运行可节省电能。

通过地质勘察比较，高线方案工程地质条件明显优于低线方案。经设计综合各方面因素比较，高线方案比低线方案投资少5.90亿元，工期短1年左右，并且有利于TBM施工。经水规总院审查和中咨公司评估，最终确定了高线方案中的汾河头马营出口的南干线方案。

3. 南干线7号隧洞入洪(河)与入汾(河)线路的比选勘察

1994年水规总院和中咨公司联合对南干线审查评估中，在提出南干线二级泵站扬程140 m与80 m高、低方案比选的同时，也指出对南干线7号隧洞入洪(河)与入汾(河)的方案比较问题(见图1-4)。提出这一问题的原因有以下几点：

(1)7号隧洞自上余庄以下约26 km的线路通过宁(武)～静(乐)向斜的核部地区。该向斜走向NE40°左右，轴长约150 km，宽约20 km，向斜地层由石炭系至侏罗系组成，两翼地层倾角多为30°左右，核部宽阔，地层平缓，有马营海等高山湖泊分布。通过13个钻孔勘察，均见有多层承压水涌出，最大钻孔涌水量达391 m^3/d(见表1-1)，通过钻孔流量测井显示，涌水量大的承压含水层主要分布在侏罗系天池河组(J_2t)和云岗组(J_2y)厚层～巨厚层砂岩中，隔水层为薄层泥页岩。由于宁～静向斜两侧地下水补给面积约150 km^2，地下水补给量大，隧洞工程将遇到较大涌水和高外水压力问题。

通过隧洞涌水量计算，入洪线路隧洞平均1 km涌水量为0.07～0.1 m^3/s。

由上余庄ZKN余931钻孔至汾河头马营出口，该段隧洞长约26 km，通过宁～静向斜的翼部(NW翼)。隧洞穿过的地层有三叠系和尚沟组(T_1h)红色泥页岩、二马营组

表 1-1　南干线 7 号隧洞入洪段钻孔承压水情况

钻孔编号	孔口高程 (m)	含水层地层代号	承压水位高程 (m)	孔口溢水量 (m^3/d)	含水层渗透系数 K (m/d)
ZKN 余 932	1 674.95	T_1h	1 676.12	42.0	
ZKN 余 933	1 685.36	T_1h	1 685.90	0.17	
ZKN 余 934	1 718.85	T_2er	1 716.95	—	
ZKN 余 935	1 826.04	T_2t	1 826.44	28.4	0.5 ~ 3.5
ZKN 黄 931	1 752.35	J_2t^2	1 753.38	6.0	1.53 ~ 4.08
ZKN 黄 932	1 719.86	J_2t^2	1 712.86	—	
ZKN 迭 931	1 665.69	J_2t^2	1 666.87	338.0	2.54 ~ 10.1
ZKN 迭 932	1 609.11	J_2t^2	1 612.11	—	1.25 ~ 2.14
ZKN 口 931	1 536.36	J_2t^1	1 532.86	—	
ZKN 口 932	1 533.20	J_2t^1	1 533.00	—	
ZKN 口 933	1 531.85	J_2t^1	1 532.09	4.3	
ZKN 口 934	1 530.21	J_2t^1	1 531.35	391.68	

(T_2er)砂岩夹薄层泥页岩、铜川组(T_2t)砂岩及侏罗系大同组下段(J_1d^1)砾岩砂岩夹薄层泥页岩等,其中三叠系和尚沟组(T_1h)和侏罗系大同组中段(J_1d^2)煤系地层可视为区域性的隔水层,使得砂岩地层的地下水补给来源受到限制,因此宁 ~ 静向斜翼部地区地下水不丰富,隧洞水文地质条件相对较好。通过引水线路 11 个钻孔勘察,孔内揭露的承压含水层虽然水头较高,但含水层的厚度和水量均不大,其渗透系数为 10^{-4} ~ 10^{-7} cm/s。经隧洞涌水量计算,平均 1 km 隧洞涌水量约为 0.01 ~ 0.03 m^3/s,因此该段隧洞地区地下水对隧洞工程危害不大,其水文地质条件明显优于入洪(河)线路。

(2)原南干线入洪(河)的尾闾拟建好水沟水库,经勘察该水库坝址左岸存在大型基岩古滑坡体(群),建库的可能性差。因此,无论入洪或入汾线路,调蓄水库均可以由已建的汾河水库承担。

通过比选勘察,最终确定了 7 号隧洞入汾线路。

三、初步设计阶段工程地质勘察

引黄入晋工程各区段勘测设计工作进度不一,总干线、北干线及大梁水库的初步设计阶段工程地质勘察及补充勘察主要是在 1992 ~ 1994 年完成的,南干线的初步设计阶段工程地质勘察及补充勘察主要是在 1994 ~ 1996 年完成的。在初步设计阶段,天津院与加拿大 CCPI 公司、奥地利 D_2 公司进行了联合设计,世界银行专家组、中方专家组及水规总院等给予了指导与审查。万家寨引黄入晋的工程地质勘察工作取得了很大的进展。其工作的主要任务有以下几点:

(1)进一步查明可行性研究阶段推荐线路方案的工程地质条件与工程地质问题,为进一步调整优化局部线路和建筑物设计方案提供工程地质勘察资料和提出合理的建议。

(2)针对南干线6号隧洞的岩溶问题、N_2红土与泥质岩的膨胀性问题、地下水位以下隧洞涌水量与高外水压力问题、有害气体与水质问题以及总干线一、二级地下泵站厂房和压力隧洞围岩工程性质等重大问题,进行专题性的工程地质勘察与试验研究,提出专题研究报告。

(3)为南干线4~7号隧洞采用4台TBM掘进机施工设计和世界银行专家组评估,提供地质资料及相应的地质报告。

(一)南干线引水线路的优化调整工程地质勘察

由于南干线勘察设计工期短,在通过可行性研究阶段确定了线路的基本走向后,随着勘察设计的不断深入,无论是隧洞线路、渡槽和泵站在小范围之内均进行了大量的优化调整工作。现举例说明如下:

(1)因南干线一级泵站由侧向进水方案改为正向进水方案,对南干线1号隧洞和偏关河渡槽线路进行调整,通过勘察缩短了线路长度。

(2)通过勘察,原龙须沟渡槽地基持力层(N_2红土砾石层)埋藏深度过大,且南干线2号隧洞存在很长的Q_3黄土明挖段。因此,将线路西移,改善了龙须沟渡槽地基持力层的埋深条件,也缩短了2号隧洞的长度。

(3)通过对利民堡断陷盆地的钻探与物探勘察,查明了该盆地第三系、第四系地层及地下水的分布规律。将原5号隧洞线路两次西移(总计约400 m),使N_2红土洞段长度由500 m减至246 m(见图1-5),同时也有利于利民堡施工斜井的布置。改线后隧洞总长仅增加17.1 m,因此优化线路经济上是合理的。

(4)通过南干线6号隧洞线路补充勘察,将该洞中段约7 km长的线路向东移100~250 m,避开了三段总计280 m长的N_2红土洞段,更有利于TBM法施工。移动后洞线长度比原洞线长度仅增加了32.8 m。

(5)南干线7号隧洞姜庄~上余庄段,长约10 km。经补充勘察后将隧洞平均向西移1 km,使隧洞围岩由三叠系和尚沟组(T_1h)泥质岩为主,改为以刘家沟组(T_2l)砂岩为主,因而改善了线路工程地质条件,同时线路缩短了64 m。

(6)为了适应TBM施工的需要,将原7号隧洞上余庄~头马营出口段进行裁弯取直的优化调整。在调整线路工作中,使隧洞线路尽量避开三叠系二马营组中段(T_2er)蚀变砂岩分布区,同时也不进入侏罗系大同组煤系地层分布区,使隧洞线路布设于三叠系铜川组(T_2t)砂岩中。可以说,通过地质勘察既改善了围岩工程地质条件,也缩短了洞线长度约100 m,达到了有利于TBM施工和优化工程设计的目的。

(二)南干线隧洞主要工程地质问题的勘察与试验研究

在初设和联合设计阶段对此进行了大量的工作(详见第三章)。

(三)调整优化隧洞围岩地质参数

在联合设计中,为TBM管片厚度设计由35 cm减至25 cm提供各隧洞段的地质条件参数,为工程节约2.5亿元(详见第四章)。

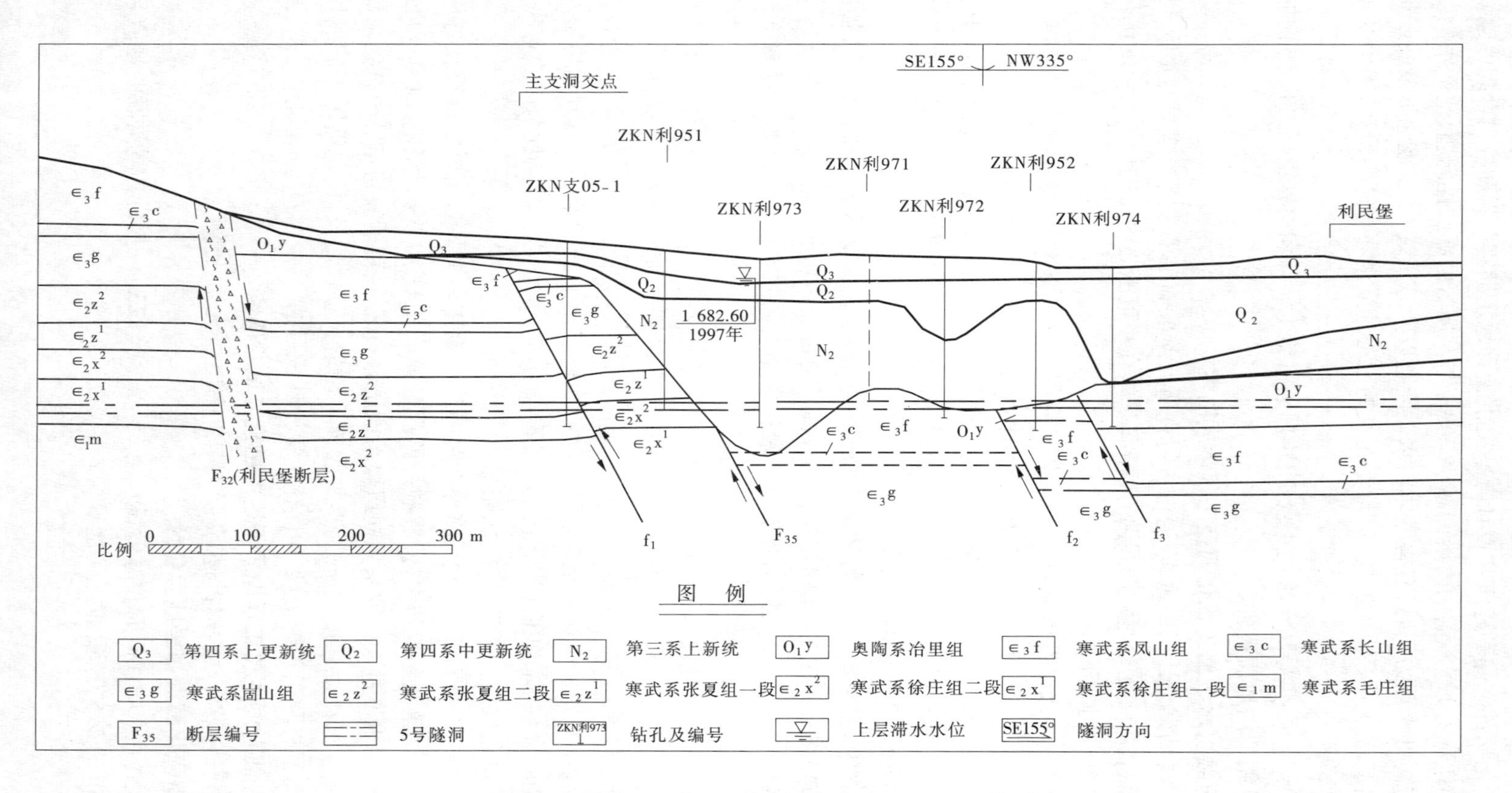

图1-5 南干线5号隧洞利民堡断陷盆地段工程地质剖面

(四)总干线一、二级泵站地下厂房围岩分类和压力隧洞围岩工程性研究

为衬砌型式(钢管衬砌与钢筋混凝土衬砌型式)及工程处理措施设计提供地质依据(详见第五章)。

(五)11号隧洞及下土寨分水闸的补充勘察

对总干线11号隧洞穿越红咀梁沟、炭阳沟段进行补充勘察,查明了深切沟谷土洞段的分布,并最终确定了下土寨分水闸的位置。

四、标书设计阶段工程地质勘察

万家寨引黄入晋工程的标段分国内和国际两种。国内标段有的开工日期较早,有的比较晚;国际标主要有三个标段,国际Ⅰ标为总干线一、二级泵站,国际Ⅱ标为南干线4号、5号、6号TBM隧洞,国际Ⅲ标为南干线7号TBM隧洞。

标书设计阶段的地质工作主要在1994~1997年完成,为施工标书设计提供地质资料及编写技术文件说明等。

五、技施设计阶段工程地质勘察

本阶段地质工作主要有以下几点:

(1)设代地质。主要任务是检验前期地质勘察成果,配合现场技施设计和参加地基验收等。

(2)地质监理。主要职责是统一全线施工地质工作方法与要求,验收各工程段施工地质成果及参加工程地基验收等。

(3)施工地质。该项工作主要由承包商地质人员完成。

(4)补充工程地质勘察。该项工作是根据设计需要和受业主委托,完成初步设计遗留的和施工中新发现的工程地质问题以及工程缺陷处理的地质勘察。

(5)施工地质竣工报告的编制。

第三节　输水线路选线原则与经验

由于引黄工程线路长,区域地形地质条件复杂和各方面的制约因素甚多,致使引黄工程线路方案多且变化大,在比较短的时间内勘察设计出一条能够被各方面接受的合理线路,难度很大。工程地质条件是工程选线中一个非常重要的因素,在工程地质人员配合设计人员选择线路方案时,主要遵循以下主要原则:

(1)"短"。即尽可能使引水线路顺直,距离最短。

(2)"避"。即尽量使隧洞线路分布在基岩中,避开或减少土洞段长度;尽量避开具有严重不良工程地质问题的地区。

(3)"四个有利于"。有利于TBM施工或钻爆法施工;有利于施工支洞的布置;有利于施工场地的布置和交通要求,尽量减少跨河(沟)建筑物建设难度;有利于设计、施工、安全运行及管理。

(4)充分注意线路上重要水工建筑物的勘察与比选。所谓线路上重要水工建筑物包括泵站、渡槽、埋涵和隧洞进出口等,它们对地形地质条件、交通等均有一定的要求。如果选择不好,关系到很长一段线路的布设,一旦这些建筑物的厂址选择得比较好,基本路线方案就比较清晰了。因此,重要水工建筑物选址的勘察是工作的重中之重。

在引黄线路中,重要建筑物有以下几个:

(1)万家寨水利枢纽的取水口。其高程为960 m。

(2)总干线一、二级地下泵站,总干线三级泵站和南干线一、二级泵站站址。这些站址均需选择在基岩出露区,工程地质条件较好,且交通方便。这些建筑物是总干线、南干线及北干线总体布局中的关键所在。

(3)大梁调蓄水库。该水库是北干线重要调蓄水库,以满足黄河沙峰期停止引水时确保供水区需水要求。在规划与可研阶段曾与小北岔库址、歇马关河库址进行过勘察设计比较。由于小北岔库址有严重的灰岩渗漏问题,歇马关河库址有严重的黄土淤积及煤矿分布问题而遭到否定。总干线三级泵站和大梁水库确定后,北干线总体走向便基本明朗了。

(4)南干线温岭埋涵。温岭是黄河与海河两大水系的分水岭,东侧为九姑村神池断陷盆地,西侧为朔州断陷盆地,两侧地形低,输水线路无论向东还是向西摆动,地形地质条件都将发生严重变化。该处洞线高程为1 515 m左右,能够较好地解决与朔黄铁路的交叉问题。因此,在南干线选线时曾有"各种线路方案,必经温岭之说",即温岭埋涵的位置确定之后,南干线的总体走向就明朗了。

(5)南干线汾河头马营出口。该出口位于汾河左岸,为基岩山体,地形地质条件良好,场地开阔,是TBM施工的良好场地。头马营隧洞出口的确立,使南干线7号隧洞南段总体走向明朗了。

第四节　工程地质勘察手段的运用

一、工程地质测绘

该项工作是工程地质勘察最重要的手段,在不同的勘察设计阶段应具备相应比例尺的平面图和剖面图。例如,在规划阶段以收集和验证1∶20万~1∶10万比例尺的区域地质图为主。在可行性研究阶段以进行1∶5万~1∶2.5万比例尺的地质测绘为主,线路工程地质纵剖面图可比平面图比例大一倍;重要建筑物区需具备1∶5 000~1∶2 000比例尺的平面图。初步设计阶段应具备1∶1万比例尺的平面图和1∶5 000比例尺的线路工程地质剖面图;建筑物区应具备1∶2 000~1∶500比例尺的工程地质剖面图。在特殊工程段可根据测绘面积的大小选定合适的比例尺。

在工程地质勘察中应避免进行超越勘察设计阶段的工程地质测绘或缺少相应比例尺的工程地质测绘图件,这些都不利于整个勘察工作的进程。

万家寨引黄入晋工程从区域性的1∶20万、1∶10万、1∶5万地质图,到引水线路地区的1∶2.5万~1∶1万工程地质图(为便于应用,在1∶1万工程地质图基础上缩制1∶2.5万工程地质图)和建筑物区的1∶2 000~1∶500工程地质图十分完备。虽然在勘察前期,由于勘察设计阶段的复杂多变，曾出现超越阶段和缺少必备工程地质图的现象，后来均得到及时的纠正。

工程地质测绘中，应合理地确定地层划分精度，划分的原则应以有利于查明工程区地质构造条件、水文地质条件和将不同工程性质的地层加以区分开来为主要目的。本工程在隧洞线路上地层划分到“组”和“段”，建筑物地区则还需将不良工程性质的地层划出来，这对于解决工程地质问题是有益的。

二、钻探

据不完全统计，在本工程前期勘察阶段，共布置了约 1 200 个钻孔，总计进尺约 54 600 m。钻孔主要布置在泵站、跨沟建筑物、调蓄水库、隧洞线路上重要地层界线、断裂构造附近及特殊岩土分布地区等。

钻探是工程地质勘察的重要手段，钻孔质量会直接影响整个勘察工作的质量。在长期的实践过程中，认为有如下几个问题应多加注意。

1. 黄土类土取样质量问题

本工程区有较厚的黄土覆盖，采取钻孔取土器取土样，由于钻进过程中对土体存在不同程度的扰动和压密作用，使土的干密度值有了 1% ~2% 的提高，孔隙比值有 0.1 ~0.2 的下降，这样会直接影响黄土湿陷性和压缩性试验指标。所以，在使用钻孔取样试验成果时应加以注意。

2. 深层土取样质量问题

本工程土洞最大埋深达 170 m，深层的土体多为固结或超固结状。在钻进过程中需加少量水和采取加压措施，在取出土样后又很难及时送土工试验室试验。这样就会发生土样（体）卸荷松弛和天然含水量增高，并导致土样力学指标（C、φ、E 值）下降。因此，对于钻孔取样的试验成果也应进行综合分析，合理地确定其物理力学参数值。

3. 钻孔地下水位观测问题

地下水位是地下工程一个重要地质参数，钻孔中稳定地下水位的观测时间与岩（土）体的渗透性有很大的关系。为了获得准确的地下水位数值，除布置一定数量的长期观测孔外，对渗透性较弱的地层，终孔后观测时间一般不少于 48 h，重要地区的钻孔，需延长观测的时间（最长达 1 个月左右），待取得比较可靠的地下水位数据后，再进行封孔处理。采取上述措施后，可避免大量的假水位现象出现。

为了掌握工程区地下水位的变化趋势，在工程沿线特别是重要建筑物部位，均应布置一定数量的地下水长期观测孔。

三、物探和化探

本工程采用的方法有地震法、电法、声波测试法、综合测井法（包括声波测井、流量测井、γ 测井、井径、井斜等）及地球化学勘探法。

地震法对深厚覆盖层和大的隐伏断层探测效果较好。

电法对第三系上新统（N_2）顶部的上层滞水探测效果较好。

钻孔综合测井，可以获得大量岩体质量和物理参数的信息，因此是重要工程部位钻孔中常进行的一项工作。

岩体声波波速测试,常用来测试平硐和地下洞室围岩的波速值、松弛圈厚度。钻孔岩体声波波速测试常用来检查岩体灌浆效果等。

地球化学勘探法是通过对土层中汞气和氡气含量的测试,推测隐伏的断裂构造和岩溶发育情况。该法在灰岩分布区(如大梁水库地区)的探测成果具有较高的参考价值,但在煤系地层中探测隐伏断层的效果较差,这是由于煤系地层中(如南干线7号隧洞地区)含有较高的汞气和氡气。

四、地应力测试

在不同地质构造单元或不同岩性的深埋隧洞地区、泵站地下厂房和压力隧洞地区,共布置了11个地应力测试孔,用水压致裂法测试地应力的量值和方向,为地下工程设计提供重要的地应力参数。

五、山地工作

鉴于钻孔取黄土样的土工试验成果与实际偏差较大,采用竖井中取样,其土工试验成果质量较高。因而,本工程竖井勘探工作量较大,总计进尺7 650 m,最大竖井深度为32.5 m。

六、常规岩土物理力学性质试验

在前期勘察中,土工试验约2 500组,岩石试验约600组。常规的岩土物理力学试验成果是选取地质参数的重要依据,因此提高试验成果的质量和合理运用这些参数是十分重要的。我们的体会有以下几点:

(1)对岩土层物理力学参数的确定,除了依据岩土试验成果外,还应参考物探测试成果,综合分析确定各种岩土层物理力学参数建议值,这对判断深层岩土体的工程性质十分重要。

(2)土洞围岩的稳定性与土体含水量大小关系甚大。一方面应注意土体天然含水量的勘察质量;另一方面土工试验成果中,饱和土样的试验成果仅近似代表地下水位以下或上层滞水含水带土体的有关物理力学性质;对含水量低的土体,应选用天然含水量状态下的试验成果为隧洞围岩稳定计算的指标。两种不同含水状态的土体,在开挖期围岩的稳定性是有较大差别的,特别是渗透性较弱的深埋土体,这种工程性质的差异更为明显。

(3)软岩和极软岩物理力学试验指标。由于钻孔取样和试验条件的影响(例如含水量的变化、应力的释放及岩样饱和等因素),使试验成果中的力学参数指标比实际普遍偏低,这样会直接影响隧洞结构设计,给工程带来不必要的浪费。因此,我们认为不能完全依靠室内试验成果确定软~极软岩的物理力学性质参数,应参考物探测井成果和工程经验综合确定地质参数,其成果往往比较符合实际。

七、特殊岩土物理力学性质试验研究

在初步设计阶段勘察中,针对大梁水库坝基和隧洞工程的Q_3黄土,进行黄土颗粒分析、岩矿组成、土体结构及大压力下(最大为 1.2 MPa)黄土压缩及湿陷性试验,这对查明黄土湿陷机理、湿陷系数与土体埋深、干密度及孔隙比之间的关系,起到良好的效果,从而为地基和隧洞围岩的处理找到对策和依据。

通过对泥质膨胀岩的岩矿分析、岩石胶结程度的划分、膨胀性试验及探硐中膨胀岩体原位试验等,查明了泥质膨胀岩的膨胀机理,总结出膨胀性判别的方法及工程对策措施等。

通过对三叠系二马营组蚀变性砂岩的岩矿分析、水理性质试验及蚀变岩的快速判别法研究,为南干线 7 号隧洞局部线路避开蚀变砂岩分布区提供了地质依据。

通过对地下泵站输水高压隧洞围岩进行岩体强度、渗透性、地应力、钻孔高压压水试验(最大压力 3 MPa)、岩体灌浆前后的常规压水试验及灌浆后的疲劳压水试验和破坏压水试验等,对查明岩体的抗力和抗渗透破坏的性能起到良好的效果,从而为高压隧洞衬砌结构比选提供了地质依据。

八、专题性工程地质研究

对工程上重大的工程地质问题进行专题性工程地质勘察和科学试验研究,通常由业主主持,设计人员牵头,会同工程地质人员、科研试验人员共同研究进行,这是大型工程常采用的一种工作方法。

本工程曾进行黄土湿陷性、黄土高边坡稳定性、岩土膨胀性、岩溶发育规律、含水隧洞水文地质、隧洞涌水量和外水压力、高内水压力隧洞岩体工程性质、坝基沉陷变形、黄土筑坝材料及煤矿采空区等方面的工程地质勘察研究,并经多专业的配合与协作,为解决重大工程地质问题起到重要作用。

第五节　工程地质勘察的体会

工程地质勘察的体会主要有以下几点:

(1)对于万家寨引黄入晋这一复杂的、长距离的、且以地下建筑为主的跨流域调水工程,规划、可行性研究、初步设计、标书及施工阶段的工程地质勘察是必不可少的,每一阶段都具有各自的特点和相应的工作内容。概括地讲,规划阶段是以阐明不同引水线路方案工程地质基本条件和存在的重大工程地质问题为主,为工程选线提供地质依据。可行性研究阶段是在确定了自万家寨水利枢纽取水和通过多级扬水至朔州、大同和太原的前提下,对总干线、北干线和南干线进行线路方案比选的工程地质勘察。初步设计阶段是对可行性研究阶段推荐的基本线路方案进行的工程地质勘察,主要内容包括线路方案的局部调整与优化、不良工程地质问题的深化勘察与研究等。天津院与加拿大 CCPI、奥地利 D_2 公司的联合设计,亦为初设阶段中的一个重要内容,其工程地质勘察主要针对总干线一、二级地下泵站和南干线长约 90 km 的 TBM 隧洞进行。标书阶段的工程地质勘察是为标书设计提供相应的地质资料而进行的一项工作。施工阶段包括施工地质、遗留问题和工程缺陷处理而进行的工程地质勘察。

(2)在勘察设计过程中,工程地质专业与其他专业的相互了解、相互配合、相互渗透、相互支持是十分重要的。工程地质人员要及时了解设计意图，在勘察过程中应及时向设计人员通报勘察进展情况，特别是发现重大工程地质问题时应及时与设计人员沟通。在引水线路勘察时，应根据新的地质情况及时建议调整勘察计划。在与设计、科研试验人员的相互协作过程中，要不断地对工程地质资料进行再认识，共同协商讨论，使各专业人员能够全面理解和合理地运用地质资料，这样才能较好地完成工程勘察和设计任务。在各专业人员的技术交流和研讨过程中，工程地质才能找到自身工作的任务要求与工作努力方向，同时才能取得其他专业的支持与协作。本工程勘察设计过程中，在以院总工和工程设总、专总为核心的技术领导下，通过各专业之间的有力配合与协作，才能在较短的时间内圆满地完成各项任务。

(3)引黄入晋工程由 5 台 TBM 承担长约 110 km 共 9 条隧洞的施工。为此，提出“TBM 隧洞工程地质”这一个新的研究课题，其主要任务有：①对原钻爆法线路进行了尽量减少土洞段和尽可能地裁弯取直的优化工程地质勘察；②对 TBM 掘进有不利影响的工程地质问题进行了专题勘察试验和对策措施研究，为 TBM 选型和采取设计对策措施及减少施工中发生工程事故，起到了有益的作用。

(4)施工阶段的地质工作是整个工程地质勘察工作中不可缺少的一个重要环节，施工地质资料成果是设计和施工的最终依据。在现代水利工程建设中，地质资料是工程索赔与反索赔的重要依据。因此，搞好施工阶段的地质工作是十分重要的。

(5)在工程地质勘察过程中，合理地运用勘察手段，提高勘察质量，保证一定的工作量，以及充分发挥工程建设经验是十分重要的。上级单位对工程勘察成果的审查与评估，对提高勘察成果的质量和有序进行是十分重要的。

第二章　工程地质环境研究

引水工程区域地质勘察主要包括地形地貌、地层岩性、地质构造、水文地质、重要的物理地质现象（如岩溶、滑坡等）的勘察。对于引黄入晋工程还需勘察煤矿及其采空区的分布等。工程地质环境的勘察是一项十分重要的基础性工作，对工程选线具有十分重要的作用。本章就一些重要问题进行介绍。

第一节　地形地貌

万家寨引黄入晋工程横跨黄河及海河两大水系，需穿过明灯山（偏关县境内）、吕梁山（平鲁境内）和管涔山（宁武县境内）等，海拔高程 1 500 ~ 2 000 m。区内重要的河流有黄河水系的黄河、偏关河、汾河、洪河、朱家川和海河水系的恢河、桑干河等。

区内地貌形态复杂，可分为三大类型。其一为中低或低中山区，如黄土侵蚀低中山区，吕梁山、管涔山中低山区及宁 ~ 静向斜低中山区等；其二为黄土丘陵山区，如偏关河丘陵山区及平鲁黄土丘陵山区；其三为山间断陷盆地，如南干线的利民堡、九姑村及温岭山间断陷盆地，北干线的朔州 ~ 大同断陷盆地等。

黄土丘陵山区梁峁及深切冲沟非常发育，地形高差为 100 ~ 300 m。第四系及第三系地层厚度一般在 100 m 左右，断陷盆地沉积厚度可达 200 ~ 300 m。在第四系大面积覆盖地区，古基岩面形态十分复杂。

上述地形地貌条件给工程线路勘察带来很大难度，决定了引水线路需要穿过太古界、寒武系、奥陶系、石炭系、二叠系、三叠系、侏罗系等基岩地层，许多隧洞线路必然还要穿过上第三系、第四系中更新统、上更新统及全新统地层。在引水线路穿过不同地形地貌单元的同时，还要穿过不同的地质构造单元、大的断层带、挠曲带、古岩溶发育带及古基岩地形深切带等。这是由于大的地形地貌单元与构造分区和不同地层的分布有重要的内在联系。

第二节　地层岩性

工程区域出露的地层岩性众多，区域地质勘察过程中应了解各种地层岩性的分布及其主要工程性质。

太古界集宁群混合岩类（Ar_2jn），该地层主要分布在另山背斜核部地区，主要岩性有混合花岗岩和多期侵入的脉岩，如闪长玢岩、煌斑岩、石英脉等。北干线有长约 6 km 的洞段穿过该地层。该类岩体岩性复杂多变，断裂构造较为发育，也存在古风化壳。隧洞工程地质条件变化较大，但在隧洞埋深较大的部位，岩石坚硬、透水性较弱，其工程地质条件一般较好。

古生界寒武系(∈)和奥陶系(O)多为坚硬完整的灰岩和白云岩地层,在该种地层中的隧洞线路长度约133 km,约占线路总长的74%,其中寒武系隧洞长约45 km,奥陶系隧洞长约88 km。由于总干线和南干线碳酸盐岩分布区地下水位低于隧洞高程,隧洞工程地质条件普遍较好,这是引黄入晋工程线路的一大优点。但北干线约有22 km隧洞处于区域地下水位以下,存在隧洞涌水问题。由于岩溶问题对TBM施工影响很大,因此应进行专题研究。

古生界石炭系(C)、二叠系(P)地层在南干线和北干线均有分布,其岩性以砾岩、砂岩、页岩、泥质岩为主,夹有3~4层可采煤层,煤层总厚度可达30 m左右。煤矿及煤矿采空区对隧洞工程危害很大,在选线过程中,应尽量避开,若不能避开则需进行专题调查研究。此外,煤层瓦斯、有害水质和泥质膨胀岩等问题亦应进行勘察研究。

中生界三叠系(T)、侏罗系(J)地层,岩性以砾岩、砂岩、泥质岩为主。侏罗系大同组(J_1d)是山西省重要的含煤地层,工程线路应尽量避开。三叠系和尚沟组(T_1h)以紫红色砂质泥岩为主、二马营组(T_2er)中段以蚀变砂岩为主,这两种地层工程性质较差,应尽量减少隧洞在该地层中的分布长度。

新生界上第三系上新统(N_2),工程区按时代可分为保德组(N_2b)和静乐组(N_2j),按成因有河流冲洪积和湖积两种类型。上第三系冲洪积物以大梁水库ZK01号钻孔为例,其地层剖面见表2-1;上第三系湖积物以神池县利民堡断陷盆地ZK942号钻孔为例,其地层剖面见表2-2。

表2-1 大梁水库ZK01号钻孔地层剖面

地层年代	地层代号	孔深(m)	层厚(m)	岩性
上更新统	Q_3	0~26	26	黄土,与Q_2地层不整合接触
中更新统	Q_2	26~36	10	砂砾石、粉质黏土等,含姜石层
上第三系静乐组	N_2j	36~76	40	以红色黏性土为主,夹含砾粉质黏土、粉土透镜体,可塑~硬塑状,与下伏保德组呈平行不整合接触
上第三系保德组	N_2b	76~100	24	砾石、砂砾石、含砾粉质黏土、粉土等互层,部分砾石层具钙质胶结现象,与下伏奥陶系中统地层呈不整合接触
奥陶系中统	O_2	100~176	未见底	灰岩

总干线6~11号隧洞部分洞段穿过上第三系保德组(N_2b)和静乐组(N_2j)冲洪积地层,南干线5号隧洞利民堡洞段穿过上第三系保德组(N_2b)湖积地层。总之,上新统地层多分布在断陷盆地和大型冲沟下部。隧洞穿过上新统地层的长度约为6 km。

受上层滞水、构造裂隙、网状裂隙、层状结构面、黏粒含量及钙质胶结程度等因素的影响,上新统地层工程性质复杂多变,对隧洞围岩稳定性影响较大。

表 2-2　利民堡 ZK942 号钻孔地层剖面

地层年代	地层代号	孔深(m)	层厚(m)	岩性
上更新统	Q_3	0~38	38	黄土
中更新统	Q_2	38~86	48	浅褐红色、浅黄褐色及灰黄色粉质黏土,软塑~可塑状,下部有厚 6 cm 的粉砂及砂砾石层
上第三系静乐组	N_2j	86~101	15	褐红色、黄褐色黏土,硬塑~坚硬状,遇水可塑
上第三系保德组	N_2b	101~208	107	上、中部以黏性土为主,夹薄层砾石、砂砾石、砂、粉土等,厚约 94 m,黏性土有深灰色、灰色、灰黄色、灰褐色、褐红色等多种颜色,硬塑~坚硬状,部分土层具钙质胶结现象;下部以含砾黏土、黏土碎石为主,致密坚硬状,颜色有灰黄、黄褐、褐红等,厚约 13 m。与下伏基岩不整合接触
奥陶系中统冶里组	O_2y	208~233	未见底	白云质灰岩

第四系中更新统(Q_2),下部为砂砾石夹黄土状粉质黏土,上部为浅棕红色黄土状粉质黏土夹粉土,并含钙质结核。在山区该层厚度一般为 20 m 左右,最大 40 m。该层上部的黄土具弱湿陷性和中~弱压缩性,下部土层因受 N_2 顶部上层滞水的影响,土体含水量较高,致使 Q_2 土洞围岩稳定性甚差,属极不稳定类型。

上更新统(Q_3),上部主要为浅黄色黄土状粉质黏土和粉土,下部常有一层砾石层或碎石土,总厚度最大为 63 m。按其成因类型有风积、冲洪积和坡洪积等。风积黄土黏粒含量一般在 5% 左右,结构松散,具有中~高压缩性和强崩解性,一般具弱湿陷性。冲洪积和坡洪积黄土则具较高的湿陷性、压缩性和遇水强烈崩解性,是本工程一个重要的不良工程性质的土层。上更新统(Q_3)黄土隧洞围岩稳定性极差,作为建筑物地基时,需进行工程处理。

全新统(Q_4),岩性有砂(卵)砾石、砂土、黄土、碎石土等,为松散介质。总干线 10 号隧洞教儿嫣沟段有长约 200 m 的全新统(Q_4)砂(卵)砾石洞段。此外,砂(卵)砾石可作为渡槽等建筑物地基的持力层。在偏关河中游地区河床的砂砾石厚 10~20 m,是该地区重要的含水层,总干线三级泵站和南干线一级泵站厂房地基开挖,基坑涌水量达 5 000 m^3/d。

由于引黄入晋线路均遇到上述地层,因此对不同地层岩性的工程性质研究是一项重要的工作。在工程选线过程中,要尽量避开或减少不良工程性质的地层,同时根据其特性建议采取有效的工程处理措施。

第三节 地质构造

按照山西省区域地质志大地构造系统的观点，本工程区内二级构造单元有鄂尔多斯断块和吕梁～太行断块，后者又分为偏关～神池块坪、吕梁山块隆、宁武～静乐块坳、云岗块坳及桑干河新裂陷等6个三级构造单元（见图2-1）。

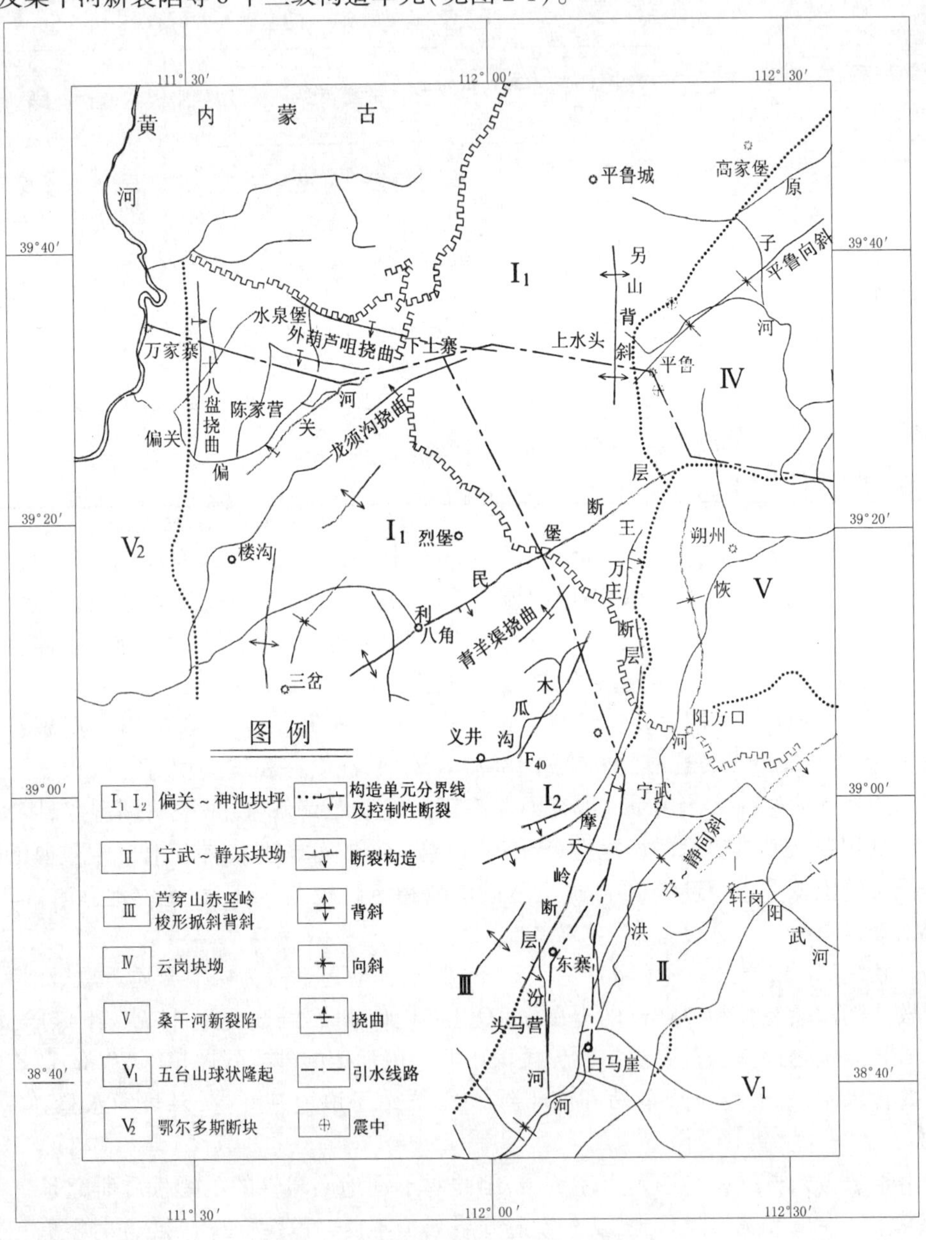

图 2-1 万家寨引黄入晋工程构造分区图

本工程区大部位于稳定和基本稳定的地块上。吕梁山以西、利民堡断层以北地区地震基本烈度为Ⅵ度,以东及以南为Ⅶ度。

本区地层产状大部比较平缓,部分地区地层倾角在30°左右。大型褶曲有另山背斜(南北向)、平鲁向斜(北东向)、宁～静向斜(北东向)、管涔山掀斜背斜(北北东向)等。大型挠曲有十八盘挠曲(南北向)、偏关河两岸的挠曲(北西西向及北东东向)及青羊渠挠曲等。

本区区域性的断层有摩天岭断层(F_{68})和利民堡断层(F_{32}),两者延伸长度均为35 km左右;前者为NNE向逆冲断层,继承性活动较强,断层带岩体破碎且松散;后者为张性断层。两断层破碎带宽度约60 m,且附近次一级断裂结构面发育。其他大型断层多分布在不同构造单元的分界地区。

根据地质勘察和施工开挖验证认为:

(1)本区大地构造单元的划分,基本能够反映不同单元构造活动性和岩体完整性的特点,对工程建设有指导意义。例如,鄂尔多斯台向斜和偏关块坪大部地区(即地震烈度Ⅵ度地区),地层产状平缓,断裂构造不发育,并以高倾角断层为主,岩体大部比较完整,因而基岩的工程地质条件普遍较好。在块隆、块坳、新裂陷的局部地区,断裂构造相对比较发育;在不同构造单元的接触带,特别是断陷盆地周边地区,地层走向及倾角变化大,岩体完整性差,工程地质条件相对较差。

(2)重要的地质构造对工程均有显著的影响。

摩天岭断层(F_{68}),在TBM穿过该断层时曾发生塌方卡机严重事故。南干线7号隧洞穿过F_{68}断层地区工程地质剖面见图2-2。

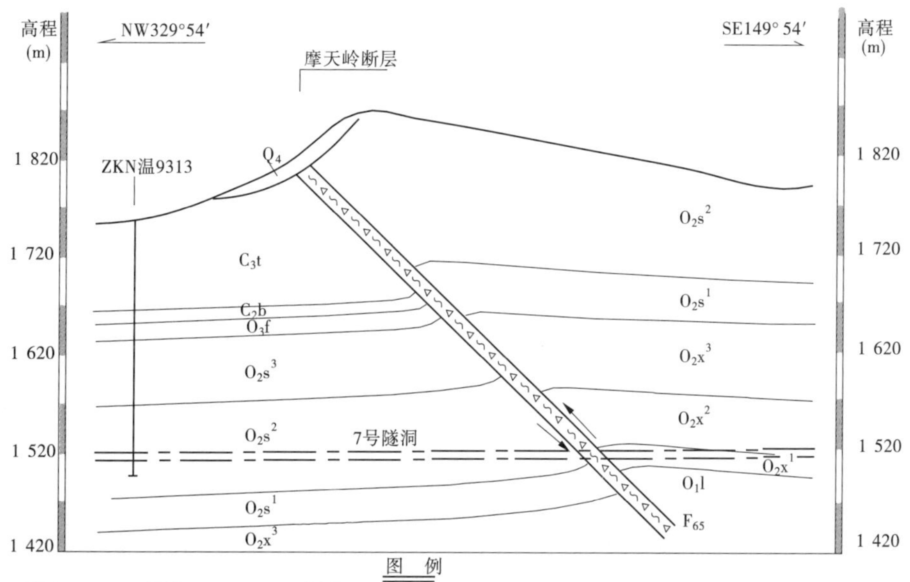

图2-2　南干线7号隧洞摩天岭断层段工程地质剖面

利民堡断层（F_{32}），在利民堡支洞和部分主洞施工中穿过该断层及其影响带，围岩大部为Ⅵ～Ⅴ类。

偏关河北岸外葫芦咀挠曲（见图 2-3），因轴线与隧洞轴线小角度相交，核部地下水丰富，造成北干线 1 号隧洞大涌水。

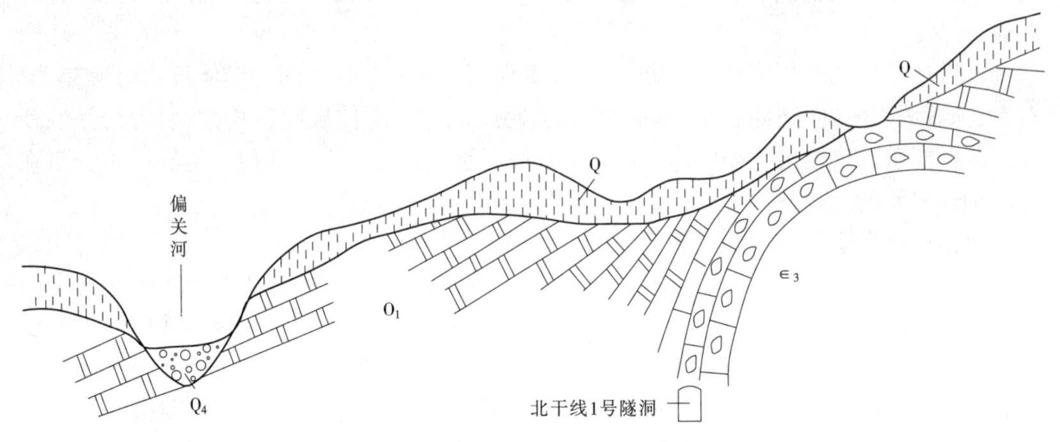

图 2-3 偏关河北岸外葫芦咀挠曲示意图

偏关河南岸龙须沟挠曲（见图 2-4），造成南干线一级泵站和 2 号隧洞地区岩体破碎、断裂和岩溶发育，以及泵站压力隧洞开挖大涌水等。

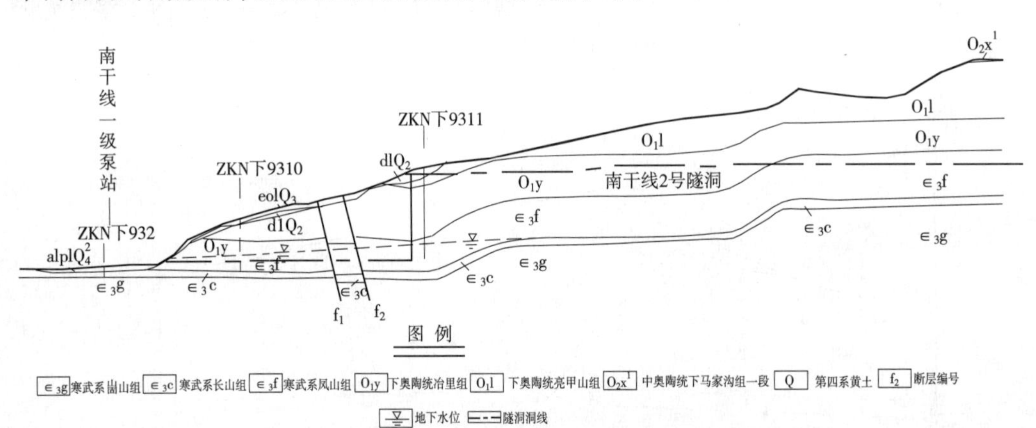

图 2-4 偏关河南干线一级泵站地区龙须沟挠曲

总干线明灯山十八盘挠曲（见图 2-5）和南干线青羊渠挠曲，在 TBM 隧洞掘进过程中，均遇到未充填的大型岩溶洞。

（3）地质构造是建筑物工程地质条件的基本要素，也是产生工程地质问题关键性因素之一，因此对工程建筑物区，特别是工程的重要部位，应加强勘察与研究。例如，宁～静向斜不同部位的富水性对南干线 7 号隧洞线路的选择影响很大。总干线一、二级泵站地下厂房和高压隧洞地区，层间错动带对洞室围岩的稳定性和渗透稳定问题的影响很大。

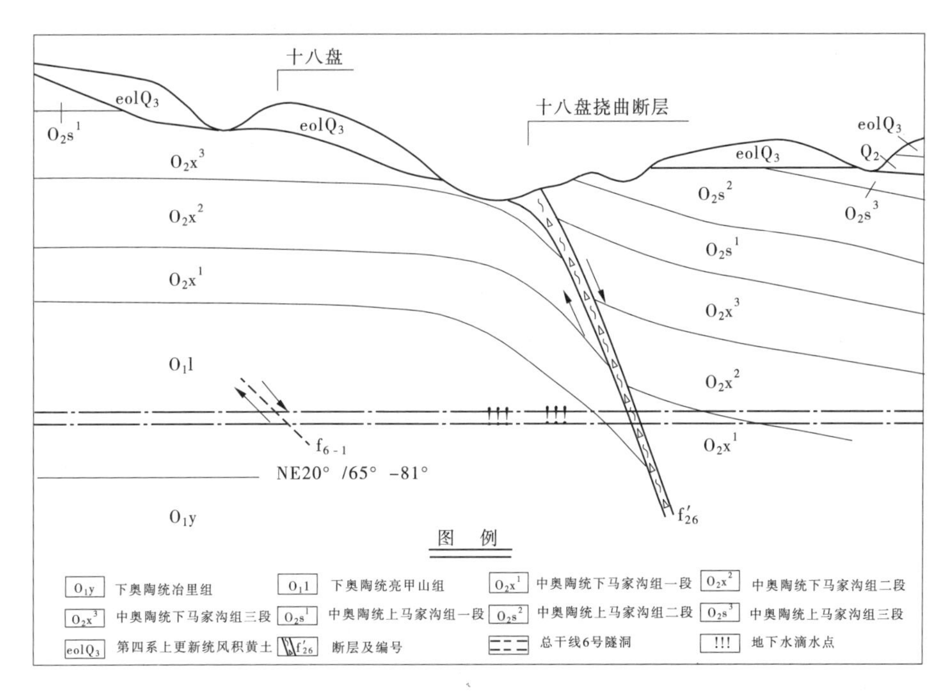

图 2-5　总干线 6 号隧洞十八盘挠曲断层段工程地质剖面

第四节　煤矿及煤矿采空区

在平鲁地区分布有石炭系和二叠系煤层，宁武地区分布有石炭系和侏罗系煤层。

平鲁地区的北干线附近有安太堡露天煤矿、井西、木瓜界、崔家岭及马蹄沟等 17 个煤矿。石炭系中有 11 号、9 号(9-1 号、9-2 号)、4 号等煤层，11 号煤层厚约 6 m，9 号煤层总厚为 16 ~ 19 m，4 号煤层厚约 4 m。煤层埋藏深度在 50 ~ 150 m 之间，在采空区的地表形成许多塌陷区，塌坑深 5 ~ 8 m。

在工程选线勘察期间，曾进行煤矿调查，包括开采煤层的层位、厚度、埋深、开采方法、开采硐径、回采率、开采边界、开采规划、采空区的分布及地面塌陷情况等。在工程的重要部位，曾进行井下调查、钻孔探查及物探勘察等。

在煤矿区调查过程中(特别是中小型煤矿)，存在不同程度的资料不全、开采区位置不准确、甚至无记载资料的现象。对采空区使用物探方法勘察效果不理想，使用钻孔探查则需很大的勘探工作量。在煤层开采的地区，因矿硐封堵，瓦斯含量大或煤矿失火，成为难以查明的地区。此外，煤矿的开采呈逐年变化的动态，这是引水工程线路勘察与设计突出的难题。

北干线经平鲁煤田地区，原设计的线路为大梁 ~ 歇马关河线，后因木瓜界煤矿采空区难以查明，又改道经七里河沿安太堡露天煤矿的西侧至朔州地区(见图 2-6)。但该地区分布有 14 座中小型煤矿，其中崔家岭和马蹄沟煤矿对北干线隧洞威胁较大，其采空区距隧洞分别为 40 m 和 100 m，均在隧洞以下 100 m 左右。

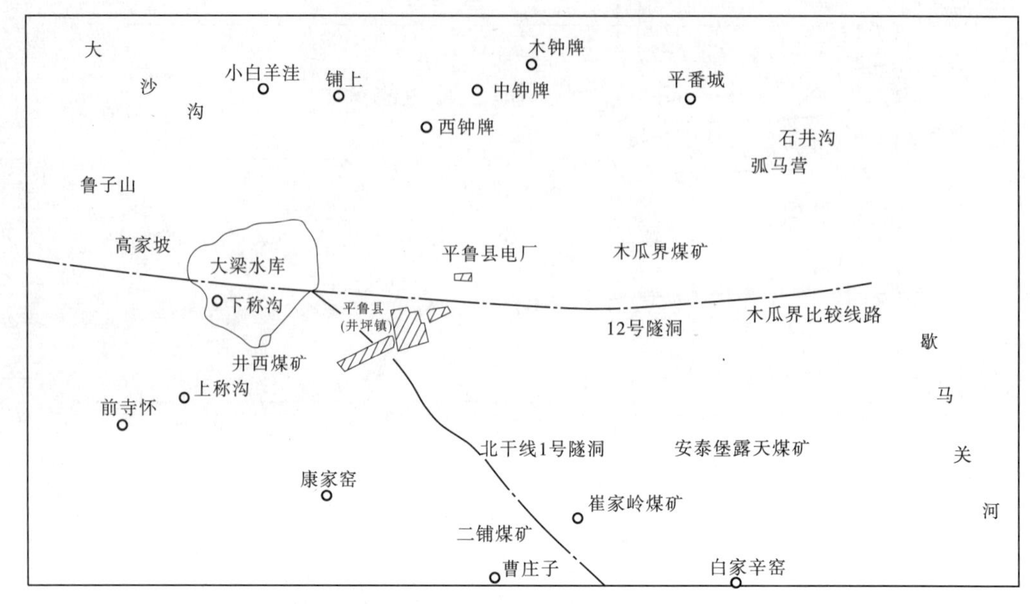

图 2-6　北干线 1 号隧洞及比较线路地区煤矿分布图

平鲁区井西煤矿是一中型煤矿，经多次收集资料，井下调查与测量、钻孔探查和物探勘探后，基本查明了采空区分布情况，为大梁水库右岸防护设计、地下泵站布置和北干线隧洞线路走向设计打下了良好的基础。

宁武县境的南干线 7 号隧洞，经过小狗儿涧、宁武及分水岭三个煤矿区。小狗儿涧和宁武两煤矿开采的为石炭系煤层，有露天矿和硐挖矿，许多煤矿的煤层在多年前就已经燃烧，并且一直持续到现在。通过勘察认为，由于石炭系煤矿多分布在 1 600 m 高程以上，高于隧洞约 100 m，因而南干线隧洞能够在煤矿以下安全通过。

侏罗系煤系地层有 2～3 层可采煤层，在设计南干线 7 号隧洞尾部约 20 km 长的隧洞线路时，以不进入侏罗系大同组二段（J_1d^2）地层为原则，因而成功地避开了规划的煤矿区。

通过实践认为，引水线路通过煤矿地区时，以避开为上策（包括左右避开和下方避开）。一旦确定线路上有未开采的矿区，应及时划定禁采范围（线路两侧宽各 100 m），并与煤矿签订补偿协议，以保障引水线路不遭受采空破坏。

据《岩土工程勘察规范》（GB 50021—2001），“当采空区采深采厚比大于 30，地表已经稳定时可不进行稳定性评价；当采深采厚比小于 30 时，可根据建筑物的基底压力、采空区的埋深、范围和上覆岩层的性质等评价地基的稳定性，并根据矿区经验提出处理措施的建议”。对于引黄入晋隧洞工程来讲，均不能满足采深采厚比大于 30 的要求，而且中小型煤矿的采空区是难以查清的，所造成的地面沉降也是十分复杂的，所以输水隧洞线路设计应以避开为主。

第五节　岩溶发育规律

通过工程勘察和施工开挖认为，本工程区岩溶属发育程度较弱的北方岩溶类型，但很不均一，受地层、岩性、地质构造、地貌及地下水等因素的控制。

一、岩溶发育层位与地层岩性及构造的关系

本工程区的奥陶系和寒武系为岩溶地层。

（一）奥陶系（O）

本区奥陶系地层广泛出露，地层产状大多比较平缓，局部受构造影响，地层倾角较大，岩体比较破碎。奥陶系与下伏寒武系地层呈平行不整合接触，与上覆的石炭系地层呈不整合接触。

奥陶系地层自下而上可分为：

冶里组（O_1y）：岩性主要为厚层结晶白云岩，顶部夹白云质页岩，厚 38 ~60 m 。该岩组岩溶发育程度微弱，在构造发育部位可见岩溶裂隙和规模较小的溶洞。

亮甲山组（O_1l）：岩性为中厚层结晶白云岩夹薄板状泥质白云岩和白云岩，厚 93 ~130 m。该岩组岩溶不发育。

下马家沟组（O_2x）：岩性为中厚层灰岩夹薄层泥质白云岩、角砾状泥灰岩及薄层白云质灰岩等，厚 106 ~132 m。该岩组中岩溶相对发育，以岩溶裂隙、岩溶裂隙密集带和近水平状串珠状岩溶发育带为主，局部可形成宽大岩溶裂隙带和溶洞。

上马家沟组（O_2s）：岩性有厚层豹皮状灰岩、白云质灰岩、夹泥灰岩、泥质白云岩等，厚 120 ~200 m。该岩组岩溶相对最为发育，有岩溶裂隙、岩溶沟槽、串珠状岩溶洞穴，并偶见宽大的水平及垂直溶洞。此外，在该层顶部约 20 m 深度内的古风化壳，形成了一个岩溶发育带，并多有石炭系砂岩泥岩及灰岩岩块充填物。

峰峰组（O_2f）：该岩组厚度较小（约 24 m），分布面积不大。岩性有角砾状泥灰岩、白云质灰岩夹页岩等。由于岩石中含有黄铁矿晶体和该层上部有不规则的硫磺矿分布，灰岩岩体有化学溶蚀现象。

综上所述，本区中奥陶统马家沟组岩溶相对最为发育，是工程上最关注的岩溶发育层位。而构造发育的部位，如断层破碎带及影响带、挠曲地层的转折带附近是岩溶发育的集中部位。

（二）寒武系（$\in$）

本区寒武系地层总厚约 320 m，其中毛庄组（$\in_1m$）和长山组（$\in_3c$）为区域相对隔水层，基本无岩溶发育。徐庄组（$\in_2x$）和崮山组（$\in_3g$）为白云岩、灰岩、页岩、泥灰岩及砂岩的互层结构，岩溶也不发育。张夏组（$\in_2z$）岩性为鲕状灰岩、致密灰岩、竹叶状灰岩、泥质条带灰岩等，发育岩溶裂隙。凤山组（$\in_3f$）岩性为泥质条带灰岩、白云质灰岩、竹叶状灰岩及隧石条带灰岩等，地表可见深度不大的岩溶洞，在构造发育地带（如挠曲及断层部位）有岩溶沟槽和较宽的岩溶裂隙发育带等。

总体来讲，凤山组（$\in_3f$）和张夏组（$\in_2z$）局部有岩溶裂隙发育带和串珠状近水平岩溶

发育带,但规模一般不大。例如,总干线二级泵站凤山组第三段底部发育有水平向串珠状岩溶,最大岩溶直径为 20 ~ 40 cm,并有充填物;南干线一级泵站和 2 号隧洞受龙须沟挠曲的影响,有岩溶裂隙发育带和小溶洞发育。

二、岩溶发育形态与充填物

本工程分布在奥陶系和寒武系地层中的隧洞,多处于地下水位以上,因此大部分古岩溶现处于地下水垂直变动带或称饱气带中,岩溶的形态以沿岩溶裂隙的二维方向发育为主,亦即沿裂隙的垂直和水平方向发育。其形态主要有以下几种:

(1)岩溶裂隙。其垂直和水平方向延伸长度较大,垂直裂隙方向的岩溶宽度在数厘米者为多,最宽者可达 2 m 左右,这在隧洞和地表露头均可见到。

(2)岩溶裂隙密集带。该带是在构造破碎带或节理密集带基础上发展而来的。岩溶带的宽度可达数米至数十米,并多有黏土、碎石、岩屑充填,其密实程度不一。

(3)平缓岩溶发育带。该种岩溶形态的形成是与岩溶发育层(灰岩)与其下伏的相对隔水层(泥灰岩、薄层状白云岩或页岩)组成的结构有关,同时岩溶发育部位往往有构造错动现象,因此形成平缓的顺层发育的岩溶带。该带宽度变化较大,宽者 1 ~ 2 m,小者几十厘米。该种岩溶带一般有充填物,且含水量较高,泥状充填物呈软塑 ~ 硬塑状。该种岩溶带可延伸较远,例如总干线二级泵站凤山组第三层($\in_3 f^3$)、南干线一级泵站压力隧洞和南干线 2 号隧洞凤山组第三层($\in_3 f^3$)均有水平岩溶带发育。

本区岩溶裂隙及溶洞大多有充填物,但在挠曲构造和断裂构造的宽大的高倾角岩溶发育带有时无充填物,这是由于构造结构面张开度较大,岩体透水性较强,充填物不易存留。

三、地貌与岩溶发育规律

通过大量钻孔勘察统计,在断陷盆地的周边地区和大的沟谷边缘地区岩溶比较发育,例如南干线 6 号隧洞,10 个钻孔中有 61 段见有岩溶现象,最大掉钻长度为 9.6 m,取出充填物的最大段长为 16.20 m,10 个钻孔的岩溶段长度占钻孔进尺的 49%。又如利民堡、温岭等地的钻孔岩溶出现率比其他地区要高。经分析认为,在断陷盆地周边地区构造比较发育,且为古岩溶时期的地下水溢出带,因此岩溶相对发育。

四、岩溶发育时期

根据岩溶发育特征和充填物成分综合分析,本区岩溶大致有两个重要发育时期。

第一个古岩溶时期为中奥陶世以后,受加里东运动的影响,地壳上升,长期受到风化和侵蚀作用,直至中石炭世,在长达 1 亿年的时间内,为古岩溶发育创造了有利条件,构成本区古岩溶的基本形态。在此期间岩溶的充填物主要是石炭系的黏土岩、砂页岩及其岩屑、岩块等。

第二个古岩溶时期为第三纪至第四纪中更新世,受喜马拉雅构造运动的影响,本区断陷盆地形成,地下水对古岩溶进行了一定的改造,并发育了新的岩溶系统。该期岩溶的充填物以第三系红土和红黏土为主,形成本区岩溶的基本景观。

自第四纪中更新世以后,本区气候逐渐向干旱发展,岩溶发育非常缓慢。

第六节　工程区地应力场

一、地应力场特征

为了论证泵站厂房区和深埋隧洞地应力状况,共安排11个地应力测试孔,用水压致裂法测量地应力值和主应力的方向。

本工程区地应力场特征有以下几点。

1.以水平构造应力为主导

本区最大水平主应力(σ_H)大于垂直主应力(σ_V)。σ_H/σ_V比值,灰岩地区大多为1.80~2.0,混合岩地区为1.90~3.92,砂、页岩地区为1.40~1.60。

2.最大主应力(σ_H)方向

本区地应力的测试深度在40~397 m之间,最大主应力的方向一般可分"浅部"和"深部"两种类型。"浅部"系指埋深大约在2倍地形切割深度范围内;"深部"一般大于2倍地形切割深度。"浅部"由于受地形切割和卸荷等因素的影响,地应力方向变化大,并且多与测试钻孔附近深切沟谷方向垂直;而"深部"多处于初始应力区,地应力方向较为稳定。例如,总干线首部(包括万家寨水利枢纽的三个地应力孔资料),"深部"地应力(σ_H)的基本方向为NE60°左右,而"浅部"地应力(σ_H)方向常与附近深切沟谷(如黄河、大清沟、大岔沟等)方向垂直(见图2-7)。

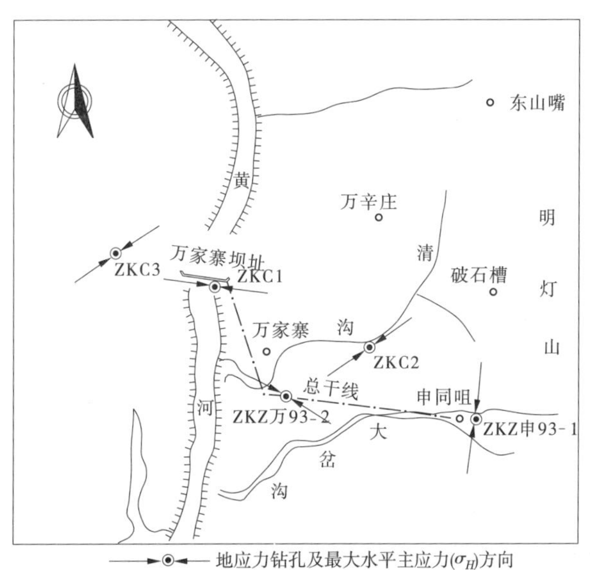

图2-7　总干线首部及万家寨坝址区地应力分布图

北干线另山~大梁水库地区"深部"主应力(σ_H)方向为NE40°~60°(见图2-8)。

南干线利民堡以北,"深部"主应力(σ_H)方向为NE60°左右(ZKN岭932号钻孔),宁~静向斜地区"深部"主应力方向为NE85°~NW285°(见图2-9)。

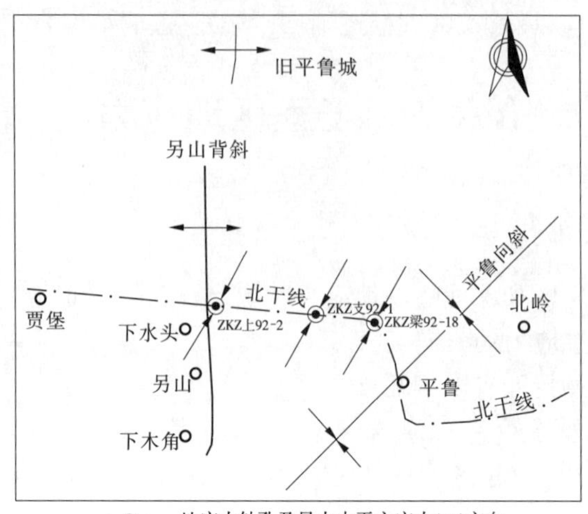

图 2-8　另山～大梁水库地区地应力分布图

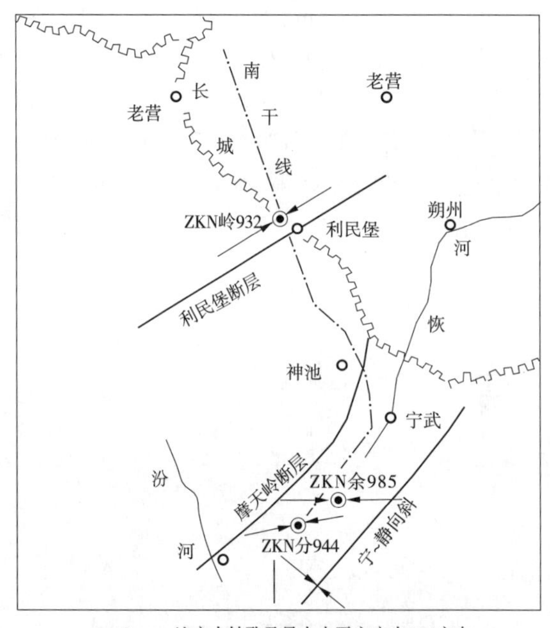

图 2-9　南干线地应力分布图

3. 地应力量值与岩性的关系

块状岩体地区：在北干线另山背斜核部出露的太古界混合岩地层中，ZKZ 上 92-2 号钻孔的地应力值随深度增加的变化幅度大，σ_H/σ_h 比值最大为 3. 92，200 m 埋深时 σ_H 达 19. 44 MPa。推测在隧洞埋深为 430 m 时，σ_H 值可达 40 MPa 左右。因此，可认为是较高地应力地区。

灰岩地区：埋深在 200 m 以上时，主应力（σ_H）值一般小于 15 MPa，σ_H/σ_V 比值为 1. 80～2. 10，因此可视为中等偏高地应力区。

砂、页岩地区：地应力量值相对较低，在埋深 400 m 以内除个别测试段外，主应力

(σ_H)值多小于15 MPa,σ_H/σ_h 比值多为1.40~1.60,σ_V 与 σ_h 值大致相等。因此,可认为中等地应力区。

较破碎岩体地区:如南干线利民堡ZKN岭932号钻孔、南干线一级泵站ZKN下983号钻孔和二级泵站ZKN信983号钻孔,在孔深200 m以内地应力(σ_H)值均小于10 MPa,反映出较破碎岩体中的地应力不高,可视为中等偏低~低地应力区。

二、地应力成果工程地质评价

本工程地质勘察中,采用水压致裂法测量地应力,能够获得地应力的量值和方向,并能够了解到本区是以构造应力为主导、"浅部"和"深部"地应力区的特征和不同地层岩性(岩体)中的地应力差别。因此,达到了预期的目的,同时认为水压致裂法是目前简便可行的方法。

水压致裂法测量原始地应力,一般以下列三个假设为前提:① 岩石是线性弹性和各向同性的;②岩石是完整的、非渗透的;③岩石中有一个主应力分量的方向(即 σ_V)与钻孔轴平行。在这三个假设前提下,水压致裂的力学模型可简化为一个平面问题。其最大水平主应力和铅直应力的计算式分别为:

$$\sigma_H = 3P_s - P_r - P_0 \tag{2-1}$$

$$\sigma_V = \rho g H \tag{2-2}$$

式中　σ_H——最大水平主应力,MPa;

σ_V——垂直应力,MPa;

P_s——瞬时关闭压力,MPa;

P_r——破裂面重新张开的压力,MPa;

P_0——钻孔中水孔隙压力,MPa;

ρ——岩石密度,g/cm^3;

g——重力加速度,取9.8 m/s^2;

H——深度,m。

水压致裂法应力量测中,垂直应力和最小水平主应力值由不涉及岩体物理力学性质的方程来确定,最大主应力(σ_H)是由包括抗张强度在内更加复杂的关系求得的。因此,对量测精度有一定的影响,特别在非水平岩层地区和主应力为倾斜状态时,水压致裂法的量测成果误差可能会更大一些。

本区存在大型南北向(另山背斜、十八盘挠曲等)、北北东向(如芦芽山掀斜背斜)和北东向(如宁~静向斜和平鲁向斜)压性构造形迹。按照李四光教授地质力学的观点,以上构造形迹是在强大的南北向力偶作用下形成的。这些古地应力场作用时间长,形成本区构造基本格架。值得注意的是,与之配套的低序次构造结构面比较发育,例如在寒武系和奥陶系地层中,北西西一组(NW290°左右)断裂结构面呈张扭性,是本区重要的含水与导水构造,在地下工程开挖中被广泛证实,具有显著的工程意义。

现代地应力场,即水压致裂法获得的地应力资料,反映本区"深部"最大主应力方向多为NE40°~60°,与古地应力场最大主应力方向近于垂直,而且与地下工程的北西西向结构面涌水现象似乎相矛盾。为此,国内外一些地质专家对水压致裂法测得的地应力成果表示怀疑。

对此,笔者与中国地震局地壳应力研究所的李方全研究员进行过探讨,认为:

(1)古地应力场和现代地应力场都是客观存在的。在地质历史的长河中,本区主地应力方向是变化的,是一种正常现象。也可以说,在一个地区,古地应力场与现代地应力场可以一致,也可以不一致。

(2)本区现代主地应力场方向 NE40° ~ 60°与华北地台 NE ~ SW 主应力场方向是吻合的,而且与山西北部震源机制解的 P 轴方向 NE54°也是吻合的,因此具有较高的可信度。

(3)古地应力场作用时间长,现代应力场作用时间比较“短暂”,对古构造形迹的改造较弱,因此两种构造应力场均具有工程地质意义。例如,在地下工程长轴方向的选择和评价时,古地应力场的构造形迹和现代地应力场均为重要的地质因素(条件);又如总干线、北干线和南干线北部地区,NWW 向断层和裂隙是最主要的含水和透水构造,对地下工程围岩稳定性和隧洞涌水影响较大,而主应力(σ_H)方向为 NE ~ SW 向,两者均具有工程意义。

第三章　隧洞工程主要地质问题研究

第一节　第四系上更新统（Q_3）黄土隧洞

Q_3 黄土隧洞主要分布在总干线 6 号、7 号、8 号、9 号隧洞及南干线 2 号、3 号隧洞进口或出口地段，总长约 634 m，其中总干线 Q_3 黄土洞段长约 282 m，南干线 352 m。隧洞埋深为 10 ~ 30 m，隧洞内径为 4.20 ~ 5.40 m，开挖毛洞直径为 5.40 ~ 6.10 m。

一、Q_3 黄土物理力学性质

（一）常规物理力学性质

Q_3 黄土呈浅黄色，结构疏松，柱状节理较发育，有冲洪积、坡洪积及风积等成因类型。

根据土工试验成果，Q_3 黄土状粉土砂粒（d = 0.1 ~ 0.05 mm）含量在 37% 左右、粉粒（d = 0.05 ~ 0.005 mm）含量在 48% 左右，黏粒含量多在 8% ~ 15% 之间。天然含水率随埋深逐渐增加，在 5% ~ 15% 之间；塑限含水率为 18% ~ 20%，液限含水率为 25% ~ 27%，塑性指数在 5.0 ~ 9.6 之间。

Q_3 黄土状粉土的抗剪强度随土体含水率的增加呈下降趋势。天然状态下（含水率为 5% ~ 15%），内摩擦角（φ）一般为 25° ~ 28°，黏聚力（C）为 0.03 ~ 0.05 MPa；当土体含水率大于 15% 时，其 φ、C 值分别下降至 20° ~ 23° 和 0.01 ~ 0.02 MPa。

Q_3 黄土状粉土的压缩系数（$a_{1\text{-}2}$）一般为 0.1 ~ 1.0 MPa^{-1}，最高可达 1.6 MPa^{-1}，属中 ~ 高压缩性土。一般来讲，风积黄土压缩性较冲洪积黄土高，浅部黄土多具高压缩性，深部多具中等压缩性。

Q_3 黄土状粉土的渗透系数为 1×10^{-4} ~ 4×10^{-4} cm/s，可溶盐含量小于 0.1‰。

（二）湿陷性

黄土的湿陷性十分复杂，与土的生成时代、成因类型、土体结构、干密度、孔隙比及附加荷载等有着十分密切的关系。由于引黄工程隧洞穿过的黄土主要为第四系上更新统（Q_3）冲洪积成因类型，因此以该种土的湿陷性为研究对象。本节将从宏观上分析工程区段冲洪积 Q_3 黄土的湿陷性与土的埋深、干密度、孔隙比、附加荷载等几方面的关系，并讨论 Q_3 黄土的湿陷起始压力、湿陷峰值以及湿陷等级与黄土微观结构的内在联系等。

1. 湿陷性与埋深的关系

一般来讲，Q_3 冲洪积黄土的湿陷性随其埋深的增加呈减弱的趋势。其湿陷性变化与土的干密度变化相对应，在垂向不是简单的线性变化关系，而是与不同土层的物质成分和结构有关（见图 3-1）。

2. 湿陷性与干密度及孔隙比的关系

根据大量试验成果统计三者之间的关系大致如表 3-1 和图 3-2 所示。

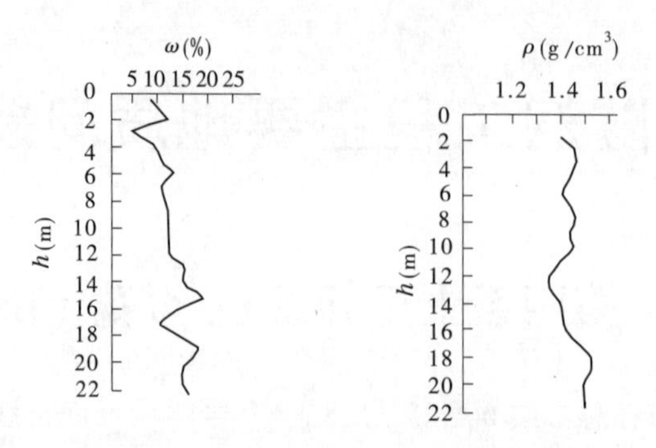

图 3-1 黄土含水量及干密度随深度变化曲线(大梁水库坝基 Q_3 黄土)

表 3-1 湿陷系数与干密度、孔隙比关系

湿陷系数 δ_s	干密度 ρ_d(g/cm³)	孔隙比 e	湿陷性等级
$\delta_s \leqslant 0.015$	$\rho_d \geqslant 1.52$	$e \leqslant 0.65$	非湿陷性土
$0.015 < \delta_s \leqslant 0.025$	$1.40 \leqslant \rho_d < 1.52$	$0.85 \geqslant e > 0.65$	弱湿陷性土
$0.025 < \delta_s \leqslant 0.07$	$1.30 \leqslant \rho_d < 1.40$	$1.0 \geqslant e > 0.85$	中等湿陷性土
$\delta_s > 0.07$	$\rho_d < 1.30$	$e > 1.0$	高湿陷性土

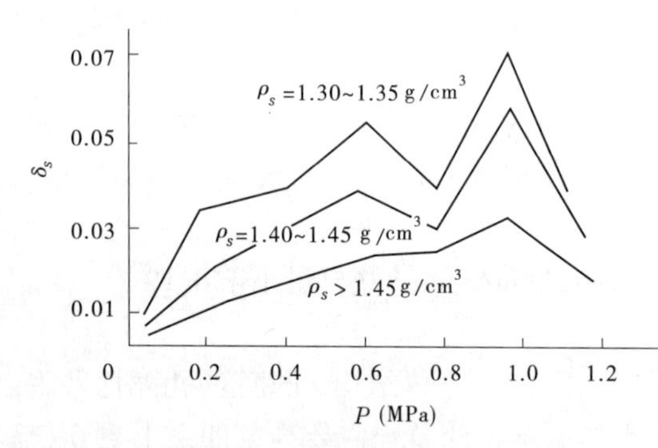

图 3-2 不同平均干密度下黄土湿陷系数与压力关系曲线

从表 3-1 可以看出,黄土湿陷性与干密度和孔隙比之间有着内在的联系。如果试验成果与此偏离的较大,往往是试验成果有误。

3. 湿陷性与附加荷载的关系

引黄工程黄土湿陷性试验的附加荷载(压力)分为 0.05 MPa、0.1 MPa、0.2 MPa、0.3 MPa、0.4 MPa、0.6 MPa、0.8 MPa、1.0 MPa、1.2 MPa 九级。据大梁水库坝基 Q_3 黄土的试验成果,将 0.2 MPa、0.6 MPa 和 1.0 MPa 压力下的 $\delta_s \sim h$ 曲线按不同埋深统计,其成果如图 3-3 所示。

从图 3-3 可以看出,附加荷载愈大,相对应的湿陷系数愈高,湿陷量也愈大。因此,黄土地基的湿陷性评价应以建筑物作用在地基的实际压力为试验的荷载。

4. 黄土湿陷起始压力

通常认为湿陷系数 $\delta_s = 0.015$ 相对应的附加荷载(压力)为湿陷起始压力,从图 3-4 可以看出,干密度愈小的黄土湿陷起始压力愈小,反之则大。引黄工程的黄土湿陷起始压力大致在 0.03 ~ 0.1 MPa 之间。

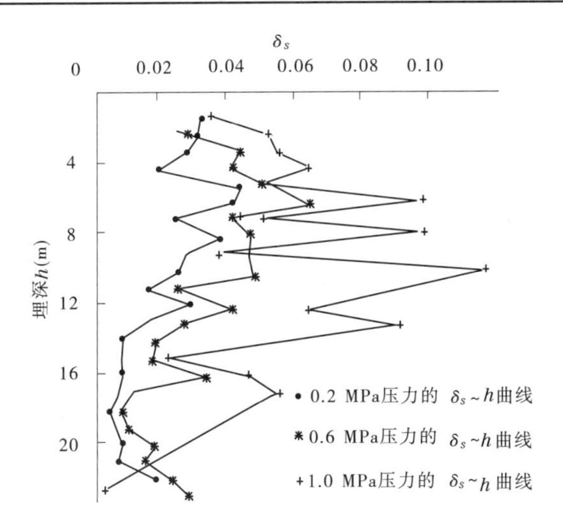

图 3-3　不同压力下黄土湿陷系数与埋深关系曲线

5. 黄土湿陷峰值问题

黄土湿陷峰值反映在某一特定压力下，黄土结构产生突然的破坏。多级的大压力试验成果表明（最大压力为 1.2 MPa），黄土往往具有两个湿陷峰值（见图 3-5），且第一个峰值比第二个峰值高。这种现象提醒我们，当建筑物对地基的附加压力大时，不要认为第一个湿陷峰值后地基的湿陷变形就结束了，而还有可能出现第二个湿陷峰值的沉陷影响。

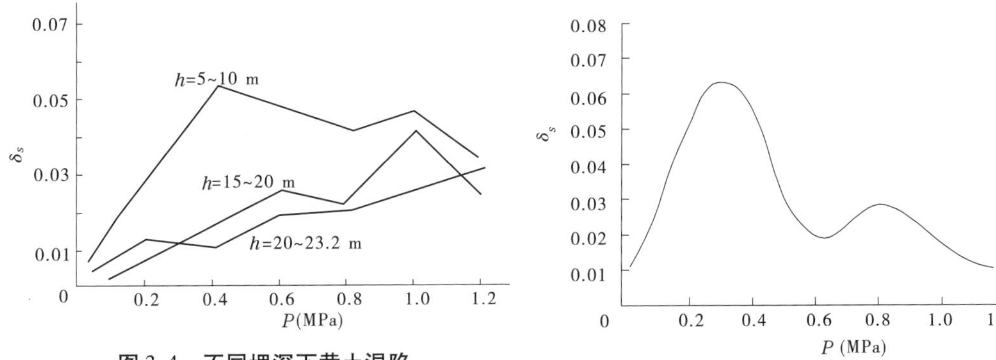

图 3-4　不同埋深下黄土湿陷系数与压力关系曲线

图 3-5　Q_3 黄土 δ_s ~ P 曲线（双峰值分布图）

6. 黄土微观结构与湿陷等级

根据中国科学院地质研究所曲永新等的研究，通过电子显微镜观察引黄工程黄土微观结构，认为黄土骨架颗粒形态、连接方式和微观结构是影响黄土湿陷的主要因素。本工程区的黄土粉细砂颗粒磨圆度差，颗粒之间多为点或面式接触，组成颗粒集合体。其结构可分为开放式架空结构、架空结构、镶嵌式架空结构和镶嵌孔隙结构四种类型。黄土的粉粒、砂粒之间的连接物质为黏粒和少量的可溶盐；连接方式可分为接触、接触—胶结和胶结三类；本工程区强～中等湿陷性黄土的连接方式多为接触式；弱湿陷性黄土的连接方式多为接触—胶结式。

曲永新等研究认为，引黄工程地区黄土的湿陷性主要受架空孔隙（也称支架孔隙）所控制，湿陷性强弱取决于架空孔隙的数量和连通性。所谓架空孔隙是指与骨架颗粒同尺寸、同级别的孔隙；所谓开放式架空孔隙是指孔隙与周围连通性好；镶嵌孔隙结构为骨架颗粒紧密排列和接触。黄土湿陷变形主要是架空孔隙的变形，或者说是由开放式架空结构向镶嵌式孔隙结构转化的结果。而水和压力是黄土湿陷的必要条件。

根据大梁水库坝基试样和微观结构观察结果认为，高湿陷性黄土多为开放式架空结构，中等湿陷性黄土多为局部开放式与架空结构，弱湿陷性黄土多为镶嵌式架空结构和局部架空结构，非湿陷性黄土多为镶嵌式架空结构和镶嵌式孔隙结构，见图3-6～图3-8。其黄土微观结构与湿陷性等级见表3-2。

（结构较疏松，开放式架空结构，粒团间架空孔隙发育，
架空孔隙直径10～30 μm，湿陷性较强）

图3-6　引黄大梁水库次生黄土（深4 m）

（结构较密实，骨架颗粒（或粒团）间局部分布有
架空孔隙，但不发育，仍具有湿陷性）

图3-7　引黄大梁水库次生黄土（深10 m）

（黄土中黏粒富集部位结构疏松，架空孔隙发育，架空孔隙
直径 5～15 μm，表明此深度处黄土仍具有湿陷性）

图 3-8　引黄大梁水库次生黄土（深 15 m）

表 3-2　大梁水库坝基 Q_3 黄土微观结构与湿陷性等级

地层	取样深度（m）	微观结构类型	架空孔隙直径（μm）	连接方式	湿陷性等级
Q_3 冲洪积黄土	4	开放式架空 + 架空	10～30	接触	中等～强
Q_3 冲洪积黄土	10	局部开放式架空 + 架空	10～20	接触	中等为主
Q_3 冲洪积黄土	15	镶嵌式架空 + 局部架空	5～10	接触 + 胶结	弱为主

二、Q_3 黄土隧洞工程地质问题

（一）Q_3 隧洞开挖围岩稳定问题

根据黄土力学性质（内摩擦角 $\varphi = 25° \sim 28°$），黄土围岩的普氏系数 $f = 0.47 \sim 0.53$，属极不稳定的围岩。从隧洞开挖情况来看，隧洞围岩自稳时间很短，采用台阶分部开挖时，上弧导洞长仅为 2～3 m，就需采取一期支护措施。一旦塌方就很难形成稳定的塌落拱，甚至一直塌落到地表。

施工中总干线 7 号、8 号、9 号 Q_3 洞段曾发生三次大规模的塌方。7 号、8 号隧洞进口段的塌方为 TBM 施工中发生的，9 号隧洞为人工开挖法施工中发生的。现分别介绍如下。

1. 总干线 9 号隧洞塌方

该塌方段位于总干线 9 号隧洞进口内 30～46 m 段（见图 3-9），塌落高度约 20 m，在山顶形成 8～10 m 的椭圆形塌坑，坑深 1～2 m，清除的塌方土量约 6 000 m^3。

施工单位采取的施工方法为：进行上下台阶法分部开挖，上弧导洞开挖 2～3 m 后进

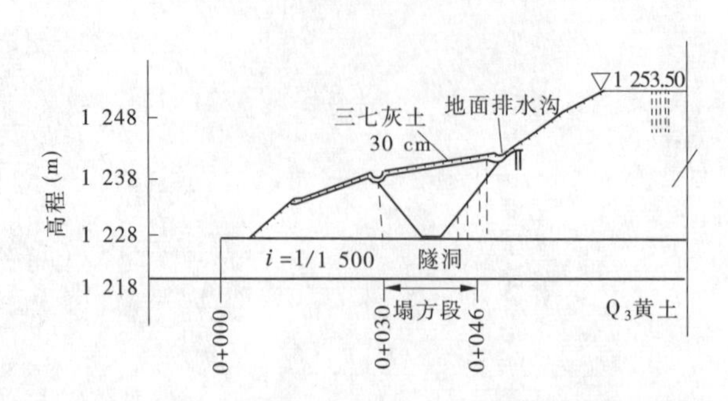

图 3-9　总干线 9 号隧洞黄土塌方段及处理纵剖面

行一期素混凝土支护，厚度为 25 cm；然后下挖中槽和马口，浇筑素混凝土，形成全断面一期支护。设计要求全断开挖和一期支护长度为 6～8 m 时进行二次永久支护（混凝土浇筑）。而实际开挖中，一期支护段长度已达 22.5 m，施工单位仍未及时进行二次永久支护，致使隧洞发生塌方，所以一期支护段过长是本次塌方的主要原因。

塌方发生后采取了地面明挖减载、洞内管棚法施工、减载回填并设拱助、地表铺设防渗土工膜及 30 cm 厚的"三七灰土"、浆砌石护坡及修筑排水沟等综合处理措施，通过多年运行证实处理效果较好。

2. 总干线 7 号和 8 号隧洞出口段塌方

在总干线 8 号和 7 号隧洞出口段，分别有 28 m 和 134 m 长的 Q_3 黄土洞段。在两隧洞出口段分别衬砌 10 m 和 30 m 后进行 TBM 掘进，在距 8 号隧洞出口段 10～28 m 段和距 7 号隧洞出口 30～48 m 段，先后发生冒顶，塌方最大高度分别为 10 m 和 50 m。

塌方的原因是：Q_3 黄土结构疏松，物理力学指标低（干密度 $\rho=1.40\sim1.50$ g/cm^3，孔隙比 $e=0.85\sim1.10$；内摩擦角 $\varphi=22°\sim25°$），隧洞围岩稳定性极差。上述洞段由意大利 CMC 公司采用单护盾基岩 TBM 自下游向上游掘进，当 TBM 超过人工开挖的混凝土浇筑段后，很快就产生塌方，说明 TBM 的机械震动和对围岩的扰动是塌方的主要原因。

虽然 TBM 强行通过了塌方段，因洞底下沉量过大和管片错台严重，8 号隧洞塌方段做了明挖清除处理，7 号隧洞塌方段做了削坡减载、洞内灌浆加固围岩、拆除管片衬砌改为人工浇筑混凝土衬砌的处理。

两次使用 TBM 进行 Q_3 黄土洞掘进的尝试失败证明，Q_3 黄土隧洞不宜使用基岩 TBM 施工。

（二）黄土隧洞地基不均匀沉降问题

黄土隧洞地基不均匀沉降主要发生在 TBM 施工洞段和隧洞与渡槽的联接部位。

总干线 6 号、7 号、8 号隧洞使用的罗宾斯单护盾基岩 TBM，主机部分重量约 380 t，TBM 掘进时的强烈震动容易使 Q_3 黄土地基产生不均匀沉降变形，并且使机械很难保持平稳的工作状态，造成隧洞纵坡高程和管片接缝错台严重超过设计标准。例如，7 号隧洞 Q_3 黄土洞段底板最大欠高 530 mm，最大超高 251 mm，有 110 m 长的洞段需要进行处理。处理方案有拆除管片改用现浇混凝土衬砌和采用钢板内衬等。

在渡槽与隧洞的联接部位，为了防止隧洞出口段地基与渡槽发生不均匀沉降，采用了桩基处理方案。总干线 1～4 号渡槽及南干线和龙须沟渡槽均采取了上述工程措施。

(三)黄土湿陷变形及渗透稳定问题

采用TBM施工的Q_3黄土洞段,由于混凝土衬砌管片为长六边形,平均每延米有14.25 m长的接缝,而这些接缝的张开和管片之间的错台,直接会影响止水效果,造成内水外渗,导致黄土地基的湿陷变形;当隧洞渗漏严重时还会造成黄土的潜蚀和塌陷,危及隧洞稳定。

对此,工程上采取了综合防渗措施,主要有:①做好管片与围岩之间回填豆砾石(平均厚6 cm)的回填灌浆;②管片接缝采用明、暗两道止水,暗止水为BW止水条,明止水为双组份聚硫密封胶,如果施工造成止水效果不好的,先将原止水材料清除,冲洗并烘干后,用聚合物砂浆抹平,再涂柔性防水涂料;③对管片表面的裂缝采用化学灌浆或表面做封涂处理。

对采用人工开挖法施工的Q_3黄土洞段主要防渗措施是:①每6 m设一环向伸缩缝,缝内设一道橡胶止水带,缝内充填闭孔泡沫板,缝表面采用双组份聚硫密封胶明止水,纵向施工缝除凿毛处理外,设一道GB止水条;②在一次支护混凝土层内表面铺设高密度聚乙烯土工膜(HDPE),并在二次钢筋混凝土衬砌中内掺防水剂,以达到防裂、防渗的目的;③为了阻止Q_3黄土隧洞上游其他围岩洞段的渗漏水向下游排泄,饱和Q_3黄土隧洞围岩,在洞内布设一个环形灌浆帷幕。

综上所述,鉴于Q_3黄土复杂的不良工程性质,在工程勘察、设计和施工过程中均进行了专题对策研究。施工过程中,又多次改进了施工和防渗设计方案,目前运行情况良好。但Q_3黄土隧洞仍为工程上的重点监控对象,出现问题需及时进行工程处理。

第二节　第四系中更新统(Q_2)黄土隧洞

一、Q_2黄土工程性质

中更新统(Q_2)地层可分为上、下两段。下段(Q_{2-1})岩性主要为砂砾石与粉质黏土互层,该段底部的砂砾石层厚1~3 m,分布广泛,常含有较丰富的地下水,其渗透系数$K \approx 8\times10^{-3} \sim 2\times10^{-2}$ cm/s,属中~强透水层。在不同地区Q_{2-1}岩组中可含有1~2层砂砾石层,或含有多层含土砾石层,与粉质黏土层呈交互相结构,反映其冲洪积的特征。上段(Q_{2-2})岩性主要为浅棕红~棕黄色黄土状粉质黏土夹粉土,呈块状,砂粒含量为33%~57%,粉粒含量为31%~58.7%,黏粒含量为5%~12.3%,顶部多见有植物根孔,具大孔隙,中部含有多层姜石结核层。

在工程区,由于受剥蚀作用的影响,中更新统(Q_2)地层的厚度变化较大,一般为20 m左右,最大为40 m,多分布于河流二级阶地和深切沟谷的掩埋地段,其下伏地层为第三系上新统(N_2),上覆第四系上更新统(Q_3)地层,与上、下地层均呈不整合接触。

根据大量的土工试验成果,Q_2黄土的物理力学性质指标的平均值为:塑限w_p=17.09%,液限w_L=27.02%,塑性指数$I_p=10$,干密度$\rho_d=1.56$ g/cm^3,孔隙比$e=0.743$,渗透系数$K=3\times10^{-4}\sim1.06\times10^{-5}$ cm/s,压缩系数$a_{1-2}=0.075$ MPa^{-1},天然土内摩擦角$\varphi=24.9°$,黏聚力$C=35$ kPa。

在丘陵～平原过渡区，Q_2 黄土厚度较大，岩性以粉质黏土夹粉土为主。根据土工试验成果分析，在上部 0～6 m 的 Q_2 黄土具弱湿陷性，6 m 以下则基本不具湿陷性。

Q_2 黄土地层的天然含水量普遍较高，这是由于其下伏的 N_2 红土为区域性的相对隔水层，其上的上层滞水致使 Q_2 黄土呈可塑～软塑状，严重恶化了该土层的工程性质。

二、Q_2 黄土隧洞主要工程地质问题及工程对策研究

本工程 Q_2 黄土隧洞总长 1 567 m，其中常规法施工的洞段长约 1 267 m，TBM 法施工的洞段长约 300 m。

（一）常规法施工 Q_2 黄土隧洞主要工程地质问题

1. 围岩变形及塌方

根据土工试验成果，Q_2 黄土天然含水量（w）小于塑限时，黏聚力 $C = 35$ kPa，内摩擦角 $\varphi = 25°$；饱和状态黏聚力 $C = 20 \sim 25$ kPa，内摩擦角 $\varphi = 21° \sim 23°$。根据普氏压力拱理论，围岩的坚固性系数 $f_{kp} = \tan\varphi + C/\sigma$，则 $f_{kp} = 0.5 \sim 0.7$，围岩处于极不稳定状态。

在实际开挖过程中，南干线 3 号隧洞出口段（见图 3-10）和 6 号隧洞出口段（见图 3-11）的 Q_2 黄土围岩含水量在塑限～液限之间，掌子面和侧墙变形量很大，不及时支护，很快会发生塌方。在南干线 3 号隧洞中，饱和状 Q_2 黄土围岩在开挖后，曾发生围岩的塑性流土现象，需采取超前排水和超前支护措施。

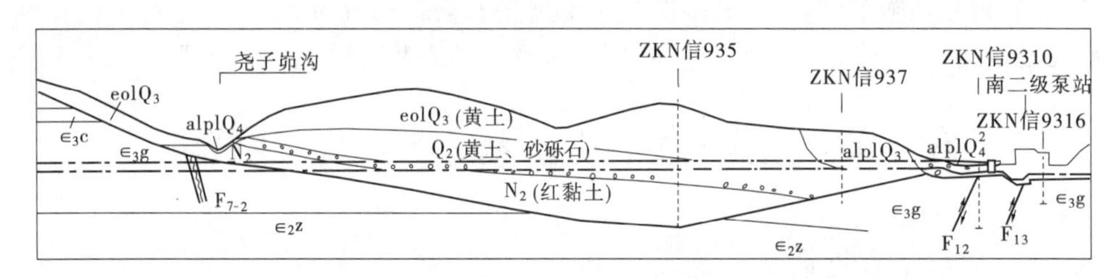

（N_2 红黏土为相对隔水层，Q_2 砂砾石和黄土中又有上层滞水，隧洞涌水量约 100 m^3/d）

图 3-10　南干线 3 号隧洞出口段工程地质剖面

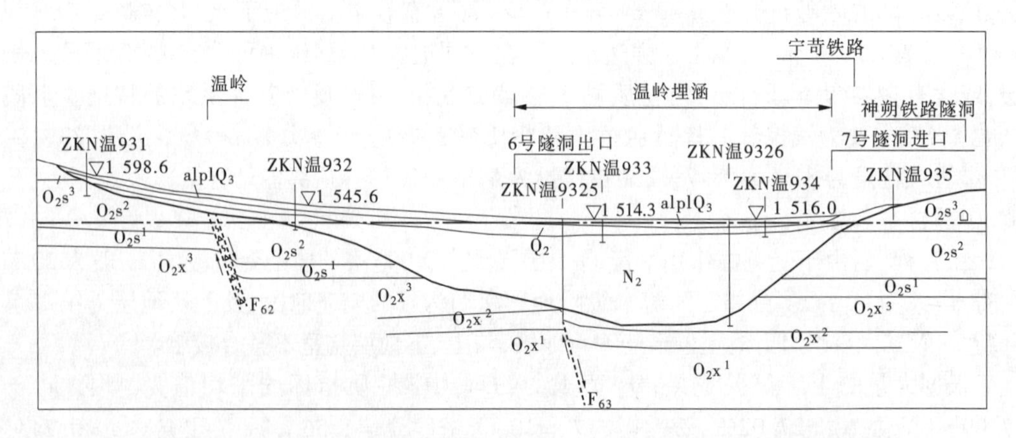

图 3-11　南干线 6 号隧洞出口段、温岭埋涵和 7 号隧洞进口段工程地质剖面

常规法施工的 Q_2 黄土隧洞主要有两种施工方法。第一种为上导洞每开挖 2 m 左

右，用厚25 cm的素混凝土衬砌，在领先一个衬砌段（6 m）后，进行下挖中槽，跳挖马口，衬砌素混凝土，然后视围岩稳定情况，确定是否加花拱架支撑，最后进行钢筋混凝土永久衬砌，其衬砌厚度一般为40～50 cm。该种施工方法日进尺平均在1 m左右。

第二种方法为上、下台阶开挖+喷锚支护+带钢板的钢拱架支撑+喷射浇筑混凝土（厚30 cm左右），作为一期支护。在完成Q_2黄土洞段一期支护后，TBM进行二次支护。其一期支护的速度多在每天1.0～1.5 m之间。

2. 围岩涌水问题

由于Q_2地层中的上层滞水对隧洞围岩的稳定性及施工方法影响很大，因此在呈隐渗和滴渗状态时，常采取洞内井点排水法，当隧洞涌水呈强烈滴水和淋水状况时，则需在隧洞开挖前采取深井抽水降低地下水位。Q_2黄土隧洞一个工作面的稳定日排水量大致在100 m^3左右。

3. 环境地质问题

Q_2地层中的上层滞水是附近村民重要的饮用水源，施工期排水，对其有较大影响。由于隧洞采取了以土工膜为主的防渗措施，施工衬砌完成后，附近水文地质环境将可以得到恢复。

（二）TBM法施工Q_2黄土隧洞主要工程地质问题

TBM法施工的Q_2黄土隧洞主要分布在总干线8号隧洞，长度约为300 m。在该区段上层滞水受地形切割及天然排泄影响，水量较小，一般土体含水量小于塑限，TBM施工中曾发生泥裹刀现象，采用人工清除后通过。

三、中更新统（Q_2）黄土工程地质评价

（1）中更新统（Q_2）黄土，在天然含水量低于塑限时，工程地质性质优于上更新统黄土。但由于其下伏上新统N_2红土透水性低，Q_2黄土与之接触部位通常都赋存有一定水量的上层滞水，从而严重恶化了Q_2黄土的工程性质，无论是围岩稳定性还是围岩的支护与排水，其施工难度已超过了Q_3土层，这在南干线3号隧洞和6号隧洞中表现得十分突出。施工证明，Q_2地层的隧洞围岩分类中坚固性系数$f_{kp}=0.5\sim0.7$是符合本工程实际情况的。

（2）鉴于本工程Q_2土层的工程地质条件及工程性质，采用常规法施工时，采取短进尺、强支护、加强地面和洞内排水及紧跟永久支护的措施，开挖洞径5～7 m的隧洞是可行的。在Q_2土层中采用TBM法施工总体上是不适宜或不可行的。若采用TBM法施工，则需查明土层中有无地下水活动，只有在土层中不含地下水且土体含水量较低的前提下方可考虑采用TBM法施工。

第三节　第三系上新统（N_2）隧洞

一、N_2地层划分及分布特征

本工程上新统（N_2）地层分布在深切河（沟）谷或古河流阶地的下部以及断陷盆地中，

地表仅有零星露头出露。其下为寒武系、奥陶系、石炭系等基岩,其上为第四系黄土地层,均呈不整合接触。

本工程区 N_2 地层按成因分类有冲洪积和湖积两种类型。按地层时代和岩组特征可分为静乐组(N_2j)和保德组(N_2b)。

下部的保德组(N_2b),大多为洪积成因,岩性为棕红色黏土、含红土砂卵砾石、含红土砾石层,呈互层状结构。N_2b 地层除总干线 10~11 号隧洞部分洞段出露外,其余多分布在工程区以外的低洼地区。

静乐组(N_2j)岩性复杂,以棕红色~浅红色砂质黏土、黏土为主,夹少量含红土砾石层、砂层及姜石层,该层以红色为基本色调,俗称"三趾马红土"。勘探揭露的最大厚度为 75 m。

在利民堡、温岭、九姑村与断陷盆地中的 N_2 地层,厚度较大,最大为 210 m。其颗粒粒径较细,为湖相沉积物。上部为橙红色~红色黏土,中部为浅黄绿色、灰色、灰黑色砂质黏土、黏土,下部为浅红色和杂色砂质黏土,显示上第三纪气候由潮湿向炎热干燥变化的特点。

二、N_2 土层结构构造

引黄入晋工程隧洞约有 6 km 长在上第三纪(N_2)地层中通过,其大部分为红色黏土,即第三系三趾马红土地层,少部分为含土砂砾石或红土砾石层。因此,研究 N_2 红土的结构、构造及工程性质十分重要。

(一)N_2 红土的物质组成及微观结构

根据室内试验成果,晋西北 N_2 红土,<0.005 mm 黏粒含量高者可达 44%~55%,其中<0.002 mm 的胶粒含量为 31%~45%,大量黏粒(黏土矿物)对土的工程性质具有显著影响。>0.1 mm 砂粒含量<0.5%,0.05~0.1 mm 的极细砂颗粒含量为 19%~22%,0.01~0.05 mm 粗粉粒含量为 13%~24%,0.005~0.01 mm 粒径颗粒含量一般<10%。上述颗粒组成反映了 N_2 红土分选差和混杂堆积的特点。在扫描电子显微镜下观察,N_2 红土中黏土矿物与碎屑颗粒的混杂堆积呈紧密排列状态;碎屑颗粒尤其是>10 μm 的碎屑颗粒呈棱角状和次棱角状,即磨圆不良,说明 N_2 红土为快速堆积的沉积物。

根据对<0.002 mm 粒级 X—射线衍射谱测定结果,黏土矿物主要为伊利石—蒙脱石混层矿物,且具有结晶差的特点;次要黏土矿物为高岭石。蒙脱石晶层表面吸附的可交换阳离子主要为 Ca^{2+},有效蒙脱石含量为 14.25%~18.84%,伊利石含量为 14.56%~21.78%。蒙脱石、伊利石在混层矿物中比例接近;较高的蒙脱石含量是 N_2 红土一系列不良工程特性形成的物质基础。从扫描电子显微镜下观察,伊利石—蒙脱石混层矿物颗粒具有集中分布现象,这种微观结构的不均一性,决定其工程性质的不均一性。

N_2 红土普遍所具有的鲜艳红色,不仅反映了沉积物形成时强烈的氧化条件,而且说明颗粒表面有较多的游离氧化铁胶结物,从而增强了沉积物的固化作用,造成了物理化学活性和亲水性的降低及强度的增大。化学分析法测得的 Fe_2O_3 含量为 8.03%~10.01%。

(二)N_2 红土的物理化学性质

黏土矿物组成大体上决定了黏性土的物理化学性质。采用极性有机分子吸附法,对

5 个样品表面积测定结果为 209.58 ~ 362.22 m^2/g,表明 N_2 红土表面积大,远远超过一般黏性土,这与其蒙脱石含量较高有关。较高的表面积与较强的亲水性和高膨胀势是一致的。

采用乙醇水溶液为取代液测得的 N_2 红土阳离子交换量(CEC 值)较高,为 28.59 ~ 34.29 meq/100 g。远大于一般的黏性土,而与蒙脱石和表面积测定结果非常吻合,亦说明该种土具有较高的物理化学活性。

交换阳离子组成测定结果表明,其黏土矿物表面主要可交换的阳离子为 Ca^{2+}、Mg^{2+},尤其是 Ca^{2+},这与热差分析结果相一致。上述交换阳离子组成的特点决定了 N_2 红土在干湿循环条件下,具有快速干裂、快速崩解和快速膨胀的特点。

(三)N_2 红土中的结构面

N_2 地层总体上是近水平分布的,仅局部有倾斜变形现象。N_2 土体中的结构面有网状收缩裂隙、构造节理、断层、破碎带(蒜瓣土)、地震裂缝及层状结构面等。

网状收缩裂隙:是在 N_2 土层形成过程中,因气候炎热干燥严重失水而形成。其显著特征是在网状裂隙中通常充填有浅黄白色或灰白色钙质物。

节理:N_2 土层中的构造节理,以高角度为主,节理面平直光滑,常具有镜面和近水平的擦痕。节理间距一般≥1 m,大者为 5 ~ 8 m。通过隧洞开挖显示,在新构造断裂发育地区(如温岭地区)、断陷盆地地区及大的沟谷边缘地区,N_2 红土中的构造节理往往比较发育,节理的组数以两组为多。在上层滞水富集地区,N_2 红土的裂隙中,可见有黏土的充填物。南干线 3 号、5 号、6 号及 7 号隧洞的 N_2 土洞段及总干线 11 号隧洞岩土过渡段,均发现较多的构造节理,并造成隧洞围岩不同程度的塌方。

断层:N_2 土层中的断层十分稀少。地质测绘中在南干线 7 号隧洞李家沟地区发现一条 NE 向逆断层,宽 40 cm。此外,在温岭地区,第三纪以来活动性断层附近 N_2 土层中也隐伏着一些小断层。

破碎带:在 N_2 土层中也存在一些较宽大的破碎带,当地老乡俗称"蒜瓣土"。例如,南干线 5 号隧洞出口,271 m 长的 N_2 土洞中有约 100 m 长的"蒜瓣土"带(见图 3-12)。土块尺寸以 20 ~ 40 cm 者居多,节理裂隙多达 4 组以上,且赋存丰富的地下水,隧洞开挖中围岩稳定性极差,曾多次发生塌方掉块等。对于"蒜瓣土"的成因主要有三种意见:一种为古滑坡成因;另一种是构造成因,因为该土层之下基岩中存在一条 NE 向断裂;第三种认为"蒜瓣土"是第三系地层经搬运(坡崩积)而来,因此土体松散破碎。经分析认为,第一、三种能够较好地解释宽大的"蒜瓣土"的成因。

地震裂缝:在温岭地区的神(池) ~ 阳(方口)公路南侧,可见到 N_2 土层中有许多张开裂缝,宽 1 ~ 10 cm,深度较大,并充填有第四系松散中细砂或细砾等。该种古地震遗迹是与区构造和古地震的分布相吻合的。

层状结构面:N_2 地层在竖直方向和水平方向地层相变比较大。在隧洞顶部存在一定程度胶结的姜石层或砾石层时,隧洞围岩稳定性则较好;反之在隧洞顶部为黏性土与含红土砾石互层时,由于含红土砾石层结构松散且富水性较好,不仅使黏性土工程性质恶化、围岩稳定性变差甚至出现塌方,而且隧洞开挖过程中还会出现渗水。

总之,N_2 土层的结构与结构面是控制围岩稳定的一个重要因素,在隧洞开挖过程中,

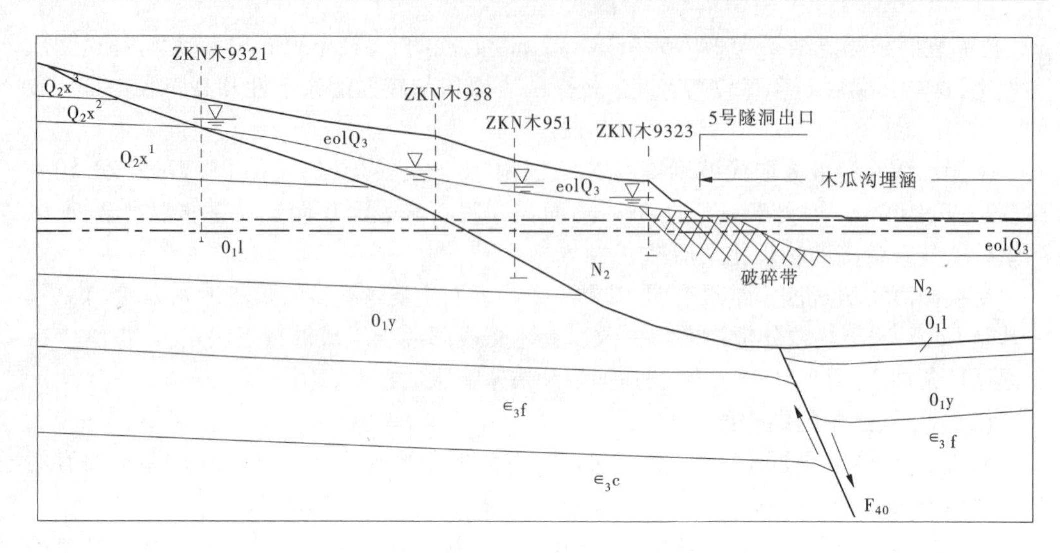

图 3-12　南干线 5 号隧洞出口段工程地质剖面

应引起重视。

三、N_2 土层的工程性质

(一)N_2 土层的主要物理力学性质

由于 N_2 土层埋藏条件和结构、构造的复杂多变性,使试验成果的离散性很大。现例举主要物理力学参数如下:干密度 ρ_d = 1.65 ~ 1.75 g/cm^3,黏粒含量为 20% ~55%,塑限含水率 w_p = 16.3% ~27.9%,液限含水率 w_L = 30% ~56%,单轴抗压强度(粉质 ~ 砂质黏土)R_c = 0.1 ~ 1.7 MPa,变形模量 E_S = 30 ~ 60 MPa,弹性模量 E = 80 ~ 120 MPa;钻孔声波测试速度 V_p = 1 500 ~ 1 800 m/s,地震波波速一般为 1 200 m/s 左右。

在利民堡断陷盆地,隧洞埋深 170 m,对 N_2 红土的钻孔样品由中国科学院地质研究所周瑞光研究员等进行了常规抗剪断、单轴压缩、三轴压缩试验,单轴压缩流变试验和三轴压缩流变试验。所有试验样品的试件尺寸为 ϕ50 mm × 100 mm。室内双面剪试验成果见表 3-3。

表 3-3　N_2 红土室内双面剪试验成果

试样编号	密度 (g/cm^3)	围压 σ_3 (MPa)	正压力 σ_n(MPa)	剪切破坏应力 τ(MPa)	破坏强度参数		破坏类型	含水率 (%)
					黏聚力 C(MPa)	内摩擦角 φ(°)		
005-1	2.16	0	0.30	0.77	0.62	26.5	剪断破坏,剪断面较平直	7.70
010-1	2.15	0.3	0.50	0.89				7.56
005-2	2.20	0.5	0.70	1.00				7.25
010-2	2.19	0.7	0.90	1.06				7.10

N_2 红土单轴抗压试验结果:抗压强度为 1.66 ~ 1.71 MPa,变形模量(E_{28})为 46.9 ~

47.5 MPa,变形模量(E_{50})为 50.4 ~ 51.5 MPa,泊松比为 0.36,以上土样含水率为 9.60% ~9.75%。

常规三轴压缩试验结果见表 3-4。

表 3-4　利民堡隧洞 N_2 红土三轴压缩试验成果

试样编号	密度 (g/cm³)	围压 σ_3 (MPa)	破坏应力 σ_1 (MPa)	变形模量 E_{28} (MPa)	变形模量 E_{50} (MPa)	破坏强度参数		泊松比	破坏类型	含水率 (%)
						黏聚力 C(MPa)	内摩擦角 φ(°)			
006	2.15	0	1.66	46.9	50.4	0.44	19.2	0.36	楔剪破坏	9.75
012	2.16	0	1.71	47.5	51.5			0.36	楔剪破坏	9.60
003	2.13	0.3	1.85	54.6	55.2			—	剪破坏	9.60
002	2.10	0.5	2.24	57.0	63.6			—	微层鼓胀破坏	9.60
014	2.11	0.7	2.68	63.0	70.6			—		9.60
009	2.13	0.9	3.00	66.7	69.1			—		9.60

N_2 红土单轴压流变试验获得的参数:起始流变应力为 0.51 MPa,阻尼变形模量为 36.3 MPa,破坏应力为 1.05 MPa,黏滞系数为 1.20×10^{12} Pa·s。

三轴压缩流变试验成果见表 3-5。

表 3-5　利民堡隧洞 N_2 红土三轴流变力学试验成果

试样编号	密度 (g/cm³)	围压 σ_3 (MPa)	破坏应力 σ_1 (MPa)	阻尼变形模量 E_d (MPa)	黏滞系数 η ($\times 10^{12}$ Pa·s)	起始流变应力 σ_1 (MPa)	破坏强度参数		长期强度参数		破坏类型	含水率 (%)
							黏聚力 C_c(MPa)	内摩擦角 φ_c(°)	黏聚力 C_i(MPa)	内摩擦角 φ_i(°)		
004	2.18	0	1.05	36.3	1.20	0.51	0.38	14.7	0.17	9.20	微层鼓胀、黏塑性流动破坏,无明显的分裂破坏面	9.30
008-2	2.16	0.3	1.50	50.8	1.50	0.80						9.30
013	2.19	0.5	1.81	52.5	1.61	1.10						9.40
008-1	2.16	0.7	2.15	55.4	1.68	1.32						9.30
007	2.14	0.9	2.54	58.3	1.76	1.64						9.20

通过以上试验可以得出如下结论:

(1)N_2 红土是特殊的土类,其天然密度、干密度、变形模量、抗压强度及抗剪指标均高于一般黏性土。

(2)含水率对 N_2 红土的性状及力学参数影响显著。

抗剪试件风干后,其含水率为 3% ~4%,呈坚硬状,致密,脆性,具有黏土岩的某些特征;当含水率超过 15% 时,该红土又呈现软土的特征。

常规双面剪切试验成果表明土的黏聚力 $C = 0.62$ MPa,内摩擦角 $\varphi = 26.5°$;三轴压缩试验成果表明土的黏聚力 $C = 0.44$ MPa,内摩擦角 $\varphi = 19.2°$,两者的差异主要是含水率不同造成的,两种试验的试件含水率相差只有 2.0% 左右,其抗剪参数相差较大,说明含水率对 N_2 红土力学参数的影响极为显著。

(3)N_2 红土的变形大、流动变形显著。由常规三轴压缩试验(见表 3-4)可知,在围压为 0.3 MPa、0.5 MPa、0.7 MPa、0.9 MPa 时,变形模量 E_{50} 分别为 55.2 MPa、63.6 MPa、

70.6 MPa、69.1 MPa，E_{28}分别为54.6 MPa、57.0 MPa、63.0 MPa、66.7 MPa，破坏时对应的应变分别为5.2%、5.3%、5.5%、5.8%，表明N_2红土的变形量大。

由表3-5可知，N_2红土单轴及各围压下的阻尼变形模量小，黏滞系数介于$1.20\times10^{12}\sim1.76\times10^{12}$ Pa·s之间。单轴压流变在加速变形发生的前一级（作用应力为0.95 MPa），常速应变速率为268×10^{-9}/s，而围压为0.3 MPa、0.5 MPa、0.7 MPa、0.9 MPa时，各试件在加速变形发生的前一级，其常速流动应变速率分别为306×10^{-9}/s、354×10^{-9}/s、382×10^{-9}/s、420×10^{-9}/s，而且加速破坏前一级的常速流动应变速率有随围压增加而变大的趋势，这些都表明N_2红土流动变形明显。

（4）湖积N_2红土中黏土质微层工程性状差。利民堡湖积N_2红土中存在许多微层理，这些微层理的倾角在25°～45°之间，厚2～8 mm不等。对其中所采取的试件分段进行含水量测试，黏土质微层理含水量为9.4%～10.1%，而其他部位土的含水量为8.6%～9.0%，这表明红土内的含水率不均一，微层理中蒙脱石、伊利石含量和黏粒成分相对较多。因此，在试验中黏土微层理首先进入黏塑限变形状态，呈鼓胀挤出环状分布，微层理愈厚，鼓胀环愈大。该试验从微观上揭示了N_2红土土体不均一的工程性质。据此可以认为N_2红土的沉积韵律及层理亦为隧洞工程变形、侧滑、塌方的内在因素之一，边坡的失稳也是如此。

（二）膨胀性

在本工程主要的N_2红土分布区取样进行试验，其成果见表3-6和表3-7。

表3-6　N_2红土工程特性分析测试成果（一）

分析号	取样地点	含水率（%）	重度（kN/m³）	干重度（kN/m³）	液限（%）	塑限（%）	塑性指数	体缩率（%）	自由膨胀率（%）	液性指数
2099	神池长城公路旁		20.85		51.0	26.9	24.1		63.0	
2100	南干线5号隧洞出口		20.11		40.0	24.0	16.0		40.0	
2101	小狗儿涧	24.68	19.32	15.5	43.0	26.5	16.5	9.02	49.0	-0.11
2102	木瓜沟	24.51	20.47	16.4	40.0	20.0	20.0	5.05	45.5	0.23
2103	羊坊村				48.2	22.4	25.8		66.0	

表3-7　N_2红土工程特性分析测试成果（二）

分析号	膨胀力（MPa）	不同荷载（MPa）下膨胀量（%）					无荷膨胀量（%）	蒙脱石含量（%）	伊利石含量（%）	比表面积（m²/g）	阳离子交换量（meq/100 g）
		0.3	0.2	0.1	0.005	0.012 5					
2099								18.84	14.56	362.22	34.39
2100								16.82	17.22	298.35	32.94
2101	0.50	0.21	0.66	1.12	1.43	3.68	26.62	16.61	21.78	296.97	29.24
2102	0.70	0.71	1.00	1.36	2.00	4.70	26.16	14.25	21.44	209.58	28.59
2103								18.61	17.78	296.43	30.65

注：膨胀力、不同荷载下膨胀量和无荷膨胀量均是采用原状风干样测得。

从表3-6、表3-7可以看出，N_2红土为膨胀性土。通过试验和工程实践可知，天然埋藏条件下的膨胀土，即在天然湿度和密度条件下，其膨胀指标往往不高，而干燥失水后或结构破坏后的膨胀性则往往强烈的显现。因此，膨胀土的膨胀性指标应采用风干稳定后的土样进行测定，表3-7中的膨胀力、无荷膨胀量等即为此类指标。

在工程实践中，尽量保持土的原始状态，减少扰动，使土体的含水率不发生大的变化，能有效地抑制红土的膨胀性，这一点至关重要。本工程中绝大多数N_2红土洞段采取了人工开挖、及时一次支护和二次混凝土衬砌，并进行了以土工膜为主的防渗措施，因此能够把N_2红土的膨胀性危害降到最低。

（三）含水率的变化对红土的工程性质影响显著

通过试验和工程实践已充分证实，含水率的多寡对红土的工程性质和地下工程围岩的稳定性影响十分明显。在总干线6号隧洞分布有长约400 m的N_2红土洞段，围岩收敛变形致使衬砌管片破裂，其主要原因是隧洞围岩含水率达19%～21%，土体硬塑状，同时隧洞埋深为60～110 m，上覆地层自重压力已超过土体的强度。南干线3号、5号、6号、7号隧洞的N_2红土洞段，上层滞水丰富的隧洞围岩稳定性甚差，曾发生多次塌方；而上层滞水少，土体含水率低的N_2红土洞段，无论采取常规法还是TBM法施工，其围岩稳定性则相对较好。此外，总干线11号隧洞、北干线1号隧洞N_2红土洞段施工开挖时无地下水，围岩稳定性很好，数月后出现潮湿～渗水时，围岩亦出现塌方。以上说明，控制N_2红土的含水率的变化，及时对隧洞进行支护和衬砌是非常重要的。

四、N_2红土洞段主要工程地质问题及工程处理措施

在施工过程中，N_2红土洞段发生的主要问题有常规法施工洞段的塌方和TBM施工段围岩大变形、泥裹刀及隧洞纵坡超限等。

（一）大型塌方

在总干线10号隧洞相对桩号0+150～0+180、南干线3号隧洞桩号7+730～7+741和南干线7号隧洞桩号59+500附近均发生过通天性大塌方，三段隧洞埋深分别为50 m、30 m和30 m，塌方后地面产生塌陷坑和环形裂缝。总干线10号隧洞塌方见图3-13。

10号隧洞塌方的原因是：洞内上下台阶开挖中，上弧导洞领先长度过大（如总干线10号隧洞上弧导洞领先长度约80 m），一次支护不及时（大约滞后14 d左右），围岩中有构造裂隙，上层滞水渗出，且渗流量逐渐加大，在一次支护产生裂缝后未能及时加固等。

南干线3号隧洞桩号7+730～7+741段，位于寒武系崮山组（$\in_3g$）灰岩与第三系上新统（N_2）红黏土的过渡段，该段隧洞埋深约30 m，处于尧子峁沟沟底。灰岩地层产状平缓，N_2红黏土中有两组陡倾角构造裂隙，间距0.7～1.0 m，节理面光滑平直，具水平擦痕。由于施工单位采用矩形下导洞先行开挖基岩的错误施工方案，导致上部基岩和N_2红黏土围岩的失稳，形成通天性的大塌方。

南干线7号隧洞桩号59+500附近，隧洞埋深约30 m，上覆地层为N_2红黏土及Q_2、Q_3黄土，有上层滞水分布，N_2红黏土含水量高，围岩稳定性差。由于一期支护不及时，且措施不利，造成大塌方。

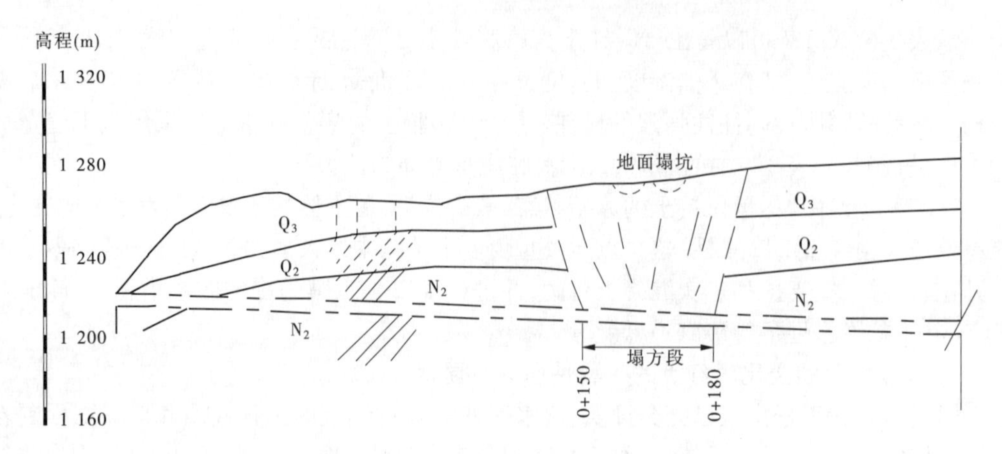

图 3-13　总干线 10 号隧洞塌方纵剖面

上述塌方后采用超前混凝土灌浆和管棚支护，并进行钢筋混凝土衬砌；在地面采取挖方减载、浆砌石护面及设置排水沟等措施。经过上述处理，在运营过程中塌方洞段围岩稳定情况良好。

(二)深埋 N_2 红土洞段围岩变形及工程处理

总干线 6 号隧洞桩号 0 +941 ~1 +329 段长 388 m，隧洞围岩为 N_2 红土，上覆地层为 Q_3 黄土，隧洞埋深 80 ~120 m。

该段隧洞进行 TBM 施工后发现洞侧壁衬砌管片的中部产生横向贯通性裂缝，最多的一个管片有 10 条裂缝，缝宽 0. 1 ~1. 0 mm，缝深 10 ~13 cm，分布在管片内侧。在桩号1 +121. 6 ~1 +218. 8 洞段的侧壁管片向洞内发生位移，洞顶部管片下沉，在侧壁管片与顶部管片的接缝处产生 2 ~10 cm 的错台。

根据 TBM 施工工艺进程分析，该洞段围岩的变形发展速率很大，开挖后 4 ~5 h 内即可产生≥9 cm 的侧壁收敛变形量，使侧壁管片处于受压状态，10 d 之后实测土压力达到 0. 30 ~0. 35 MPa。

该洞段围岩变形的原因是：①N_2 红黏土含水率较高（实测值 w =19. 1% ~22%），土体处于硬塑状态，土的强度大幅度下降，而上覆土体自重应力约为 1. 52 ~2. 28 MPa，远远大于土体的强度指标，若 N_2 土体抗压强度为 0. 5 MPa，侧压力系数 $\lambda=0.5$，岩体完整性系数 $k_v=1$，其围岩强度应力比 $S=R\cdot k_v/\sigma_V=0.66\sim0.49$，远远小于 $S=2$ 的围岩变形应力比临界值，这样隧洞围岩必然要产生较大的塑性变形；②该段隧洞底板下距基岩面较近（为 1 ~2 m），基岩限制了隧洞围岩土体向下面的变形，使围岩侧向变形加大。

根据围岩变形和管片破坏的现象分析，这是一种典型的在自重应力条件下，首先发生隧洞侧壁强烈的收敛变形，当侧壁管片发生折断破裂和向洞内位移后，顶部管片由负变形转化为正变形，致使管片下沉，监理检查发现，顶部管片背后是空的。其变形发展过程见图 3-14。

鉴于以上情况，工程上采取的处理措施有：

(1)为保障 TBM 施工的安全，采取了钢拱架支护的临时措施。

(2)在总干线 6 号隧洞贯通后，对管片严重变形破裂的洞段，采取拆除破损管片、清

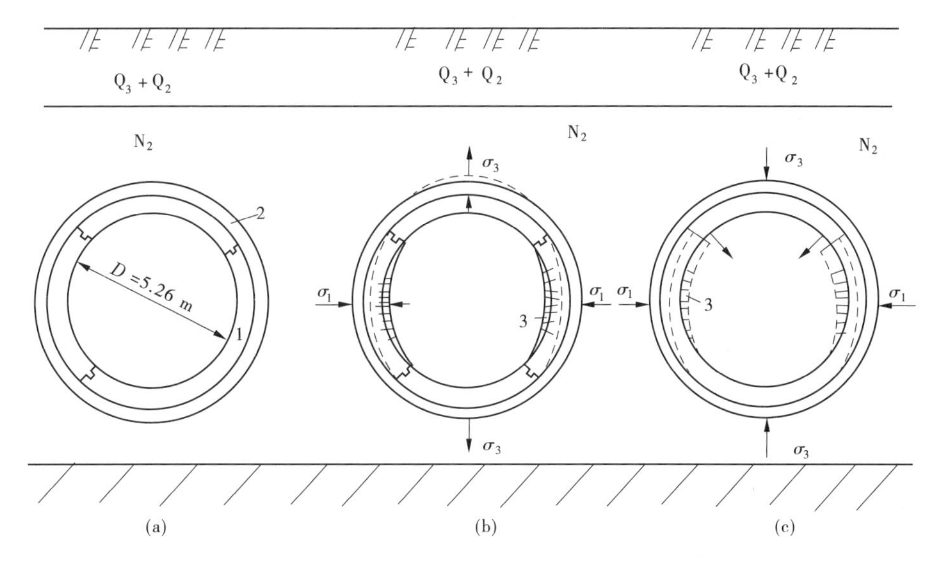

(a)开挖衬砌;(b)隧洞侧壁收敛变形管片产生裂缝;(c)管片接缝错位

1. 混凝土预测管片厚 25 cm;2. 回填豆砾石层厚 5 cm;3. 管片裂缝

(虚线代表管片位移变形,σ_1 为主压应力,σ_3 为最小主应力)

图 3-14 深埋 N_2 红黏土隧洞管片变形过程示意图

除其背后的松动土体、更换新管片、回填豆砾石混凝土、固结灌浆、锚固(锚杆长 4.3 m,直径为 22 mm)及洞内衬钢板防渗(钢板厚 14 mm)等措施;对变形较小、管片破损不严重的洞段,采取锚固、灌浆等处理措施。上述措施处理后通过数年运行,情况良好。

(三)TBM 施工“泥裹刀”及隧洞纵坡超限问题

总干线 6 号、7 号和 8 号隧洞施工采用护盾式基岩 TBM,在 N_2 红黏土天然含水量高的洞段常发生“泥裹刀”现象,采用人工清除的办法通过软黏土洞段,给掘进带来一定的麻烦。同时,在这些部位,TBM 掘进很难保证设计的隧洞开挖纵坡和管片的咬合,即管片接缝过大或产生错台现象。这些缺陷均需工程上再处理,如锚固、灌浆、填平补齐,甚至加钢板衬砌等,以保证隧洞的安全运行。

五、N_2 土层的工程地质评价

通过勘察、试验及施工证实,本工程的 N_2 红土是一种工程性质复杂的固结~超固结性的硬土类,其物质组成和相变较大,土体的坚固程度或稠度状态变化较大,其中土的天然含水率、黏粒含量和结构构造对土体工程性质影响最为明显,使围岩的稳定性变化很大。

施工证实,只要根据土体情况及时做好一次支护和二次衬砌紧跟的常规法施工,基本上可以避免塌方发生。采用 TBM 法施工时,在围岩土体含水率高的洞段,会带来围岩变形、泥裹刀及隧洞纵坡超限等工程缺陷,需进行事后处理。同时也说明在隧洞围岩土体天然含水率高的洞段,TBM 的适应能力差,宜采用钻爆法施工。

由于 N_2 红土干燥活化性强,具有一定的膨胀性,因此及时封闭围岩和采取防渗措施

十分必要。

六、N_2 地层“岩”、“土”界定问题

研究 N_2 地层是属于土类、硬土还是软岩的问题，缘于如下几个原因：

(1)引黄入晋工程地处晋西北地区，该地区 N_2 地层分布广泛，厚度较大，本工程最大勘探厚度达 273 m。引黄工程许多水工建筑物坐落在该层，特别是输水隧洞穿过不同埋深的 N_2 地层，隧洞最大埋深为 170 m。

(2)从钻孔岩心和隧洞开挖揭露的情况看，N_2 地层中最硬的属硫酸钙等盐类胶结的含土砾石层，其单轴抗压强度多为 1 ~ 3 MPa，其次为富含硫酸钙的黏性土，其单轴抗压强度多为 1 MPa 左右，但大多数红土(或红黏土)呈坚硬 ~ 硬塑状，部分含水率高的红土呈可塑状。对于上述不同性状的地层，在岩性定名上曾出现“岩”、“土”并存的局面，如“砾岩”、“黏土岩”、“弱胶结砾石层”、“硬黏土”及“红黏土”等。

(3) N_2 地层隧洞的围岩分类，有的认为应按《水利水电工程地质勘察规范》(GB 50287—99)附录 P 的围岩工程地质分类，即按岩石围岩分类进行划分；有的认为应给定物理力学性质参数，如普氏系数，为松散土类围岩。

(4)在引黄入晋工程设计中原则规定，土类隧洞采用常规法施工，TBM 法适用于岩石隧洞。

基于上述原因，对于第三系上新统(N_2)地层岩与土的界定具有重要的工程意义。

通过试验和工程实践的研究认为，晋西北的 N_2 地层宏观上和整体上判定为固结 ~ 超固结的硬土类，它与真正的岩石和第四系软土均有显著的区别。

1. 与泥质岩(或黏土岩)的显著差别

泥质岩的成岩胶结作用可分为两类，一类是成岩胶结作用，另一类是胶结物的胶结作用。前者不仅指泥质沉积物沉积后在上覆地层压力作用下的固结(压实)作用，还包括在地壳活动、岩浆作用下，尤其是温度压力作用下所发生的黏土矿物转化(如蒙脱石→伊利石/蒙脱石混层矿物→伊利石)和重结晶作用而形成的不可逆的成岩胶结作用，它不仅造成泥质岩密度增大和强度的提高，还可以造成膨胀性的弱化和消失。胶结物的胶结作用是在泥质沉积物沉积的过程中形成的，并在成岩过程中有机或无机细分散胶结材料发生明显变化的胶结作用。一般来讲，岩石的上述两种胶结作用是普遍的、稳定的和不可逆性强的(据曲永新等)。

N_2 地层中的成岩胶结作用极其微弱，而且胶结物的胶结作用不均一。某些地层，如硫酸钙为主要胶结物的含土砾石层，是在特定条件下，即该层有下伏黏土层作为相对隔水层时，富集较多的盐类形成的，且随条件的不同反映在垂向和横向胶结程度有很大的差别，这种胶结在地下水径流的作用下具可逆性作用，表现在隧洞开挖揭露的含土砾石层的胶结程度变化较大，呈层状、团块状胶结与非胶结或弱胶结相间分布。因此，将这种在同一层中呈不连续和不稳定的胶结定名为岩类是不妥的。例如，总干线 10 号、11 号隧洞开挖时均见到此现象，并成为造成隧洞大塌方的一个重要原因。而局部含盐类较多的红土层，盐类胶结作用更具有上述的不均一性和非连续性的特点。上第三系地层中的胶结现象与第三系以前岩石的成岩胶结作用有着本质的不同。

N_2 红土与泥质岩的另一区别是在湿度(含水率)上,前者大而后者小,在硬度上前者小(多小于 1 MPa)而后者大(多为数兆帕),为此建议软岩下限和硬黏土上限单轴抗压强度临界值为 1.5 MPa。此外,据声波测井成果,深埋 N_2 地层声波纵波速度一般为 1 500 ~ 1 800 m/s,而泥质岩多为 2 000 ~ 3 000 m/s。因此,泥质岩与 N_2 土层的工程性质有明显的区别。

基于上述理由,从宏观上、整体上及微观结构上来讲,N_2 地层为尚未成岩的硬土类。

2. N_2 地层与第四系土类的区别

N_2 土层天然稠度状态多为硬塑 ~ 坚硬,其液性指数多在 -0.25 ~ 0.25 之间。第四系黏性土的液性指数多大于 0.25,为可塑 ~ 软塑状。N_2 土层的密度和波速值比黏性土高;N_2 土层有构造节理,而在一般土层中则基本无构造节理。

综上所述,根据 N_2 土层的工程性质和宏观控制微观的观点,认为晋西北的 N_2 地层为固结 ~ 超固结的硬土比较适宜。它的工程性质也是介于软岩和土之间,特别是在低含水率的条件下(小于 10%),将显现软岩的一些特征,在高含水率的情况下又以土的性质为主要特征。

在引黄入晋工程实践中,将 N_2 地层列为硬土类。在南干线的 TBM 隧洞选线时,以尽量避开或减少 N_2 土洞的长度,用土的物理力学性质参数确定围岩的普氏系数;在施工中对工程地质条件很差的洞段,通常采用常规法施工完成隧洞的一次支护衬砌。这样可以避免 N_2 地层的不良工程性质给 TBM 掘进带来很大困难和事后复杂的工程处理。将 N_2 地层界定为硬土类对工程地质勘察、设计及施工均是有利的。

第四节　南干线 6 号隧洞岩溶

南干线 6 号隧洞位于神池木瓜沟至温岭之间,全长 14.4 km,隧洞进、出口底板高程分别为 1 525.59 m 和 1 513.93 m,洞底纵坡 1∶1 250。由万隆联营体采用双护盾全断面 TBM 施工,隧洞为圆形,开挖直径为 4.82 m,衬砌内径为 4.20 m,采用六角形预制钢筋混凝土管片衬砌,每环 4 个管片,管片宽度为 1.4 m,厚度为 22 cm,豆砾石回填灌浆层厚 9 cm。

南干线 6 号隧洞有长约 12.56 km 的洞段围岩为中奥陶统马家沟组灰岩,有长约 1.84 km 的洞段围岩为下奥陶统亮甲山组(O_1l)白云岩。

一、前期工程地质勘察的主要结论

(1)通过隧洞沿线附近 11 个钻孔的勘察揭露,钻孔掉钻和取出岩溶充填物质的现象十分频繁(见表 3-8),其长度一般为 1 ~ 5 m,最长达 16.42 m,钻孔岩溶出现率为 49%,钻孔勘探深度范围内岩溶相对发育的高程为 1 627 ~ 1 477 m。岩溶充填物主要为红黏土、碎石黏土或粉土,其密实程度不一,遇水有崩解现象,有的充填物含钙质成分较高。该区地下水位低于隧洞底板约 100 m。根据地质测绘和钻孔资料综合分析认为,本区岩溶以古岩溶为主,相当长的地质历史时期处于地下水垂直变动带,因此岩溶发育形态以陡倾的岩溶裂隙为主,即二维方向延伸为主,但不排除在断层带、节理密集带及各种结构面交汇带形成一定规模的洞穴式岩溶的可能。此外,岩溶带岩石由于受物理化学作用的影响,岩

表 3-8　南干线 6 号隧洞钻孔岩溶发育情况汇总

钻孔编号	坐标 X	坐标 Y	地面高程（m）	发育高程（m）	段长（m）	发育层位	地质简述
ZKN 青 941	34 114.9	602 455	1 602.57	1 551.7 ~ 1 544.07	7.63	O_2x^3	溶蚀严重,溶蚀裂隙、溶孔及小溶洞发育,方解石充填
				1 527.47 ~ 1 511.05	16.42	O_2x^2	溶蚀严重,溶蚀裂隙、溶孔及小溶洞发育,方解石充填
ZKN 青 942	39 780.1	603 040	1 622.61	1 564.61 ~ 1 536.76	27.85	O_2x^3	岩溶发育,大者可达 8.8 m,一般为 0.4 ~ 5 m,红黏土及砾石充填
				1 530.44 ~ 1 528.92	1.52		岩溶发育,掉钻长度 1.52 m,红黏土及砾石充填
				1 523.64 ~ 1 523.04	0.6		岩溶发育,掉钻长度 0.6 m,红黏土、灰岩及砾石充填
				1 518.2 ~ 1 516.37	1.83	O_2x^2	岩溶发育,掉钻长度 1.83 m,褐色红黏土、灰岩及砾石充填
ZKN 青 943	39 085.0	603 170	1 645.87	1 587.43 ~ 1 564.77	22.66	O_2s^1	岩溶发育,严重漏水、塌孔,溶蚀强烈,最大洞径 13.2 m,红黏土充填
				1 559.42 ~ 1 513.67	45.75	O_2x^3	发育 7 个较大溶洞,最大可达 10.6 m,掉钻 5 次,其中 1 524.34 ~ 1 513.67 m 连续掉钻
ZKN09-2	36 706.2	603 592.3	1 604.45	1 551.24 ~ 1 510.19	41.05	O_2s^2	受断层影响,该孔共揭露 4 段破碎带,溶蚀严重,岩心严重脱钙
ZKN 南 931	35 149.7	603 967.9	1 603.40	1 591.6 ~ 1 591.2	0.4		沿裂隙面溶蚀普遍,发育有溶洞,掉钻 0.4 m,红黏土及钙质充填
				1 582.55 ~ 1 579.3	3.25		溶蚀严重,多沿裂隙发育,掉钻 4 次,最大掉钻 0.72 m,一般 0.4 ~ 0.6 m
				1 570.75 ~ 1 565.4	5.35		溶蚀严重,多沿裂隙发育,掉钻 4 次,最大掉钻 0.7 m,一般 0.3 ~ 0.56 m
				1 560.03 ~ 1 551.2	8.83		溶蚀严重,多沿裂隙发育,掉钻 3 次,多为掉钻 0.45 m,多次出现不连续掉钻
				1 539.4 ~ 1 528.3	11.1		溶蚀严重,多沿裂隙发育,其间两次出现不连续掉钻
ZKN 南 932	3 465.98	604 074.4	1 584.40	1 566.27 ~ 1 554.9	11.37		溶蚀严重,沿裂隙多有不规则溶孔,掉钻 3 次,最大掉钻 1.06 m
				1 538.13 ~ 1 526.53	11.6		溶蚀严重,沿裂隙多有不规则溶孔,掉钻 1 次,其中 1 526.53 ~ 1 526.63 m 进尺迅速
				1 512.19 ~ 1 505.63	6.56		溶蚀严重,沿裂隙多有不规则溶孔,掉钻 1 次
ZKN 南 933	34 040.2	604 238.4	1 579.20	1 572.7 ~ 1 493.6	79.1		岩溶发育,共计掉钻 13 次,最大为 2 m;其中 1 511.8 ~ 1 493.6 m 不连续掉钻
ZKN 南 934	33 764.8	604 298.6	1 583.4	1 577.1 ~ 1 571.1	6		岩溶发育,掉钻 6 次,一般掉钻进尺 0.3 ~ 0.6 m,充填有红黏土
				1 543.62 ~ 1 535.6	8.02		岩溶发育,掉钻 6 次,一般掉钻进尺 0.3 ~ 0.4 m,充填有红黏土
				1 525.0 ~ 1 503.40	21.60		岩溶发育,掉钻 7 次,一般为 0.3 ~ 1.8 m,其中 1 521.02 ~ 1 514.01 m 掉钻 7.01 m
ZKN 温 941	30 273.9	604 593.7	1 573.68	1 555.6 ~ 1 546.68	8.92		溶蚀强烈,主要为溶蚀裂隙,多有溶孔发育
				1 521.28 ~ 1 502.90	18.38		岩溶发育,最大可达 7.37 m,掉钻,钙质、黏土充填 .
				1 488.38 ~ 1 477.26	11.12	O_2s^1	为一较大溶洞,可达 11.12 m,钻进极快,未采起岩心
ZKN 支 10	33 061.1	604 409.5	1 652.67	1 627.22 ~ 1 517.12	110.1	O_2s^2	岩溶发育,共计 9 个,掉钻最大达 16.20 m,其高程 1 551.42 ~ 1 535.22 m,泥钙质充填

石发生了脱钙和胶结程度下降，致使岩石强度降低，甚至呈糖粒状等，但这种松散物质尚未完全被地下水带走和形成较大的溶洞。

（2）本区岩溶发育的主要原因有以下三点。第一，具备岩溶发育的良好地形地貌和水文地质条件。该隧洞地处的吕梁山余脉为一近南北向的狭长山脊，长约 15 km，宽3 ~5 km，东侧为朔州断陷盆地，南侧为温岭断陷盆地，西侧为九姑村断陷盆地，第三系、第四系沉积厚度在 200 ~400 m 之间，最低侵蚀基准面高程均在 1 300 m 以下。在古岩溶发育时期，6 号隧洞所处的山脊曾三面环水，山脊高程为 1 600 ~1 700 m，其东侧有恢河、西侧有朱家川，山脊地区冲沟发育，使该区具备良好地表水和地下水的径流、排泄的条件，为岩溶发育创造了极为有利的地形地貌和地下水溶蚀的条件。

第二，6 号隧洞地区出露的中奥陶统上、下马家沟组灰岩为晋西北岩溶最为发育的岩组，根据岩石化学成分分析（见表 3-9），中奥陶统灰岩、含白云质灰岩、白云质灰岩等 CaO 的含量均很高，为岩溶发育岩层；白云岩、泥灰岩等 CaO 含量较低，MgO 含量相对较高，为相对岩溶不发育的岩层。该种岩层结构造成岩溶发育的多层性和沿泥灰岩等相对隔水岩层顶部顺层发育的特点。

表 3-9　灰岩化学成分

地层	岩性	占总厚度百分比（%）	结构	化学成分（%）		
				CaO	MgO	酸不溶物
奥陶系马家沟组（O_2m）	灰岩	19. 97	隐粒 ~ 细粒	48. 79	3. 20	4. 98
	含白云质灰岩	19. 28	隐粒 ~ 细粒	44. 95	5. 30	8. 68
	白云质灰岩	13. 29	隐粒 ~ 细粒	37. 00	13. 41	5. 64
	灰质白云岩	12. 01	细粒	34. 73	15. 42	5. 30
	白云岩	10. 69	细粒	29. 70	18. 90	6. 33
	含泥灰质白云岩	10. 58	微 ~ 细粒	32. 94	16. 02	7. 89
	其他	14. 18	微粒或砂屑	17. 22 ~34. 38	6. 51 ~17. 80	2. 83 ~7. 80

注：据万家寨水利枢纽试验成果。

第三，地质构造对岩溶发育部位和形态具有显著的影响。6 号隧洞地区位于偏关 ~神池块坪的东侧边缘，地层走向近东西，倾角一般为 5° ~15°，多向南倾斜，其间断裂构造相对比较发育，较大的断层有 F_{41}、F_{44}、F_{45}、F_{46}、F_{47}、F_{61}、F_{62}等（见表 3-10）。

本区节理主要有两组，走向分别为 NW300° ~330°和 NE20° ~40°，倾角 70°左右，局部有顺层挤压错动结构面和缓倾角节理发育。

施工证实，断层、节理及顺层结构面是控制岩溶发育的另一重要因素。溶蚀性裂隙及断裂结构面可形成宽度不等的高倾角岩溶发育带，这是钻孔中常见的一种现象，也被后来施工期的补充勘察所证实。

（3）南干线 6 号隧洞位于区域岩溶地下水位以上，对围岩稳定和施工开挖有利，但无论采用常规法和 TBM 法施工，岩溶均为一个十分重要的不良工程地质问题。由于前期勘察不可能将整个隧洞段的岩溶发育部位、形态、规模及充填物的性状查明，在施工过程中应加强超前探测与预报和及时采取有效的工程处理措施。

表 3-10　南干线 6 号隧洞主要断层统计

断层编号	断层面产状			性质	规模			与洞轴线夹角（°）	岩溶发育带宽度（m）
	走向	倾向	倾角		破碎带宽度（m）	延伸长度（m）	断距（m）		
F_{41}	NE53°	SE	70°	正断层	8	1 100	>130	75	96
F_{44}	NE80°	SE	78°	正断层	0.5～10	—	30	70	51
F_{45}	NE80°	SE	78°	正断层	0.5～10	1 300	35	82	44
F_{46}	NE70°	SE	55°	正断层	0.5～10	4 000	40	70	78
F_{47}	NE55°	SE	55°	正断层	5	600	40	65	24
F_{61}	NW290°	NE	70°	正断层	14	4 000	5	70	31
F_{62}	NE55°	SE	70°	正断层	20	4 700	60	60	150

在初步设计阶段曾对 6 号隧洞的施工方案进行过比选，常规法施工具有很大的灵活性和适应性，比较适宜 6 号隧洞的地质条件。但出于南干线 4 号、5 号、6 号隧洞采用两台 TBM 对打的整体考虑，选择了 TBM 施工方案。由于 6 号隧洞存在岩溶问题等不可预见的因素较多，具有一定的风险性。在 TBM 掘进完成后，存在许多工程缺陷，需要处理是很自然的事情。

二、TBM 施工阶段揭露的岩溶现象

根据施工地质资料，南干线 6 号隧洞共计揭露岩溶集中发育段 45 个，共计 652.77 m，平均段长 14.5 m，最长 78 m（见表 3-11）。从表 3-11 可以看出，岩溶发育段主要集中在青羊沟两侧和九姑村、温岭断陷盆地边缘，特别是断层发育部位。

表 3-11　TBM 施工揭露岩溶发育段汇总

编号	岩溶发育段范围		段长（m）	地层	岩性	充填物
	起点桩号	终点桩号				
1	44 + 375.13	44 + 378.07	2.94	O_2x^1	中厚层灰岩	红黏土、块石和砾石
2	46 + 216.19	46 + 244.44	28.25	$O_2x^{2/3}$	中厚层灰岩	红黏土、块石和砾石
3	46 + 796.57	46 + 802.34	5.77	O_2x^3	薄层灰黄色灰岩	红黏土、块石和砾石
4	47 + 472.13	47 + 496	23.87	O_2x^3	中厚层灰岩	红黏土、块石和砾石
5	47 + 589.43	47 + 617.12	27.69	O_2x^3	中厚层灰岩夹薄层泥灰岩	黏土、砂、块石
6	47 + 659.29	47 + 681.3	22.01	O_2x^3	中厚层灰岩夹薄层泥灰岩	块石和砾石
7	47 + 839.19	47 + 847.89	8.7	O_2x^3	中厚层灰岩夹薄层泥灰岩	块石和砾石
8	48 + 861.50	48 + 872.57	11.07	O_2x^3	灰色中厚层灰岩	黏土、块石和砾石
9	49 + 357.33	49 + 368.53	11.2	O_2s^2	中厚层灰岩、泥质条带灰岩	黏土、块石和砾石
10	50 + 238.57	50 + 255.2	16.63	O_2s^2	中厚层灰岩	
11	50 + 295.76	50 + 300.36	4.6	O_2s^2	中厚层灰岩	黏土、块石和砾石
12	50 + 602.86	50 + 611.61	8.75	O_2s^1	薄层泥灰岩和角砾灰岩	黏土、块石和砾石
13	50 + 629.67	50 + 640.97	11.3	O_2s^1	薄层泥灰岩和角砾灰岩	黏土、块石和砾石

续表 3-11

编号	岩溶发育段范围		段长(m)	地层	岩性	充填物
	起点桩号	终点桩号				
14	50+671.5	50+677.57	6.07	O_2s^1	角砾状泥灰岩	黏土、块石和砾石
15	50+693.67	50+715.50	21.83	O_2s^1	角砾状泥灰岩	黏土、块石和砾石
16	50+769.66	50+777.5	7.84	O_2s^1	角砾状泥灰岩	黏土、块石和砾石
17	50+884.57	50+962.74	78.17	O_2s^1	中厚层灰岩	红黏土、块石和砾石
18	50+984.06	50+993.7	9.64	O_2s^2	中厚层灰岩	红黏土、块石和砾石
19	51+024	51+036.45	12.45	O_2s^2	中厚层灰岩、豹皮灰岩	红黏土、块石和砾石
20	51+120.27	51+129.68	9.41	O_2s^1	中厚层灰岩夹少量豹皮灰岩	黏土、块石和砾石
21	51+131.96	51+140	8.04	O_2s^1	中厚层灰岩夹少量豹皮灰岩	黏土、块石和砾石
22	51+183.4	51+199.68	16.28	O_2s^1	中厚层灰岩	黏土、块石和砾石
23	51+438.24	51+462.35	24.11	O_2s^2	中厚层灰岩	黏土、块石和砾石
24	51+518.95	51+535.14	16.19	O_2s^2	中厚层灰岩、豹皮灰岩	黏土、块石和砾石
25	51+546.8	51+561.99	15.19	O_2s^2	豹皮灰岩	黏土、块石和砾石
26	52+070.9	52+105.85	34.95	O_2s^2	中厚层灰岩、豹皮灰岩	红黏土、块石和砾石
27	52+128.21	52+133.81	5.6	O_2s^2	豹皮灰岩	红黏土、块石和砾石
28	52+435.58	52+437.63	2.05	O_2s^2	中厚层灰岩	红黏土、块石和砾石
29	52+845.03	52+859.16	14.13	O_2s^2	中厚层灰岩	
30	52+866.86	52+878.38	11.52	O_2s^2	中厚层灰岩	红黏土、块石和砾石
31	53+043.32	53+049.65	6.33	O_2s^2	中厚层灰岩	红黏土、块石和砾石
32	53+134.72	53+144.24	9.52	O_2s^2	中厚层灰岩	红黏土、块石
33	53+535.71	53+556.40	20.69	O_2s^2	中厚层灰岩	红黏土、块石
34	53+599.82	53+609.57	9.75	O_2s^2	中厚层灰岩	红黏土、块石
35	53+739.61	53+750.1	10.49	O_2s^2	豹皮灰岩	红黏土
36	53+859.98	53+870.4	10.42	O_2s^2	豹皮灰岩	红黏土
37	53+891.28	53+930	38.72	O_2s^2	豹皮灰岩	红黏土
38	53+964.4	53+965.8	1.4	O_2s^2	豹皮灰岩	红黏土
39	54+545.5	54+559.5	14	O_2s^2	豹皮灰岩	红黏土、块石
40	54+687.3	54+692	4.7	O_2s^2	豹皮灰岩	红黏土、砾石
41	54+980.5	54+984.1	3.6	O_2s^1	薄层泥灰岩	红黏土、砾石
42	55+752.7	55+761.3	8.6	O_2s^1	薄层泥灰岩	红黏土、砾石
43	56+418.4	56+422.8	4.4	O_2s^1	薄层泥灰岩	红黏土、砾石
44	56+884.1	56+901.9	17.8	O_2s^1	中厚层豹皮灰岩	红黏土
45	57+188.8	57+204.9	16.1	O_2s^1	中厚层豹皮灰岩	红黏土、砾石

施工期间，部分岩溶发育洞段曾发生掉块塌方，在桩号南46+220～46+227.52、南52+069～52+080.53、南53+864～53+930.56和南56+894～56+901等岩溶发育段，曾发生机头下沉，并出现部分管片错位和隧洞衬砌下沉等工程缺陷，下沉量为15.0～38.5 cm，其余岩溶发育段下沉量<15 cm。为满足隧洞围岩和衬砌结构的稳定及确保隧洞运行期的输水净空，需进行工程处理。

三、施工期的补充勘察及灌浆试验

由于双护盾全断面 TBM 施工是通过对出渣的观察、掘进机掘进的速度和操作者感觉等来判断岩溶发育带的,因此尚难查明各岩溶发育段的形态、发育深度、充填物的性状、下沉地基和围岩的稳定性状及确定有效的工程处理措施等,为此进行了补充地质勘察与典型岩溶段的围岩灌浆试验工作。补充勘察的手段有洞内地质雷达探测、洞内钻探及取样试验等,为工程缺陷处理设计和实施提供了可靠的依据。

(一)地质雷达探测成果

山西省万家寨引黄工程总公司委托煤炭科学研究总院重庆分院于 2001 年 6 ~ 10 月对 6 号隧洞进行了全隧洞的地质雷达探测工作。

地质雷达探测不仅验证了 TBM 施工揭露的 45 个岩溶发育段的存在,还新发现了 191 段,累计岩溶发育段长 6 748 m,占隧洞总长的 32%。认为本隧洞的岩溶为由多个或大或小的垂向溶洞或较大溶缝通过近水平溶缝沟通构成的溶洞群,呈藕节状,局部存在有单个较大溶洞;岩溶发育深度向洞底部较大,一般深度在 7 m 左右,最大超过 16 m,隧洞顶部和左右两侧发育深度相对较小。

显然,地质雷达的探测成果主要是依靠被测介质在物性上的差异来解释岩溶现象的,其探测成果除了受围岩性状影响外,还与管片后回填豆砾石层的回填灌浆质量有很大的关系。因此,该探测成果对岩溶的形态、大小、围岩的物质组成和工程性质等仍为一种推测性的判断,不能完全满足工程处理设计的需要。

(二)洞内钻探成果

为了验证施工地质编录资料和地质雷达探测成果的准确性,并查明岩溶充填物的组成和物理力学特性,在 48 个岩溶发育段布置了 76 个断面、265 个钻孔,并对充填物进行了取样试验工作。

此外,在 17 号、23 号和 26 号岩溶发育段(总长 152.8 m)的灌浆试验场地,进行每环 8 个孔、钻孔排距 1.4 ~ 2.8 m 的详细勘察,并进行了灌浆试验及物探测试工作。

(三)主要结论

通过上述工作得出如下结论意见:

(1)本区岩性和地质构造控制岩溶发育的规模及延伸方向,岩溶发育极不均一,无论是水平方向还是垂直方向,均表现为串珠状,通过钻孔中取出的大量层状岩心证实,形态是以溶蚀裂隙为主,大部隧洞围岩属溶蚀裂隙发育 ~ 较发育的层状岩体;仅在少数断层破碎带、节理密集带以及多种结构面的交汇带则可形成规模不同的溶洞(如水沟断层带 F_{46})。

通过高密度的洞内钻孔详细勘察,证实勘察期对南 6 号隧洞岩溶的工程地质宏观评价是正确的。

(2)本区岩溶充填物主要为碎石土、含土碎石及含碎石粉质黏土,仅局部未有充填。碎石含量多在 30% ~ 60% 之间,成分多为豹皮状灰岩或结晶的白云岩,大小混杂,结构较松散;粉质黏土多呈可塑 ~ 硬塑状,属低液限、中 ~ 高压缩性、低强度土,工程性质不良,需进行加固处理。

(3)灌浆试验后,岩溶发育段的岩体和充填物的工程性质得到了明显的改善,表现在:①岩溶发育段的渗透性明显减弱,在压水试验压力0.8～1.0 MPa下,63段次中仅有5段透水率大于3 Lu,合格率92%,经过固结灌浆处理后渗透系数(K_{20})降低了73.7%,在隧洞过水时不会产生大的集中渗漏问题。②灌浆后,充填物中的粉质黏土干密度提高了9.4%,孔隙比降低了18.1%,压缩系数降低了29.8%,地基承载力可以达到0.15 MPa,渗透系数为10^{-6}～10^{-7} cm/s。碎石土或含土碎石地基承载力可以达到0.3 MPa,渗透系数为10^{-4}～10^{-5} cm/s。灌浆前充填物地震波波速值为1 000～2 630 m/s,平均值为1 740 m/s;灌浆后为1 390～2 780 m/s,平均值为2 080 m/s,其波速值提高了19.5%。③灌浆后岩溶发育段的岩体地震波速值也有明显的提高,其中白云岩或白云质灰岩波速值提高了12.8%,豹皮状灰岩波速值提高了17.0%,隧洞围岩整体性得到加强。④通过钻孔和灌浆试验勘察证实,采取回填灌浆和固结灌浆措施可以使岩溶发育带的渗漏、地基下沉和围岩稳定问题得到较大的改善。

四、岩溶发育带的工程处理

根据隧洞衬砌管片下沉量的不同采取了不同的处理方案。

1.纵坡超差大于20 cm岩溶发育段的处理

6号隧洞26号和36号岩溶发育段,隧洞底板下沉量分别为24.5 cm和34.8 cm,段长分别为35 m和10 m。采取了拆除管片,扩挖围岩后进行钢筋混凝土衬砌的工程处理措施;在拆除管片前首先要对隧洞围岩采取灌浆和深锚加固等措施;拆除管片后,进行喷锚网喷等支护措施;在充填物宽厚的洞底还进行了深孔高压灌浆处理,部分洞段还加了混凝土横梁,以防止隧洞地基发生不均匀沉陷。

2.纵坡超差为10～20 cm的岩溶发育段的处理

有37号、39号、44号三个洞段,总长约70.52 m,采取高压灌浆锚杆加固及衬砌钢板的处理方案。为防止衬砌段积水,在底部的管片凹槽内敷设PVC排水管($D=10$ cm)。

3.纵坡超差<10 cm的岩溶发育段

采取利用管片回填灌浆孔(每环8个孔中的6个孔),进行补充回填灌浆(孔深0.80 m)、固结灌浆(孔深3 m,环距2.8～1.4 m,压力1.0 MPa,水灰比为0.6∶1)。验收标准:岩体透水率<3 Lu孔段应在80%以上,地震波速度≥1 700 m/s,声波速度≥2 100 m/s。灌浆使用水泥为42.5R普通硅酸盐水泥。并利用侧、顶拱管片的安装孔进行高压灌浆($P<2.0$ MPa)和锚杆加固。对管片错台采用水泥抹平处理等。

五、6号隧洞岩溶问题勘察的几点体会

从南干线6号隧洞的前期勘察设计、TBM施工及后期工程缺陷补充勘察与处理的全过程进行回顾和总结,可以得到以下认识:

(1)前期勘察阶段,主要是通过地面地质测绘和11个钻孔资料综合分析得出的预测性结论和意见,通过施工验证是成功的和符合实际的,并且得到设计和有关部门的重视。但是受到勘察方法和手段的限制,对长隧洞深部岩溶还不能达到详细查明的精度,因此工程地质勘察的手段和方法还有待改进和提高。

(2)初步设计阶段,对南干线6号隧洞是采用钻爆法还是TBM法曾进行过比较和争论。该隧洞因施工支洞不长,具备“长洞短打”常规法的施工条件。由于6号隧洞地区地下水位很深,岩溶又多有充填,从4号、5号、6号隧洞能够布置两台掘进机施工的整体要求考虑,采用了TBM施工方案;但是该方案的风险性较大,TBM施工后遗留的工程缺陷范围大,处理工程量较大。

(3)在施工过程中,暴露出双护盾TBM在超前地质预测、预报及进行工程处理等方面存在不足,这也是今后应加以研究改进的重要方面。

(4)在南干线6号隧洞工程缺陷处理过程中,进行物探、钻探相结合的勘察方法及其以后的灌浆试验和质量检测均是适宜的,工程处理效果明显。

第五节　南干线7号隧洞泥质膨胀岩

华北地区自中石炭系以来,普遍沉积了一套陆相碎屑岩建造,其岩性以砂岩及泥页岩为主。从已建或在建的工程实践来看,最早自二叠系上统上石盒子组(P_2s)开始,其间发育的泥质岩夹层往往具有浸水膨胀、失水收缩的工程特性,给铁路、公路、矿山和引水隧洞等工程建设带来不同程度的危害。

南干线7号隧洞,有33 km布设于宁~静向斜NW翼。该段隧洞埋深60~420 m,地层走向NE30°~40°,倾向SE,倾角10°~40°,与隧洞轴线交角较小。穿经地层包括石炭系本溪组(C_2b)至侏罗系大同组(J_1d),隧洞围岩主要由砂岩、泥质粉砂岩夹砂质泥岩、泥页岩等组成,部分岩组中的泥质岩具有一定程度的膨胀性;岩层中发育多层含水结构,中下部含水层具有承压性,水头较高但水量不大。

一、影响泥质岩膨胀性的主要因素

(一)黏土矿物含量及其物理化学活性

泥质岩具有浸水膨胀、失水收缩的工程特性,原因在于黏土矿物具有不同程度的亲水性。泥质岩中的黏土矿物主要由高岭石、伊利石和蒙脱石三大类组成。在各种黏土矿物中,以蒙脱石的亲水性最强,表现为物理化学活性强、水稳性差,伊利石的化学活性次之,高岭石最弱。据室内测试结果,蒙脱石的比表面积高达810 m^2/g,伊利石比表面积则为67~100 m^2/g,二者的亲水性相差近10倍。蒙脱石$(Al,Mg)_2(Si_4O_{10})(OH)_2nH_2O$是含镁、含水的硅铝酸盐矿物,在富镁的微碱性水地球化学环境下形成和赋存。组成蒙脱石矿物结晶格架的晶胞为三层群,即两个硅氧四面体层夹一个铝氧八面体层,相邻晶胞之间以氧原子相互连接,同性相斥,连接很弱,水分子容易进入其间,引起矿物体积膨胀。研究结果表明,蒙脱石在干燥条件下$d_{(001)}$面网间距为9.7 Å,层间吸收一层水分子后为12.5 Å,吸收两层水分子后则为15.4 Å;蒙脱石在含水量分别为10%、29.5%、59%时,$d_{(001)}$面网间距相应为11.2 Å、15.1 Å、17.8 Å。由此可见,泥质岩中有效蒙脱石含量直接控制了泥质岩的膨胀性强弱。

据研究,若泥质岩中蒙脱石的含量小于10%,则泥质岩的膨胀性对工程的影响不明显;而当蒙脱石含量大于15%时,在适宜的条件下,有可能对工程引发不同程度的膨胀变形破坏。

(二)后期成岩胶结作用及其强度

由于泥质岩在成岩过程中,经历了固结、胶结、脱水以及重结晶等成岩作用,即使泥质岩与黏性土的物质组成相同或相近,二者在工程性质上也有着明显的差异。与黏性土相比,泥质岩具有密度大、含水量低、强度高、水稳性强等一系列特性。因此,对泥质膨胀岩而言,蒙脱石矿物含量并非是决定岩石膨胀性大小的唯一因素,后期成岩过程中,胶结作用强度以及胶结物成分也是影响和控制岩石膨胀性强弱的重要因素。例如,引黄入晋工程区段分布的以紫红色调为特征的三叠系刘家沟组(T_1l)、和尚沟组(T_1h)地层,泥质岩蒙脱石含量最高可达18.26%,然而,由于岩石胶结物中含有较高的Fe_2O_3(平均为6%左右),其膨胀性和崩解性均不显著。

(三)干燥活化效应

无论是泥质膨胀岩还是膨胀土,其膨胀性都是在表生地质作用(如地表的侵蚀、剥蚀和风化作用)和人类工程活动(如开挖卸荷、干湿交替等)下诱发产生的。泥质岩的膨胀即是卸荷条件下,因岩石与水的物理化学作用导致其含水量增加,从而引起岩石体积发生膨胀。对于深埋于地下的泥质膨胀岩,因其湿度平衡状态未发生改变,就不会出现膨胀变形。大量实际观察和试验研究结果表明,岩土膨胀势的强烈显现是在天然岩土干燥失水(即干燥活化效应)后发生的,而且随失水程度的增加,膨胀作用显著增大。也就是说,泥质膨胀岩或膨胀土的膨胀性不是一个定值,而是随环境不断地变化。因此,对于工程建设来说,只要采取有效的工程措施,使得泥质膨胀岩的原始地质环境不遭到大的改变,即使泥质岩本身具有较大的膨胀潜势,也不会引发明显的膨胀变形破坏。

二、引黄工程泥质岩膨胀势的判定标准

目前,国内外对泥质膨胀岩的研究和判定还没有形成统一的国际标准和国家标准,对于膨胀土的划分与判定则较为成熟。膨胀土的划分与判定,主要依据土体中蒙脱石矿物含量、比表面积以及自由膨胀率、干燥饱和吸水率、无荷膨胀量和膨胀力等指标进行。但是,泥质岩不同于黏性土,泥质膨胀岩的膨胀、崩解特性是其黏土矿物组成、颗粒联结及成岩胶结作用的综合反映。所以,泥质岩膨胀性的判定标准中,必须考虑后期成岩胶结作用强度这一关键性指标。

引黄入晋工程勘察,首先采用膨胀势来评价泥质岩是否具有膨胀性,而后再对具有不同膨胀势的泥质岩进行膨胀力、无荷膨胀量及有荷膨胀量等方面的测试和研究,最终按不同的膨胀势等级向设计人员提交相应的力学参数建议值。

曲永新等研究认为,所谓泥质岩的膨胀势,是指含有一定数量的黏土矿物并经历了后期成岩胶结作用的泥质岩,在干燥活化作用下发生膨胀变形破坏的可能(或趋势)。对泥质岩膨胀势的判定和划分,是了解和研究泥质膨胀岩工程特性的基础。

综合比较泥质岩中的蒙脱石矿物含量、比表面积、胶结系数等反映泥质岩膨胀性的基本指标可以发现,岩块干燥饱和吸水率指标w_{RDS}(RDS为Rock Desication Specificwater absorption的英文缩写),不仅综合了泥质岩的黏土矿物组成、物理化学活性、成岩胶结作用强度等因素对岩石的膨胀性和水稳性的整体影响,而且测试简便快速,具有很强的可操作

性。

在引黄工程勘察实践中，结合实测地质剖面工作采取泥质岩岩块进行试验分析，采用w_{RDS}作为判定泥质岩膨胀势强弱的第一指标，得到泥质岩膨胀势的初判结果；而后，通过分析黏土矿物成分、测定胶结系数大小、观察岩样浸水崩解特征等辅助指标，对初判结果加以复核，最终得到泥质岩膨胀势的判定结果。引黄工程泥质岩膨胀势的具体划分标准参见表3-12。

表3-12　泥质岩膨胀势判定标准

膨胀势	岩块干燥饱和吸水率w_{RDS}(%)	蒙脱石含量(%)	胶结系数	胶结程度	崩解特性		泥质膨胀岩地质特征
					干岩块浸水后性状	崩解耐久性	
非膨胀	<10	<10	>10	极强胶结	不破坏	较好	岩性为灰色、灰黄色、灰绿色或黄绿色泥岩、粉砂质泥岩及泥质粉砂岩。地表岩体呈全强风化状，若有水介质作用，极易泥化。地貌上表现为负地形
微膨胀	10~20	10~15	5~10	强胶结	不破坏或碎片	较差	
弱膨胀	20~50	15~30	2~5	中等胶结	碎片状	差	
强膨胀	>50	>30	<2	弱胶结	碎屑状、泥状	极差	

注：胶结系数指同种岩石试样的粉末样品(Φ<0.5 mm)与不规则岩块干燥饱和吸水率之比。

按以上标准和方法对泥质岩进行膨胀势的判定，在泥质膨胀岩研究工作的初期很有意义，不仅可以了解和查明勘察区段泥质膨胀岩的分布规律，而且对下一步的泥质岩膨胀特性试验具有指导意义，既缩短了勘察周期，又节省了勘察经费。经引黄工程勘察运用，证明其是一种快速、有效、经济的定量判别方法。

三、泥质膨胀岩工程地质研究

（一）泥质岩膨胀性初判结果

按前述泥质岩膨胀势的判定标准和方法，对南干线7号隧洞碎屑岩地区进行泥质岩膨胀性调查工作。其结果是：晋西北地区泥质膨胀岩，其岩性以黄绿、浅灰、青灰色泥岩为主，兼有少量浅灰、青灰色砂质泥岩及泥质粉砂岩。主要发育在二叠系上石盒子组(P_2s)中上部地层(P_2s^2及P_2s^3)中，尤其是P_2s^2地层不仅膨胀岩发育层数多，而且单层厚度大，膨胀性强。二叠系石千峰组(P_2sh)、三叠系二马营组(T_2er)、铜川组(T_2t)和侏罗系大同组(J_1d)虽有泥质膨胀岩夹层发育，但厚度不大且膨胀性较弱。

（二）P_2s岩组泥质膨胀岩发育规律

经钻孔取样试验和分析，引黄工程南干线区段上石盒子组二段(P_2s^2)及三段(P_2s^3)岩组中，泥质膨胀岩各占其总进尺的36.7%~40.4%和22.3%。其单层铅直厚度(地层倾角20°~30°)一般为1.0~1.8 m，最小0.1 m，最大可达6.9 m。在P_2s^3岩组中，单层铅直厚度大于0.5 m者，共揭露6层；P_2s^2岩组中则多达20层。

在上述泥质膨胀岩发育层位采取的岩样试验结果，非膨胀性岩样占18.52%，微膨胀性岩样占48.15%，弱膨胀性岩样占33.33%，不存在强膨胀性岩样。

经地质测绘和钻孔勘察，二叠系厚层泥质膨胀岩主要分布在桩号南69+931.2~

70 +223. 1,洞段长 291. 9 m。其余分布段较短。

(三)P_2s 岩组泥质岩的膨胀特性

在泥质岩膨胀性初判结果的基础上,对南干线 7 号隧洞 P_2s^2 及 P_2s^3 岩组洞段通过钻孔取样进行膨胀特性试验。表 3-13 为 P_2s 岩组不同膨胀势岩样的膨胀性试验统计结果。

表 3-13　P_2s 泥质岩膨胀性试验成果统计

试样	膨胀势	项目	岩块干燥饱和吸水率(%)	蒙脱石含量(%)	比表面积(m^2/g)	天然含水状态下膨胀性指标							
						膨胀力(MPa)	无荷膨胀率(%)	不同荷载(MPa)膨胀率(%)					
								0. 5	0. 3	0. 2	0. 1	0. 05	0. 012 5
天然状态	弱膨胀	小值	20. 03	8. 12	137. 26	0. 4	0. 2	0	0. 05	0. 1	0. 23	0. 3	0. 5
		大值	41. 81	18. 89	288. 7	1. 1	2. 29	0. 68	0. 9	1. 05	1. 23	1. 3	1. 66
		平均值	29. 46	14. 37	223. 99	0. 65	0. 87		0. 34	0. 46	0. 63	0. 79	1. 04
	微膨胀	小值	4. 36	7. 95	104. 6	0. 2	0. 4	0	0	0	0. 1	0. 15	0. 2
		大值	19. 58	24. 95	242. 18	0. 75	1. 3	0. 33	0. 58	0. 7	0. 9	1. 05	1. 7
		平均值	9. 78	12. 57	196. 48	0. 44	0. 88		0. 15	0. 2	0. 33	0. 54	0. 8
	非膨胀	小值	3. 04	8. 26	98. 93	0. 12	0. 4	0	0	0	0. 13	0. 3	0. 5
		大值	9. 87	11. 57	227. 58	0. 7	1. 1	0. 35	0. 5	0. 58	0. 7	0. 8	1
		平均值	5. 9	9. 46	171. 01	0. 41	0. 58		0. 16	0. 24	0. 36	0. 5	0. 72
风干状态	弱膨胀	小值	20. 03	8. 12	137. 26	0. 7	11. 4	0. 2	0. 55	0. 8	1	1. 13	1. 35
		大值	41. 81	18. 89	288. 7	1. 45	53. 66	0. 95	1. 2	1. 8	2. 4	3. 1	9. 65
		平均值	29. 46	14. 37	223. 99	1. 08	32. 12	0. 51	0. 86	1. 18	1. 66	2. 28	3. 67
	微膨胀	小值	4. 36	7. 95	104. 6	0. 4	0. 75	0	0	0. 3	0. 4	0. 6	0. 75
		大值	19. 58	24. 95	242. 18	1. 4	28. 2	0. 8	1. 15	3. 85	2. 45	4. 65	7. 65
		平均值	9. 78	12. 57	196. 48	0. 81	15. 82	0. 42	0. 56	0. 98	1. 46	2. 09	3. 17
	非膨胀	小值	3. 04	8. 26	98. 93	0. 2	1. 25	0	0	0	0. 25	0. 4	0. 75
		大值	9. 87	11. 57	277. 58	0. 65	11. 75	0. 35	0. 78	1. 05	1. 4	1. 7	2. 55
		平均值	5. 9	9. 46	171. 01	0. 43	5. 82	0. 1	0. 26	0. 42	0. 63	0. 86	1. 42

从试验结果来看,天然含水岩样饱和后的无荷膨胀率通常很小(<1%),个别数值可达 1. 3% ~2. 29% ;弱、微、非三种膨胀势岩石的膨胀力平均值分别为 0. 65 MPa、0. 44 MPa、0. 41 MPa,最大 1. 1 MPa,最小 0. 12 MPa;不同荷载下膨胀率随上覆荷载的减少而增大,并且随上覆荷载的减少,膨胀变形速率显著增加。样品风干后(将样品放在工作台上缓慢阴干 40 ~60 d,勿使阳光照射),岩石的膨胀性指标均较天然状态下样品有明显增加。弱、微、非三种膨胀势岩石的无荷膨胀率平均值分别为 32. 12% 、15. 82% 、5. 82% ;膨胀力平均值则增为 1. 08 MPa、0. 81 MPa、0. 43 MPa;不同荷载下膨胀率的变化与天然样品一样,尤其在小于 0. 2 MPa 低荷载范围内,膨胀率随荷载减少其增量显著增大。

上述试验结果证实了天然泥质岩干燥活化效应的作用,即岩石膨胀势的强烈表现是在天然泥质岩干燥失水后发生的,而且随失水程度的增加,膨胀作用也明显加强,其原因则在于泥质岩的吸力势随失水程度即干燥程度的增加而增加。

（四）P_2s 岩组泥质岩的力学特性

岩石力学试验成果（参见表 3-14）表明，P_2s 岩组泥质岩的力学性质主要受以下几方面因素影响：岩石的胶结程度、岩体结构面（主要为节理、层理和层面）及其发育程度、干湿效应、岩石的微结构面及其物化性质的综合效应等。

表 3-14　P_2s 岩组泥质岩力学性质试验成果统计

项目		含水量 w (%)	密度 ρ (g/cm^3)	抗压强度 R_c (MPa)	变形模量 E_0 (MPa)	弹性模量 E (MPa)	泊松比 μ	软化系数	黏聚力 C (MPa)	内摩擦角 φ (°)
天然试样	大值	11.54	2.58	25.4	3 166.4	3 398.9	0.37	0.84	1.17	36.5
	小值	4.38	2.33	7.6	1 208.2	1 272.6	0.27	0.36	0.74	33
	平均值	7.18	2.45	13.7	2 178.9	2 340.8	0.3	0.63	0.96	35.4
浸水饱和试样	大值	—	2.55	14.7	2 618.2	2 898.7	0.4	—	1.02	33.5
	小值	—	2.28	4.8	602.3	617.8	0.31	—	0.4	22.5
	平均值	—	2.44	7.8	1 214.6	1 294.1	0.36	—	0.66	29
风干后浸水样	大值	—	2.54	6.9	489.0	516.9	0.44	—	—	—
	小值	—	2.37	1	44.7	55.2	0.39	—	—	—
	平均值	—	2.46	3.1	276.8	304.3	0.42	—	0.42	26.5
烘干样	大值	—	2.49	50.1	6 993.5	7 172.1	0.29	0.17	—	—
	小值	—	2.06	18	2 235.4	2 366.8	0.22	0.02	—	—
	平均值	—	2.35	39.6	4 396.9	4 691.82	0.24	0.1	—	—

注：①风干后浸水样指将样品自然风干 7 ~ 10 d 后再浸水饱和；②因取样后试样发生一定程度的应力释放，岩石强度指标偏低。

从试验结果来看，岩石力学指标分散性较大，而且极易受外界条件的影响。前述泥质岩在吸水发生膨胀破坏的同时，自身强度衰减十分明显，干湿效应导致软化系数很低（仅 0.02 ~ 0.17，平均 0.10），风干浸水和原湿度浸水的弹性模量相差 4 ~ 6 倍。这种吸水软化效应和膨胀作用将同时发生，也就是说，泥质膨胀岩对工程的危害实际上包含了膨胀和强度下降两方面。

四、泥质膨胀岩隧洞的工程对策措施

泥质岩 TBM 隧洞开挖后，围岩经历卸荷、应力重分布，在围岩内表层形成松弛区。钻爆法施工隧洞还会形成较厚的爆破松动圈，如果围岩长期裸露就会产生失水过程，如果围岩浸水，松动岩体就会发生膨胀和岩石强度的下降，进而还会发生围岩的变形和失稳等。所以，抑制泥质膨胀岩对隧洞工程的危害，关键是尽量减少爆破松动圈和围岩松弛区的厚度，及时封闭围岩，使围岩含水状态不发生明显的变化，防止膨胀岩干湿交替作用的发生。由于南干线 7 号隧洞采用双护盾 TBM 施工，对抑制泥质膨胀岩膨胀性的发挥和围岩强度的下降是有利的。

在工程设计和施工方面采取以下主要对策措施。

(一)工程设计方面

(1)选用圆形断面,做成封闭型衬砌结构,改善衬砌结构的受力条件;选用D型重型管片(为加强配筋的重型管片)衬砌。

(2)利用管片安装孔进行药卷锚杆加固围岩,每环8根锚杆,排距1.4 m,长4 m,为$\phi22$的Ⅱ级螺纹钢筋。

(3)对洞内高3.5 m以下管片部位的纵向和环向缝喷涂厚1 mm的柔性防水层,喷涂范围为接缝两侧各宽12 cm。

(4)对膨胀岩洞段进行安全监测。

(二)施工方面

(1)在TBM施工洞段施工中宜采取低转速、低推力、低速掘进和尽量减少停顿,及时衬砌管片,做好回填砾石和回填灌浆。施工中严格控制施工用水,尽量避免工作段积水。为防止TBM掘进过程中缩径卡住刀头,适当增大掘进机刀头出刃量。对存在管片接缝错台、超宽等工程缺陷的部位,需进行处理。

(2)在采用钻爆法施工的洞段,应严格控制施工用水,尽量减少爆破对围岩的扰动,减小围岩松动圈的厚度;同时应及时封闭隧洞围岩,防止和减小围岩的干湿交替诱发干燥活化作用。

(3)加强施工地质工作,注意围岩岩性的变化,确定泥质膨胀岩的起止桩号,选择相应的衬砌管片。

通过上述工作,虽然在泥质膨胀岩局部洞段,曾发生泥裹刀、小塌方、管片接缝宽度超标等现象,但大部分洞段TBM施工顺利。对局部工程缺陷,经工程处理后,隧洞运行正常。

第六节　隧洞开挖涌水量与外水压力

一、研究目的与作用

南干线7号隧洞有33 km长位于地下水位以下,为石炭系本溪组(C_2b)~侏罗系大同组(J_1d)砂岩、泥质岩等碎屑岩。北干线有22 km位于地下水位以下,地层岩性以寒武系灰岩和太古界混合花岗岩为主。需勘察研究隧洞涌水量及外水压力问题。

地下水是地下工程最常见,也是危害最大的地质灾害之一。在本工程设计施工过程中主要影响表现在以下几个方面:

(1)地下水使隧洞围岩稳定性下降,是围岩失稳的重要因素。

(2)围岩涌水量越大,无论是钻爆法还是TBM法,开挖、支护与衬砌的难度均增大。钻爆法隧洞塌方和TBM受困多在岩石破碎的多水洞段。

(3)大的隧洞涌水可造成淹洞和停工,例如北干线1号隧洞贾堡段挠曲断裂破碎带,开挖7个月后的滞后大涌水曾淹没约3 km长的隧洞,造成停工和衬砌施工困难。后采用超前灌浆等综合措施后,才完成1号和2号施工支洞之间洞段的开挖施工。

(4)TBM施工的隧洞,其排水设备的能力一般为勘察设计提出的隧洞涌水量的2倍。若勘察设计提出的涌水量过大,就会增大排水投资;若勘察设计提出的涌水量过小,在施工中严重超过TBM的排水能力,淹没或损坏TBM的电器设备,就会造成较大的工程索赔。

(5)地下水对隧洞衬砌外缘的外水压力,需根据其水头和水量的大小采取相应的工程处理措施。南干线7号隧洞,对外水压力水头超过60 m时,则采用围岩固结灌浆及排水降压等措施。

(6)对南干线7号隧洞长约548 m的石炭系含煤层的洞段,地下水对钢筋混凝土具有强腐蚀性,需采取相应的防腐蚀和防渗措施。

二、主要勘察方法

在含水洞段地区,主要勘察工作有地质测绘、水文地质调查、钻探与物探测井、地下水氚分析、地下水水质分析及氡(气)、汞(气)化学测试等。通过上述工作,基本查明了隧洞地区地层岩性、断裂构造、含水层与隔水层的分布、富水构造与富水段的分布、主要地层的渗透性与富水性、地下水位、承压水的水头、地下水的水质、井泉的分布、地下水补给径流条件等,并收集了解工程区降雨量、河流流量、降水入渗强度(入渗系数)等,为建立工程区初始渗流场(水文地质模型)、预测隧洞涌水量和外水压力提供有关参数和依据。

应该指出,获得上述重要地质参数,是一项艰苦细致的工作,在保障各种工作质量的基础上,进行综合的分析,以取得较为合理的数值。例如,应尽可能地延长钻孔终孔水位的稳定时间(一般≥48 h)和建立长期观测孔,获得地下水动态变化情况,避免出现假水位现象。又如,过去习惯于对隧洞以上20 m和以下10 m进行钻孔压水试验,这对了解主要地层的渗透性和地下水主要赋存部位等是不够的,而采取自上而下的分段压水试验和分层观测水位的方法,对查明隧洞区水文地质条件是十分必要的。

三、预测隧洞涌水量的主要方法

引黄入晋工程主要采用计算公式法、初始渗流场反分析法、工程类比法及地质综合分析法进行隧洞涌水量预测。

(一)计算公式法

主要采用的计算公式有裘布依地下水动力学公式、《水文地质手册》中的公式、柯斯嘉柯夫公式及我国的铁路隧道的经验公式等。

1. 裘布依地下水动力学公式

裘布依地下水动力学公式为:

$$Q = L \cdot K \frac{H^2 - h^2}{R_y - r} \tag{3-1}$$

式中 Q——隧洞稳定涌水量,m^3/d;

K——含水层的渗透系数,m/d;

L——通过含水层的隧洞长度,m;

H——洞底以上潜水含水层的厚度,m;

h——隧洞埋深,m;

R_y——隧洞涌水地段的引用补给半径,m;

r——洞身横断面的等阶圆半径,m。

该式适用于单一含水层的潜水地区。

2. 柯斯嘉柯夫公式

柯斯嘉柯夫公式为:

$$q = \frac{2aKH}{L_n(R/r)} \tag{3-2}$$

式中　q——每延米隧洞涌水量,m^3/s;

R——隧洞涌水地段的引用补给半径,m;

a——修正系数,$a = \frac{\pi}{2 + (H/R)}$。

该公式适用于基岩山地越岭隧洞,含水层为无界潜水,厚度大。

3.《水文地质手册》中的公式

《水文地质手册》(地质矿产部水文地质技术方法研究队1978年版)中的公式为:

$$Q = BK\frac{H}{0.37(4h/d - 1)} \tag{3-3}$$

式中　Q——隧洞稳定涌水量,m^3/d;

B——隧洞通过含水层长度,m;

d——洞身横断面的等阶圆直径,m。

该公式适用于潜水为隧洞稳定涌水量,一般计算成果偏大。

4. 铁路隧洞经验公式

铁路隧洞经验公式为:

$$Q = 1\,000KH(0.676 - 0.06K) \tag{3-4}$$

式中 Q 的单位为 $m^3/(d \cdot km)$。

该式计算的隧洞涌水量偏大,仅为宏观估测用。

运用上述公式计算隧洞涌水量,由于计算的边界条件不可能与各段隧洞水文地质条件完全吻合,需调整各含水层的厚度或地下水水头(H)(地下水水头 $H \times$ 折减系数 β)和渗透系数(K)。经反复运算,可接近实际隧洞涌水量值。但公式法计算值仍为一个参考的数值。

(二)初始渗流场反分析法

对南干线7号隧洞33 km长的输水线路地区,由中国水利水电科学研究院和天津院联合进行了隧洞涌水量预测和外水压力的专题研究。该法为根据隧洞地区地质测绘、水文地质调查(井、泉及河流流量和水位等)、钻探成果、水文气象资料等,建立水文地质模型和有限元网格。根据地形条件和风化层厚薄,给定大气降水的地表入渗量,以反映经风化层调蓄后的入渗情况;并以地质宏观概念为指导,反复调整各水文地质分区的渗透系数(K),使三维有限元分析所得的初始渗流场能大体拟合各泉水点水位、河流水位及钻孔观测水位。根据全域三维反分析求得的渗透系数(K),在5个典型剖面计算隧洞每延米涌水量。

电算主要成果意见为:①主要相对隔水层为三叠系和尚沟组(T_1h)和二叠系上石盒子组(P_2s)的泥质岩地层,其隧洞单位涌水量为 $q=0.005\sim0.01$ L/(s·m),二马营组(T_2er)和大同组(J_1d)砂岩 $q=0.05\sim0.1$ L/(s·m),铜川组(T_2t)和刘家沟组(T_1l) 砂岩 $q=0.1\sim0.15$ L/(s·m)。预测 33 km 隧洞总涌水量为 1~2 m^3/s。

(三)工程类比法

工程类比法是预测隧洞涌水量的一项重要方法,随着我国大量隧洞工程的实施,相互借鉴很有必要。特别是在工程区附近有类似的已建和在建地下工程,则参考借鉴意义更大。

在南干线宁~静向斜地区,当时宁武~静乐铁路隧洞正在施工,通过调查和实测洞口排水量,获得三叠系地层隧洞开挖初期涌水量为 $Q=0.05\sim0.15$ $m^3/(s\cdot km)$。由于南干线7号隧洞埋深明显大于宁~静铁路隧洞,所以其涌水量应明显小于宁~静铁路隧洞的涌水量。实践证明,这种工程类比是合理、有效和简便易行的。

(四)地质综合分析法

该法是根据区域地质、水文地质资料、钻探及物探成果、公式计算成果、初始渗流场反分析计算成果、工程类比及施工方法等综合分析评价的结果,也是向设计人员提供的依据性成果。

四、前期勘察主要结论

运用地质综合分析法,对南干线7号隧洞碎屑岩区段和北干线22 km含水洞段前期勘察的主要结论如下:

(1)南干线7号隧洞石碣上至头马营段长33 km,在宁~静向斜西北翼穿过,隧洞埋深6~320 m,具多层含水结构。工程区出露的本溪组(C_2b)、太原组(C_3t)、上石盒子组(P_2s)、和尚沟组(T_1h)、大同组(J_1d)主要岩性为砂岩、泥页岩互层或泥质岩夹砂岩,为极弱富水岩组,隧洞单位涌水量(q)建议值为 0.01~0.02 $m^3/(s\cdot km)$。山西组(P_1s)、下石盒子组(P_1x)、石千峰组(P_2sh)、二马营组(T_2er)岩性为砂岩夹泥页岩结构,具多层地下水,总体为弱富水岩组,隧洞单位涌水量(q)建议值为 0.02~0.05 $m^3/(s\cdot km)$。刘家沟组(T_1l)和铜川组(T_2t)岩性为砂岩夹少量泥质岩,为中等富水岩组,由于刘家沟组(T_1l)隧洞段埋深多在70~100 m,铜川组隧洞段埋深多大于200 m,因此预测隧洞涌水量建议值分别为 0.05 $m^3/(s\cdot km)$和 0.03 $m^3/(s\cdot km)$。

(2)宁~静向斜核部地区分布的云岗组(J_2y)和天池河组(J_2t),岩性为厚层和巨厚层砂岩夹少量泥质岩,潜水和承压含水层水头较高,地下补给面积大,为中等~富水岩组,隧洞单位涌水量建议值为 0.15~0.25 $m^3/(s\cdot km)$。因此,隧洞线路选择由宁~静向斜西北翼通过的入汾(河)方案,其水文地质条件明显好于入洪(河)线路方案。

(3)预测初步设计选定的汾河头马营隧洞输水线路,33 km长的碎屑岩洞段,开挖期总涌水量为1~2 m^3/s。隧洞涌水状态以渗、滴为主,局部为线状流;股状涌水仅分布在断层带及隧洞浅埋等少数洞段;在深埋洞段会出现基本无水的状况。

(4)由于采用双护盾TBM法施工,掘进速度快,衬砌和豆砾石回填灌浆及时,地下水的天然渗流场变化不大，因此 TBM 法隧洞涌水量比钻爆法施工的要小，即 TBM 法施工的隧洞总涌水量约 1 m^3/s 左右，钻爆法则为 2 m^3/s 左右。基岩全强～弱风化带上部是地下水的富集带，施工支洞在穿过基岩风化带时，隧洞涌水量较大。

(5)北干线 1 号隧洞长 30.6 km，其中有 22.3 km 的洞段位于区域地下水位以下。本段隧洞穿过寒武系、奥陶系和太古界地层。由于岩性变化、岩溶、褶曲和断裂的发育程度不一，隧洞上覆岩层厚度变化大(5～430 m)，因此不同洞段的涌水量随之有很大差异。推测寒武系、奥陶系地层洞段，涌水量平均值为 $Q = 0.05 \sim 0.1\ m^3/(s \cdot km)$，太古界花岗片麻岩洞段 $Q = 0.05\ m^3/(s \cdot km)$。

五、施工开挖隧洞涌水情况

(一)南干线石碣上～头马营出口隧洞

据施工后隧洞涌水状态资料统计，呈线状流水洞段长为 2 149 m，滴水状洞段长 1 584 m，渗水洞段长 1 401 m，股状涌水(断层及隧洞出口)段总长 5.2 m，基本无水洞段长 27 690 m(占总长的 84.3%)。衬砌后 33 km 隧洞总涌水量约为 0.15 m^3/s，据此推算施工初期隧洞总涌水量小于 1 m^3/s。涌水较大的洞段主要分布在三叠系刘家沟组、断层带及隧洞埋深较浅的砂岩洞段。

通过 TBM 施工验证，勘察期预测的出水洞段和规律与实际基本相符，涌水量比预测的小，这是正常的。地下水对 TBM 施工未造成大的影响，绝大部分洞段施工顺利，仅局部因长期排水，对当地居民生活饮水和生态环境产生一些不利影响，需进行灌浆封堵处理。

(二)北干线 1 号隧洞常规法施工洞段

北干线另山背斜西翼 1 号、2 号支洞之间的主洞段，曾发生大的涌水。1 号支洞承担的下游工作面，2 号支洞承担的上游工作面，涌水量分别为 480 m^3/h 和 800 m^3/h，历时长达 2 年多，排水量不减，并造成多次淹洞灾害和数次停工，给工程开挖和衬砌带来很大的困难。经地质调查分析认为：

(1)北干线 1 号隧洞桩号 1＋771～5＋471 洞段，长约 3 700 m，教儿嫣—外葫芦咀挠曲及断裂走向 NW280°，与隧洞轴向交角为 22°(隧洞轴向为 SW258°)，隧洞围岩地层产状紊乱，岩溶裂隙发育，特别是在已推测出的三个断层破碎带部位，平均每延米涌水量分别达到 1.11 L/s、0.47 L/s 和 0.71 L/s。其中第一个大涌水带是 1 号支洞下游工作面受淹的主要水源，后两个大涌水带是 2 号支洞上游工作面受淹的主要水源。

(2)1995～1997 年晋西北为丰水年，隧洞地区地下水位比 1992 年勘探水位上升了 3～5 m，含水洞段长度增加了 900 多 m，增大了隧洞的涌水量。

(3)隧洞的滞后涌水现象十分明显。在 1 号斜井下游工作面钻爆法开挖约 700 m 长和 2 号斜井上游工作面开挖约 300 m 长时，裸洞在长达 7 个月的时间内，由涌水量约 14 m^3/h 逐渐增大。地质监理、设计代表和监理单位多次要求施工单位停止掘进，进行隧洞混凝土衬砌，但一直没有实施。当两个工作面分别打到第一和第二个富水段时，发生了淹洞灾害。

(4)从 1996 年 3 月～1997 年 5 月，隧洞进行了长期排水，特别是 1997 年 4 月 15～22 日，对被淹隧洞采取强力抽排水，产生强烈的负压抽吸作用，致使隧洞涌水量猛增。众所周知,隧洞开挖后如果不及时衬砌和进行必要的固结灌浆措施,就已经形成负压条件,隧洞变为地下水集中排泄地,并使含水透水结构面(岩溶裂隙、断层、节理等结构面)越来越通畅,引起更大面积区域地下水向隧洞汇流;由于本区岩溶地下水补给面积巨大,甚至与偏关河及其支流的第四系砂砾石含水层相串通,因此排水量猛增后,持续时间很长。

(5)北干线1号、2号斜井之间尚未打通的洞段长约700 m,其水文地质条件与已开挖的含水洞段基本相同。由于采取了钻孔超前灌浆、开挖后及时衬砌等措施,大大减弱了隧洞涌水地质灾害。

北干线1号、2号斜井施工段,隧洞大涌水的主要经验与教训有以下几点:

(1)灰岩岩溶地下水隧洞涌水预测十分复杂,不可预见性较大,容易出现局部大涌水灾害,应引起充分重视。

(2)在施工中应做好超前探测、预测预报工作,并采取相应的工程处理措施。在具备大涌水的洞段,预先处理比事后处理要安全、经济和能够保障工期。

(3)把复杂地质洞段的超前探测与预报工作当做施工过程不可缺少的一个工作环节,越来越引起地下工程建设的重视。在施工单位不具备承担超前探测能力时,由业主组织相应的技术队伍来完成,是一种明智的选择。

(4)地下工程的地下水溢出是动态的,与地下渗流场的改变有关,如果把地下水的溢出看做一成不变的,是不符合实际的。地下工程的施工需注意抓住地下水动态变化之前的有利时机,采取相应的对策措施,工程将进展顺利,否则会带来巨大的困难。例如,在地下水丰富,补给面积大,且与地表水相通的地区,工程措施宜以预先封堵为主;反之,宜以加强排水降低地下水位为主。地下工程若发生大的涌水造成全面淹洞,在有条件的情况下尽量采取地面灌浆等处理措施,强力抽排水产生的负压抽吸作用,可能造成更大的涌水灾害。

第七节 南干线7号隧洞外水压力及外水压力折减系数

一、勘察研究的目的与作用

南干线7号隧洞,有33 km长的砂岩、泥页岩洞段位于地下水位以下,存在基岩裂隙潜水和多层裂隙承压含水层,地下水面距隧洞50~330 m,存在高外水压力问题。

外水压力是指作用在衬砌外缘上的压力,是隧洞工程一项重要的边界荷载,它是TBM隧洞管片设计和进行工程处理的重要依据性参数。因此,在工程勘察设计阶段、施工阶段和运行阶段,均需对外水压力问题进行逐步深化的勘察与研究。其主要内容有:在勘察隧洞地区工程水文地质条件(如地层岩性、岩体类型、地下水位、地下水类型及不同地层岩体的透水性或富水性)的基础上,提出不同岩性洞段的外水压力折减系数,并提出相应的对策建议措施等。

虽然在《水利水电工程地质勘察规范》(GB 50287—99)中没有外水压力折减系数方面的内容和规定,但由于工程设计的需要,在本工程的勘察中也做了相应研究。

作用在无压或有压隧洞在放空条件下的外水压力可由下式表示(据张有天):

$$f_w = \beta_1\beta_2\beta_3\gamma_w h \quad (3\text{-}5)$$

式中 f_w——作用在衬砌结构外表面的地下水压力,kN/m²;

β_1——初始渗流场(隧洞开挖前)隧洞外水压力折减系数(或称修正系数),其值在0~1.0之间;

β_2——衬砌后外水压力折减(或修正)系数;

β_3——针对排水措施和围岩固结灌浆等进行的折减(或修正)系数;

γ_w——水的重度,一般采用9.81 kN/m³;

h——地下水位线至隧洞中心的作用水头,m。

显然,上式中β_1为工程地质研究的重点,β_2、β_3为设计研究的内容。当外水压力大于隧洞衬砌允许的压力荷载(水头)时,通常采用回填灌浆、固结灌浆及排水等工程措施,以达到隧洞围岩和衬砌联合承受外水压力的作用,并将最大外水压力水头降至设计允许的范围之内。通过研究,综合管片衬砌的承载能力、排水条件及措施,工程设计采用的设计外水压力水头为60 m,校核外水水头为80 m。

由于隧洞开挖改变了地下水状态,因此要求通过地下水溢出状态的观测,调整排水孔的布置。

二、外水压力折减系数(β_1)

(一)确定β_1值的基本思路

外水压力折减系数,是根据隧洞地区工程水文地质条件综合分析判断的一个数值,该系数值范围在0~1.0之间。

影响β_1值大小的因素有地层岩性、岩体的完整性(或围岩分类)、岩石的风化程度、隧洞的埋深、岩体的渗透性等级(或渗透系数),以及地下水的类型(潜水或承压水)等。并可以建立含水岩体(或地层岩组)的渗透性与β_1值的对应关系,亦即岩体渗透性或富水性越强,β_1值越大,反之岩体渗透性越弱,其β_1值越小。

由于长隧洞工程水文地质条件复杂多变,使得折减系数具有很强的不确定性和多变性。因此,在地下工程勘察设计中可以把折减系数视为一个综合分析判断值,力求做到宏观上基本合理。在施工阶段可以通过地下工程围岩地下水溢出状态(渗、滴、流、涌)等,进一步修订折减系数(或外水压力),使得该项研究更具有针对性和有效性,并为工程处理提供可靠的根据。

(二)勘察设计阶段确定β_1值的主要工作方法

南干线7号隧洞南段在勘察设计阶段进行了如下工作:

(1)调查统计隧洞区各地层岩组的岩性及砂岩与泥页岩的比例,将隧洞穿过的岩组分为极弱富水~微透水岩组、弱富水~弱透水岩组、中等富水~中等透水岩组及强富水~强透水岩组,见表3-15。

(2)通过钻孔压(抽)水及物探流量测井以及隧洞埋深、岩体风化、围岩类别等进一步判定隧洞通过的各地层岩组的渗透性等级、渗透系数及外水压力折减系数。

(3)根据断层带的力学性质、物质组成和渗透性等,判定外水压力折减系数(β_1)。

初步设计阶段7号隧洞外水压力折减系数成果分析见表3-16。

表 3-15 各岩组特征、富水性及透水性

地层岩组		地层厚度(m)	砂岩与泥页岩的厚度百分数(%)		富水性及透水性初步评价
名称	代号		砂岩	泥页岩	
本溪组	C_2b	44	20	80	极弱富水~微透水
太原组	C_3t	112	43	57	极弱富水~微透水
山西组	P_1s	57	55	45	弱富水~微弱透水
下石盒子组	P_1x	133	50	50	弱富水~微弱透水
上石盒子组	P_2s	293	60	40	弱富水~弱透水
石千峰组	P_2sh	184	70	30	弱富水~弱透水
刘家沟组	T_1l	461	98	2	中等富水~中等透水
和尚沟组	T_1h	229	68	32	极弱富水~微透水
二马营组	T_2er	281	80	20	弱富水~微弱透水
铜川组	T_2t	127	70	30	弱富水~弱透水
大同组	J_1d	247	46	54	弱、中等富水~弱、中等透水
云岗组	J_2y	226	51	49	中等富水~中等透水
天池河组	J_2t	约600	>90	<10	中、强富水~中、强透水

三、施工阶段外水压力折减系数分析

隧洞地下水溢出状态(潮湿、滴渗、线状流水、股状流水、喷涌)能够反映围岩富水性和透水性,因此以此进行外水压力及折减系数的修正是必要的。

采用实测地下水压力的方法,则需经隧洞衬砌、灌浆之后,而且仅能在少数断面上进行,所以外水压力折减系数(β_1)仍为一个综合判断值。

7号隧洞经TBM施工衬砌管片、回填豆砾石和初次灌浆后,经调查统计,本溪组~石千峰组地层洞段,仅局部有渗水滴水和线状流水现象,说明岩组的透水性和富水性均很弱,外水压力折减系数大部分在0~0.3之间;刘家沟组(T_1l)是地下水溢出最多的洞段,在桩号71+463~73+996以线状流水为主,因此外水压力会超过设计允许的60 m水头值,其折减系数应在0.4~0.6之间;和尚沟组(T_1h)洞段基本无水,因此可视为无外水压力洞段;二马营组(T_2er)和铜川组(T_2t)洞段有205 m线状流水和212 m滴渗洞段,因该段隧洞埋深较大,且多为承压水,折减系数(β_1)为0.3~0.5,如不处理会对隧洞衬砌管片有较大影响,例如在洞内调查中,发现有少量管片发生挤压破坏现象;大同组(J_1d)洞段,滴渗水段长451 m,线状流水段长407 m,股状涌水段2处,长0.5 m,相应各不同处溢水洞段的折减系数(β_1)为0.3~0.4、0.5~0.6和1.0。

通过按地下水出溢状态确定的外水压力折减系数见表3-17。

四、含水洞段工程处理措施

含水洞段工程处理措施主要有以下几点:

表 3-16 初步设计阶段 7 号隧洞外水压力折减系数

地层岩组名称及代号	洞段长度（m）	岩性组成	地下水位距洞顶高度（m）	围岩类别	隧洞中地下水类型	渗透性分级		外水压力折减系数	评价说明
						渗透性等级	渗透系数（K）（cm/s）		
本溪组（C_2b）	60	砂岩夹铝土页岩灰岩	120～140	Ⅴ	潜水＋承压水	弱透水	10^{-4}	0.4～0.5	受 F_{90} 断层影响岩体破碎
太原组（C_3t）	590	砂岩夹泥页岩及煤层	120～130	Ⅳ	潜水＋承压水	弱透水	10^{-4}	0.4～0.5	受断层影响岩体较破碎
山西组（P_1s）	400	砂岩夹泥页岩	80～120	Ⅳ	潜水＋承压水	弱透水	10^{-5}～10^{-4}	0.3～0.4	
下石盒子组（P_1x）	400	砂岩夹泥页岩	80～100	Ⅳ	潜水＋承压水	微～弱透水	10^{-5}～10^{-4}	0.2～0.4	
上石盒子组（P_2s）	550	砂岩泥质岩互层含膨胀岩	60～80	Ⅳ	潜水＋承压水	微～弱透水	10^{-5}～10^{-4}	0.3～0.4	
石千峰组（P_2sh）	1 645	砂岩夹泥质岩或互层	50～70	Ⅲ～Ⅳ	潜水＋承压水	弱透水	10^{-5}～10^{-4}	0.3～0.4	
刘家沟组（T_1l）	8 781	砾岩、中粗砂岩占 98%，夹少量泥页岩	150～180	Ⅲ～Ⅳ	潜水＋承压水	中等～弱透水	10^{-4}～10^{-3}	0.4～0.6	
和尚沟组（T_1h）	1 120	以泥质砂岩、泥页岩为主	190	Ⅳ	—	微透水	10^{-6}～10^{-5}	0.1～0.2	
二马营组（T_2er）	2 661	砂岩夹泥页岩	180～320	Ⅲ～Ⅳ	潜水＋承压水	微～弱透水	10^{-5}～10^{-4}	0.3～0.4	
铜川组（T_2t）	12 794	中粗砂岩为主夹泥页岩	180～330	Ⅱ～Ⅲ	以承压水为主	弱透水	10^{-5}～10^{-4}	0.3～0.4	
大同组（J_1d）	3 128	砾岩、砂岩夹碳质泥页岩	5～180	Ⅲ～Ⅳ	潜水＋承压水	弱～中等透水	10^{-4}～10^{-3}	0.4～0.6	低沟谷隧洞埋深小
云岗组（J_2y）	约 8 000	厚层砂岩夹泥页岩	180～250	Ⅲ	以承压水为主	中等透水	10^{-3}～10^{-2}	0.5～0.8	比较线路洞段，承压含水层多
天池河组（J_2t）	约 1 200	厚层、巨厚层砂岩夹少量泥页岩	50～180	Ⅲ	以承压水为主	中等～强透水	10^{-2}～10^{-1}	0.8～1.0	比较线路洞段，承压含水层水量大
断层带		有 3 条较大断层		Ⅴ	潜水＋承压水	中等～强透水	10^{-3}～10^{-2}	0.6～1.0	

(1)在高地下水位(外水水头大于60 m)的洞段,围岩完整性较差,渗水量大,采取堵排兼顾、先堵后排的措施,达到减小渗水量和外水压力的作用。在低外水(外水水头小于60 m)洞段,若围岩较完整,渗透性不大,则以排水为主,可不设人工排水孔。在含有腐蚀性地下水、膨胀岩洞段和隧洞漏水对环境有显著影响的地段,要进行围岩固结灌浆,做好地下水的封堵工作。

表 3-17 外水压力折减系数

隧洞地下水溢出状态	外水压力折减系数(β_1)	备注
干燥~渗流	0.0~0.2	隧洞地下水以承压水为主
滴渗	0.2~0.4	
线状	0.4~0.6	
密集线状流水	0.6~0.8	以潜水为主
断层带及浅埋段股状涌水	0.8~1.0	

(2)股状涌水洞段,采取全断面固结灌浆处理,每环8个孔,孔深4 m,灌浆压力为0.4~1.0 MPa,对Ⅳ、Ⅴ类围岩洞段须在顶拱及侧拱的灌浆中插入锚杆,锚杆长4 m。

(3)线状流水洞段,采取全断面固结灌浆的措施,孔深3 m,灌浆孔中设锚杆,锚杆长3 m。在外水水头大于60 m洞段,设4个浅排水孔,孔深2 m。外水水头小于60 m洞段,不设浅排水孔。

(4)滴渗水洞段,采取全断面固结灌浆处理,孔深3 m,灌浆孔中不设锚杆。

(5)对固结灌浆后仍出现管片潮湿的洞段,喷涂柔性防水层。

五、几点体会

体会主要有以下几点:

(1)外水压力折减系数为受地下工程区工程水文地质条件影响的一个综合分析值,在勘察设计阶段应抓住以地下工程区不同地层岩组透水性(或富水性)为核心的综合调查和测试成果,逐步建立岩体透水性(或富水性)等级与折减系数的相关关系。对长隧洞工程来讲,勘察期确定的外水压力折减系数数值,力求宏观上(或整体上)合理。并认为潜水含水层和承压含水层的外水压力折减系数,虽然均与渗透性有关,但承压含水层的外水压力折减系数应大于潜水含水层的折减系数。

(2)在施工阶段应根据地下工程地下水出溢状态,进一步判断隧洞围岩的渗透性与富水性,并进一步修正与外水压力折减系数的相关关系,综合判断可能产生的外水压力量值(水头),为工程处理措施的确立提供依据。

(3)在运行期应对隧洞涌水量较大的地段进行长期监测和反馈分析工作。

(4)《水利水电工程地质勘察规范》(GB 50287—99)中没有外水压力折减系数方面的内容,建议今后应予以补充。引黄入晋工程的实践说明,对外水压力问题的勘察与研究是必要的,工作方法是适宜的,能够满足工程的需要。

第八节　断　层

一、工程区断层特征

引黄入晋工程总干线和南干线、北干线的一部分，位于偏关块坪地区，断裂构造不甚发育，其规模也小。在南干线5号隧洞利民堡以南和北干线另山背斜地区断裂构造相对比较发育，断层规模也相对较大。

经地质勘察，在工程区共发现200余条断层。其中，南干线的摩天岭断层(F_{65})延伸长度约35 km，利民堡断层(F_{32})延伸长度约30 km，属区域性断裂，其余断层多因第四系地层覆盖严重，延伸长度不详，但规模均小于前两者，并多属一般性断层。从断层带宽度来讲，一般为数米，区域性断层带宽度可达30余m。在隧洞中出露宽度，因受产状与隧洞交角的影响，断层带及影响带宽度可达十余米至百余米。

按力学性质划分，走向北北东和北东向的断层多具有压性和压扭性，显逆断特征；北西西～近东西向断层多具有张扭性～扭性，显正断特征。

按含水特征划分，大部分为非含水断层，即隧洞穿过断层的部位，大部分在区域地下水位以上，仅部分断层位于区域地下水位以下，为含水断层。

由于勘察工作中没有发现断层错断第四系地层的现象，故均可视为非活动性断层。但据区域构造资料，在南干线温岭和管涔山地区的Ⅲ级构造单元的分界断裂，在新第三纪以来具有一定的活动性，地质测绘中也曾发现类似现象，如李家沟断层(F_{95})曾错断N_2地层。所以，可以认为该区断裂的活动性要晚于其他地区，断层带的胶结密实程度要差一些。对隧洞工程来讲，断层带围岩多属不稳定(Ⅳ类)～极不稳定(Ⅴ类)类型。

二、断层对隧洞工程的影响

本工程的断层对隧洞工程的影响，主要表现为塌方、涌水及断层岩溶带三个方面。

(一)TBM施工洞段断层塌方

本工程有钻爆法和TBM法施工洞段。在钻爆法洞段，因断层造成的塌方事故较多，但规模较小，均进行了工程处理。TBM法施工中，发生大的塌方卡机事故则处理难度大、工期长，甚至造成严重的索赔。故在此仅将TBM主要塌方事故介绍如下。

1.摩天岭断层(F_{65})大塌方事故及其处理

摩天岭断层(F_{65})出露在南干线7号隧洞桩号61+907.8～61+930.8段，断层带宽度为23 m，断层影响带宽度为164 m，总计在隧洞中的出露宽度为187 m。断层面产状为NE10°SE∠45°，上盘为奥陶系马家沟组一段白云质灰岩，下盘为马家沟组二段豹皮灰岩，断距大于200 m，为一区域性逆冲断层。该处隧洞埋深300～330 m，但断层破碎带岩体仍很松散，有红黏土和黄色砂质黏土充填于部分角砾岩间隙中，角砾砾径多为2～5 cm，岩块一般小于30 cm，岩体呈碎裂结构，主要为Ⅴ类围岩，局部为Ⅳ类围岩。

1999年5月28日，TBM掘进至F_{65}断层中部，因刀具被卡，TBM后退60 cm，机头前方发生塌方，并埋住机头，造成停机。5月31日～6月1日，TBM后退2.56 m，机头前上方又大量塌方，形成一个长 7 ~ 7.5 m、宽 6 m、高 6.5 ~ 7 m 的不规则圆锥形空腔，方量约 200 m^3。TBM 后退造成 27 环衬砌管片严重破损和变形，其中管片破损 51 处，管片接缝最宽达 77 mm，错台达 62 mm。

承包商通过开挖顶部导洞（断面 3.4 m × 2.4 m），对塌方段围岩进行喷锚支护，氰凝灌浆及清理塌方石渣等，方使 TBM 通过 F_{65} 断层破碎带，直接影响工期近 3 个月。

在工程后期又对 F_{65} 断层带隧洞段进行回填灌浆、固结灌浆、锚杆支护及内衬钢板等。

2. F_{74} 断层（王虎庄断层）塌方及处理

F_{74} 断层出露在南干线 7 号隧洞桩号 63 + 082.4 ~ 63 + 096.1 段，断层构造岩带宽度为 13.7 m，断层影响带出露桩号 62 + 967.7 ~ 63 + 082.4 及 63 + 096.1 ~ 63 + 199.465，宽度为 218.065 m，断层带及影响带宽度总计 231.765 m，其上游隧洞围岩中发育有一长 19.3 m 的溶洞。断层面产状为 NE70°NW∠65°，断层两盘地层均为奥陶系下马家沟组二段灰岩夹白云质灰岩，为一逆断层。断层带岩体破碎，节理有张开现象，并充填有红、黄色黏土，构造碎裂岩直径以小于 25 cm 为主，局部有小岩溶洞发育。该段隧洞埋深 300 m 左右。

TBM 掘进时，在机头前方两处发生塌方，总方量约 36 m^3，均采用回填豆砾石和氰凝灌浆处理。由于该段管片安装质量较差，破损率为 3.4%，纵缝超差率为 29.3%，接缝张开宽度一般为 35 mm，最大接缝宽度为 75 mm，最大错台 6 mm。因此，在后期又进行了固结灌浆、锚杆加固（锚杆长 4 ~ 6 m）及槽钢支护加固处理。该段影响 TBM 施工 10 余天。

3. 5 号隧洞桩号 32 + 573.0 ~ 32 + 613.8 断层塌方

该断层分布在利民堡断陷盆地，为利民堡断层的次一级断裂，2000 年 11 月 21 日在桩号 32 + 585.9 处发生塌方，造成停机 15 h。

此外，南干线还有 F_{90} 等 5 个断层在 TBM 掘进时曾发生掉块，卡住尾盾，使回填豆砾石困难等。

从 TBM 施工洞段断层的塌方事故，我们得到如下认识：

（1）引黄入晋隧洞 TBM 施工段，发生塌方事故的断层带数量不多，除 F_{65} 断层处理比较复杂，其他影响较小，说明 TBM 穿过断层比钻爆法优越。特别是利民堡大断层带，在利民堡 5 号斜井（支洞）钻爆法施工中，曾发生多次塌方，支护形式复杂，进度很慢。而 TBM 穿过 F_{65} 断层及其分支的四个断层带，进展顺利，显示了 TBM 的优越性。

（2）勘察阶段推测的摩天岭断层（F_{65}）在隧洞出露位置与施工中揭露的实际位置相差约 150 m。产生此误差的原因是：①在工程区附近，该断层被第四系堆积物严重覆盖，采用坑、洞勘察困难很大；②前期勘察中曾在该断层上盘布置一个勘探钻孔，计划孔深 200 m，但由于山高缺少钻探用水，钻孔仅完成 80 m，未能打到断层带部位；③该断层倾角在地表以高角度（75°左右）为主，深部则变缓（45°），因此以 75°倾角推测的断层位置与实际发生了较大偏差。

在深埋长隧洞地质勘察过程中，因受勘察条件的限制，断层在隧洞中出露位置产生偏差比较普遍。随着隧洞工程向深长发展，此类问题会更加突出，需要加以重视和改进。

（3）通过摩天岭断层塌方事故，反映出双护盾式 TBM 在超前探测和超前处理围岩方面，还存在许多问题，使 TBM 在复杂的不良地质洞段施工具有较大的风险性。

(二)断层涌水

断层破碎带通常为地下水的赋存和泄流通道,在垂直断层结构面方向往往又起到一定的阻水作用,使一侧赋存有地下水并使地下水位较高。而断层与一定的岩体构造组合,如折曲、挠曲、岩溶以及断层交汇等,往往会形成范围更大的破碎岩体带和富水带。引黄入晋工程中的北干线1号隧洞桩号3+500~5+500段和南干线一级泵站水平压力隧洞段,即为挠曲、断层与岩溶的组合形成的涌水段。北干线1号隧洞涌水情况在本书第三章第六节已做了介绍,下边介绍南干线一级泵站水平压力隧洞段的涌水情况。

南干线一级泵站位于偏关河南岸,压力隧洞位于南岸山体中,由水平压力隧洞(长约493 m)和压力竖井组成。该段隧洞位于龙须沟挠曲北翼前缘,隧洞围岩由奥陶系冶里组(O_1y)和寒武系凤山组($\in_3f$)白云岩及白云质灰岩组成,其中凤山组地层岩溶比较发育,勘探中多处发现岩溶洞和大的岩溶裂隙。隧洞中出露的两条断层f_1、f_2走向NE70°~85°,倾向SE,倾角为60°,为与龙须沟挠曲平行的压性断层,断层带宽分别为3.5 m和2.0 m,f_1断层影响带宽约10 m。龙须沟挠曲为北东东走向沿偏关河南岸延伸的长10余km的大型挠曲,f_1、f_2则分布在龙须沟挠曲的北翼边缘(参见图2-4)。

压力隧洞开挖时,自桩号1+783后开始出现涌水点,在两个断层附近地下水更为活跃,在桩号2+155的溶洞出现股状涌水(Q=3.5 L/min)。水平段压力隧洞开挖完成后,总涌水量约为2 000 m^3/d。经10多天排水后,水量逐渐减少。

对该段压力隧洞采取了回填及围岩固结灌浆+锚杆加固+钢衬工程措施。

(三)断层岩溶发育带

在本工程的寒武系、奥陶系碳酸盐岩洞段的断层发育部位附近,往往岩溶比较发育,特别是在南干线6号、7号隧洞中的断层带附近,岩溶发育带造成隧洞塌方、掉块、卡住机头和使管片衬砌质量达不到设计标准的现象比较突出。对这些洞段,工程上采取了固结灌浆、锚杆加固及局部进行内衬钢板等措施。

第九节　隧洞进出口边坡稳定问题

引黄入晋工程约有13个隧洞进出口(含施工支洞)分布在第四系上更新统(Q_3)黄土地区,存在不同程度的高陡黄土边坡稳定问题。在施工过程中,曾出现滑坡事故,后经补充地质勘察设计和处理后,得到良好的解决。

一、边坡类型

按边坡土层组成不同可分为均质黄土边坡、多层状土质边坡和岩土混合边坡。

(一)均质黄土边坡

该类边坡的特征是,坡体黄土分布广泛,并有一定的堆积厚度,坡高一般在30~100 m之间,多为高陡边坡。Q_3黄土土质较均一,结构疏松,有大孔隙和柱状节理发育。土体强度低,且具有不同程度的湿陷性和压缩性。在大气降水冲刷作用下形成许多沟槽和黄土喀斯特。

均质黄土滑坡的滑移面即为土体中的最大剪切破坏面。该面顶部呈直立的弧形拉裂面,中部剪切面倾角为50°~60°,下部较缓。初期坡顶边缘地带出现数条断续分布的环状拉张裂缝,一旦发育深度达到坡体最大剪切破坏面,同时坡体有适宜的滑移空间,且滑坡体下部的应力集中区最大剪应力超过土体强剪程度时,土体即发生滑移破坏。此类滑坡一般以浅层~中层滑动为主,即滑坡体厚度由数米至20 m,滑坡体宽度由几十米至上百米。在深切黄土沟壑地区常形成滑坡群。本工程大部分隧洞进出口地区发生的土体滑坡即属此类。

(二)多层状土质边坡

该类边坡上部以 Q_3 黄土为主,其下分布有 Q_2 粉质黏土和 N_2 红黏土。由于 N_2 地层顶部有上层滞水,且该不整合结构面倾向坡外时,易形成较大范围的多层复合式的滑坡体或滑坡群。南干线5号隧洞出口的滑坡,亦属于该种类型。施工中曾发生多次的滑动与大面积的变形,危害很大,并治理困难。

(三)岩土混合边坡

此类边坡坡体下部一般有基岩出露,上覆厚度不等的黄土土体。基岩部分是稳定的,上覆土体的稳定性主要取决于基岩面的起伏情况及其倾向坡外的倾角大小。发生滑移破坏是降水入渗后地下水在岩土接触面活动所致。南干线一级泵站厂房后边坡和7号隧洞进口等边坡即为此类。

二、总干线8号隧洞进口黄土滑坡

总干线8号隧洞进口位于沙峁东沟左岸。该冲沟为V型谷,高差100余m,上部平均天然坡度为40°,中部为60°,下部为80°。边坡由 Q_3、Q_2 及 N_2 土层组成。滑体上部 Q_3 黄土层厚约80 m,8号隧洞进口部位出露的 Q_2 粉质黏土含砾石层厚5 m,底部为 N_2 红黏土含砾石,N_2 地层顶板结构面倾向沟内,倾角5°~8°。

1995年12月初,总干线8号隧洞进口发生滑坡(见图3-15),方量约1万 m^3,造成人员伤亡。滑坡后,在坡顶还存在三条弧形裂缝,张开宽度0.5~3 cm,延伸较长,距滑坡体后缘距离分别为2.5 m、4 m和6 m。

滑坡的原因是:①该滑坡处于深切的V型沟谷内,在施工前,边坡处于极限稳定状态;②沙峁东沟渡槽和8号隧洞进口施工场地和隧洞进口边坡开挖,挖除了坡脚土层,该种施工程序,违背了"先治坡后进洞"的基本原则,"先治坡"亦为按设计方案先削坡减载,砌护坡面和锁固洞口等,为以后进洞创造安全的施工条件;③8号隧洞出口向上游掘进的TBM,距隧洞进口较近,当时8号隧洞进口已开挖土洞23 m,在洞内可明显感觉到TBM掘进产生的震动,该震动荷载,对边坡失稳起到诱发触化作用。

滑坡发生后,采用削坡减载,单级开挖边坡坡高为8 m,坡比1∶1.25,马道宽2.0 m,呈台阶状一直到坡顶,总边坡比为1∶1.45左右。浆砌石护坡至坡顶,设排水沟系统,并用浆砌石墙支顶洞口附近土体。在隧洞与渡槽的联接段,打抗滑桩。

三、南干线5号隧洞出口滑坡及变形体

南干线5号隧洞出口位于木瓜沟右岸,1994年对该隧洞出口部位进行了数十万立方米的土石开挖,拟为掘进机施工开辟一条长200 m、宽约50 m的施工场地。正面和南侧

图 3-15　总干线 8 号隧洞进口黄土滑坡

边坡高度约 60 m,分三级边坡,坡比 1∶1.25,马道宽 1.5 m。北侧边坡高 10～30 m,为一级边坡。边坡土层,上部为 Q_3 黄土,下部为 N_2 红黏土。该两种土层的不整合面倾向沟内,接触带有上层滞水流出,水量随季节变化,且冬季结冰,春季融化。

1995 年春季,在隧洞进口正面边坡和南侧边坡,均发生滑坡。在 1996 年春季,下部 N_2 红黏土因受冻融及膨胀的作用,发生大面积浅层滑坡(见图 3-16);上部 Q_3 黄土发生顶部张裂缝和错台、边坡鼓胀等。1996 年对该边坡进行排水、清坡及浆砌块石护坡,并建立排水沟和排水孔系统,5 号隧洞出口并向北侧移动 8 m,以躲避滑坡体的严重威胁。1997 年该滑坡体的变形导致干砌石护坡大面积鼓胀变形和破坏,又进行了再次处理。主要处理措施是,在变形破坏严重的部分,折除原 30 cm 厚的干砌石,改为 50 cm 厚的浆砌石护坡;在滑坡体周边和体内建立排水沟、排水涵管和排水孔等。1999 年 TBM 由该段通过后,修建了木瓜沟埋涵,并回填了土层,该滑坡体的威胁方告结束。

从 5 号隧洞出口滑坡变形体长达 3 年多的治理过程可以看出,该种含水的多层滑坡体是非常难以治愈的。主要是由于 N_2 红黏土上层滞水的存在,使边坡下部的 N_2 红黏土在水的干湿作用下,膨胀性得到充分的发挥,同时边坡的稳定性急剧下降;一年一次的冻融作用更加剧了边坡土体的破坏过程。

四、南干线一级泵站厂房后边坡黄土土体变形

南干线一级泵站厂房后边坡,坡高约 60 m,下部为奥陶系冶里组和寒武系凤山组地层,岩层略倾山里,基岩开挖边坡坡高约 30 m。上部为 Q_3 黄土,坡高约 30 m,分两级开挖,单级坡比 1∶1.25,设两级马道,马道宽 1.5 m 左右。基岩段用喷混凝土护坡,黄土段用浆砌石护坡。岩土接触面倾向坡外,倾角为 20°～30°。

由于施工期间雨季降水入渗和排水不畅,使土体潮湿,呈可塑状。浆砌石坡面发生波浪状鼓胀变形,马道内排水沟及坡顶均出现拉裂缝,严重危胁坡下的泵站厂房的安全。

通过边坡稳定计算和边坡稳定状况综合判定,边坡处于极限稳定状态。工程上采取

图 3-16　南干线 5 号隧洞出口(木瓜沟)N_2 红土开挖边坡的滑坡

翻修鼓胀变形段浆砌石护坡,使坡面保持平整,并进行了全断面的喷、锚、网、喷的护坡,使厂房后边坡形成一个完整的护坡结构,同时加强了护面、马道和坡体后缘的纵横排水系统,尽量减少降水入渗,增加抗滑阻力。

五、几点认识

认识主要有以下几点:

(1)在黄土区,高陡边坡是滑坡事故的多发部位,进行工程地质勘察十分必要。特别是具有多层土体结构的高陡边坡,由于 N_2 红土的隔水作用,上层滞水对坡体稳定影响极大,治理难度亦很大,工程上应尽量避开。

(2)在深切沟谷段施工中,应遵循"先治坡后进洞"的原则,否则黄土边坡极易变形失稳,给工程带来严重影响。引黄入晋工程施工的初期,发生边坡变形和失稳的工段较多,后经业主委托天津院进行全线开挖边坡稳定地质调查和设计,施工单位对各开挖边坡进行再次加固处理后,边坡失稳的现象再未发生。

(3)对晋西北半干旱地区来讲,开挖边坡采取 1∶1.25,单级坡高 8 ~ 10 m,块石护坡,易于施工,并可以防止降水冲刷,易于管理。多级状陡坡(高 5 m 左右)和宽马道并进行生物护坡的方案,或者格构 + 生物护坡的方案,在晋西北地区,受气候和人为放牧等因素的影响,效果较差,不易管理。所以,天津院采取的护坡处理措施和方案是符合当地地质和气候条件的。

(4)在高陡黄土边坡施工期间,加强施工地质,进行边坡稳定性预报十分重要。黄土边坡失稳、变形前兆明显,完全可以做好事故前的预测、预报工作和防止滑坡事故的发生。引黄入晋工程施工初期发生了边坡失稳事故,后来在业主和监理总公司的主持下,成立了地质监理部,明确了各承包商的施工地质工作内容和职责,在有关各方的重视和共同努力下,各工程的开挖边坡再也没有发生滑坡事故。

第四章　掘进机(TBM)隧洞工程地质

第一节　掘进机(TBM)在引黄入晋工程中的运用

掘进机(Tunnel Boring Machines)简称为TBM,按其功能可分为基岩掘进机和软土掘进机(即盾构机)。基岩掘进机又可分为护盾式和开敞式,护盾式又可分为单护盾式和双护盾式,开敞式又可分为侧撑式和斜撑式。

引黄入晋工程共引进5台TBM,承担总长约110 km隧洞的掘进任务。其中,总干线6号、7号、8号隧洞使用美国罗宾斯公司制造的单护盾式TBM,南干线4号、5号和6号隧洞为两台美国罗宾斯公司制造的双护盾式TBM,南干线7号隧洞为美国罗宾斯公司制造的一台双护盾式TBM和法国NFM公司制造的一台双护盾式TBM。TBM施工进尺统计见表4-1,TBM与隧洞主要设计参数见表4-2,TBM布置见图4-1。

表4-1　TBM施工进尺统计

工程名称	掘进机型号	刀头直径(m)	长度(km)	最高日进尺(m/d)	最高月进尺(m/月)	平均月进尺(m/月)
南干线4号洞	美国Robbins	4.920	6.64	99.4	1 822	998
南干线5号洞北段	美国Robbins	4.920	19.30	99.4	1 822	998
南干线5号洞南段	美国Robbins	4.820	6.21	81.0	1 417	748
南干线6号洞	美国Robbins	4.820	13.98	81.0	1 417	748
南干线7号洞北段	美国Robbins	4.880	21.28	71.1	1 635	788
南干线7号洞南段	法国NFM	4.895	19.36	70.1	1 324	774
总干线6号、7号、8号洞	美国Robbins	—	21.46	65.5	1 048	775

护盾式TBM由主机和后配套设备两大部分组成。主机由前盾、中段和后盾组成。前盾由主轴支撑的刀头、刀头驱动系统及出渣系统组成,中段由两个伸缩式护盾组成,后盾是一个带有抓紧系统的护盾。前盾和后盾由液压连杆联接,液压缸提供推动力、转矩及导向作用,推动前部前进,后部将反作用力传向岩壁,通过4个辅助液压缸将推力传给衬砌管片。后配套是由一系列轨道工作台组成的台车,装有掘进机的液压系统、电动系统、机械传动系统、控制系统及消尘、供风、管片衬砌、豆砾石灌注和水泥灌浆设备等。

护盾式TBM是一种集掘进、出渣、回填豆砾石与灌浆于一体的庞大机械系统。掘进原理是利用刀头挤压、切削破碎岩体,类似一台近水平掘进的巨型无岩心钻机。

随着深埋长隧洞工程的大量涌现,越来越多地采用TBM施工,是发展的必然趋势。与钻爆法施工相比,TBM施工速度快、工作环境和安全性好、对隧洞围岩扰动小和有利于开挖围岩的稳定，护盾式 TBM 对减小隧洞涌水、防治膨胀岩的膨胀危害、有害气体的溢出及岩爆等，具有很大的优越性，也可以说 TBM 施工能更好地体现新奥陶法的工作原理。

表 4-2　TBM 与隧洞设计参数

TBM 及隧洞主要参数	TBM 编号			
	总干线 TBM	南干线 TBM1	南干线 TBM2	南干线 TBM3 及 TBM4
工作隧洞编号	6 号、7 号、8 号隧洞	4 号、5 号隧洞	5 号、6 号隧洞	7 号隧洞
控制工作段长度(km)	21.46	25.94	20.19	40.64
隧洞纵坡 i	1/1 500	1/1 410	1/1 250	1/1 250
隧洞内径(m)	5.46	4.32	4.32	4.2
输水流量(m^3/s)	48	26.4	26.4	26.4
管片厚度(cm)	25	22	22	22
管片宽度(m)	1.6	1.2	1.2	1.2
管片类型	六角形钢筋混凝土预制管片	六角形钢筋混凝土预制管片	六角形钢筋混凝土预制管片	六角形钢筋混凝土预制管片
管片数量(片)	4	4	4	4
开挖直径(mm)	6 125	5 000	4 819	4 940
系统超挖(mm)	40	40	40	40
可变超挖(mm)	—	0 ~ 50	0 ~ 50	0 ~ 50
刀头转速(转/min)	0 ~ 9	0 ~ 9	0 ~ 9	0 ~ 9
刀头功率(kW)	—	1 575	1 260	1 575 和 1 500
超前探测及灌浆装置	无	无	可配备阿特拉斯液压钻机一部，最大孔深 60 m	可配备阿特拉斯液压钻机一部，最大孔深 60 m
甲烷监测设备	无	无	无	有
回填灌浆能力(m^3/h)	15	15	15	15
总长度(m)	156	约 200	245	245
总重量(kN)		9 000	9 000	9 000

但是，护盾式 TBM 施工与钻爆法相比也具有许多弱点。例如，隧洞的超前探测与预测预报的实施比较困难，TBM 在松散土层、含水量高的土体、宽大的胶结不好的断层带、岩溶发育带等不良地质洞段施工时，容易产生掉块、塌方卡住刀头和护盾，或造成机头歪斜、偏斜及起伏，围岩大变形常造成衬砌管片折断或变形，需返工处理，隧洞大涌水若淹没 TBM，会造成机器损坏等。可以说深埋长隧洞工程地质条件是影响 TBM 选型、掘进速度、工期、质量等的重要因素。TBM 的运用和发展与隧洞工程地质条件有着密切的关系，TBM 隧洞工程地质与以往钻爆法施工隧洞存在许多不同的特点。

在引黄入晋工程中，TBM 施工曾创造月进尺 1 822 m 和日进尺 99.4 m 的好成绩，在 85% 以上的洞段施工是顺利的、高效的。虽然在施工过程中遇到了岩溶、大断层破碎带的

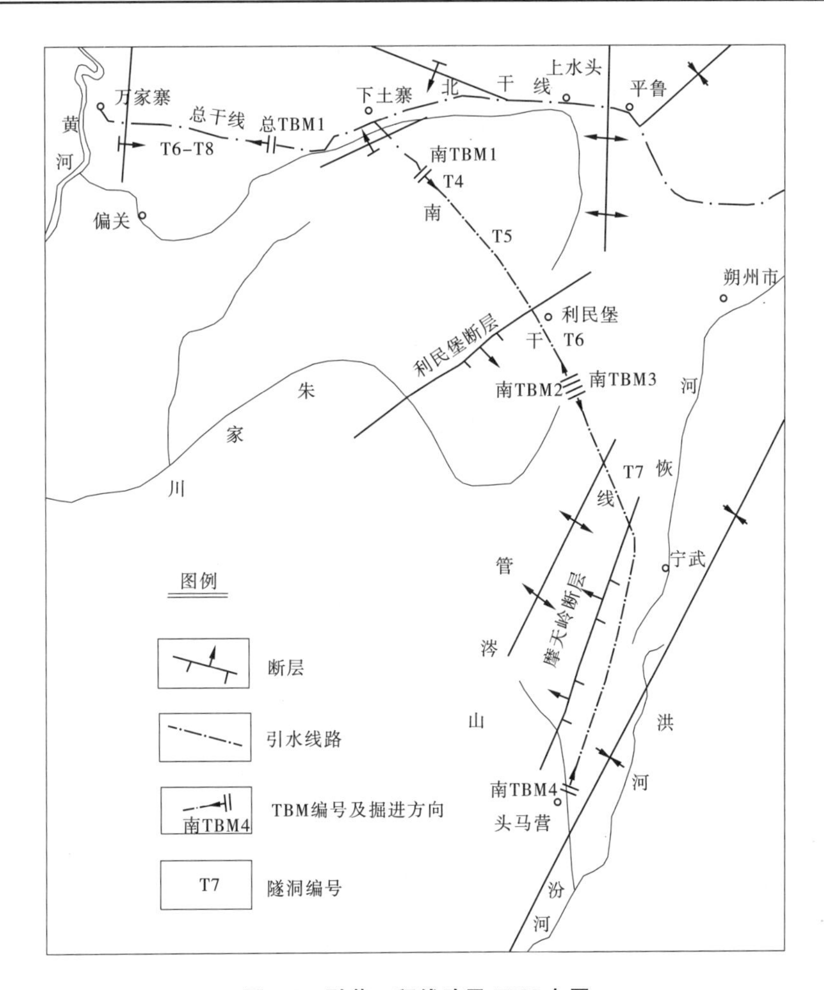

图 4-1　引黄工程线路及 TBM 布置

塌方、膨胀岩、蚀变砂岩、有害气体和有害水质、Q_3 黄土洞段塌方、Q_2 和 N_2 含水洞段泥裹刀、围岩变形等诸多不良工程地质问题,并遗留许多工程缺陷的事后处理等,但仍能显示出 TBM 施工的巨大优越性。TBM 施工给工程地质勘察提出许多新的要求,通过本工程 TBM 隧洞工程地质勘察和施工中发生的工程地质问题,提出 TBM 隧洞工程地质新课题,以利于该项工作的发展。

第二节　掘进机(TBM)隧洞工程地质概况

一、总干线 6 号、7 号、8 号隧洞

总干线 6 号、7 号、8 号隧洞长度分别为 6 616 m、2 673 m 和 12 172 m,总计长 21 461 m。其中,寒武系(∈)、下奥陶统(O_1)和中奥陶统(O_2)的白云质灰岩、白云岩及灰岩隧洞长 20 153 m,第三系上新统(N_2)红黏土及红土砾石洞段长 880 m,中、上更新统(Q_2、Q_3)黄土洞段长 428 m。

隧洞工程区基岩地层产状大部分比较平缓,仅在 6 号隧洞发育有宽 625 m 的大型挠曲及断层。在 6 号和 7 号隧洞,中奥陶统地层中岩溶比较发育。在 N_2 红土顶部赋存有上层滞水,使部分 N_2 红黏土和 Q_2 黄土含水量较高,达到可塑 ~ 硬塑稠度状态。

二、南干线 4 号、5 号、6 号、7 号隧洞

4 号隧洞:长 6 883 m,全部为寒武统(∈)灰岩隧洞,地下水位位于隧洞底板以下。

5 号隧洞:长 26 433 m,除在中部利民堡断陷盆地和出口分别有长度为 296 m 和 246 m 的 N_2 红黏土洞段外,其余均为中寒武统($\in_2$)和下奥陶统(O_1)基岩隧洞。隧洞穿过利民堡区域性大断层及青羊渠挠曲,隧洞大部分在区域地下水位以上。

6 号隧洞:长 14 568 m,除出口有 441 m 长 N_2 和 Q_2 土洞段以外,其余洞段为中奥陶统马家沟组灰岩地层,古岩溶十分发育。在出口地区存在的上层滞水,使 Q_2 黄土和部分 N_2 红黏土处于饱和状态。

7 号隧洞:长 42 922 m,TBM 施工段长 40. 64 km。其中,中奥陶统(O_2)灰岩洞段长约 10 km,存在岩溶及穿过区域性摩天岭断层、王虎庄断层和石碣上断层等问题;石炭系(C)、二叠系(P)、三叠系(T)及侏罗系(J)碎屑岩洞段长约 33 km,存在膨胀岩、承压含水层及高外水等问题。

第三节　掘进机(TBM)隧洞主要工程地质问题

本书第三章中对引黄入晋 TBM 及钻爆法施工隧洞工程地质问题已作了较详细的介绍,现将 TBM 隧洞遇到的工程地质问题扼要介绍如下。

一、上更新世(Q_3)黄土隧洞

主要存在塌方问题、黄土地基不均匀沉降问题和黄土隧洞湿陷变形及渗透稳定问题等。

二、中更新世(Q_2)黄土隧洞

由于上层滞水的影响,使部分地段 Q_2 黄土含水量升高,达到软塑状态,TBM 施工中容易发生塌方、“泥裹刀”和不均匀沉陷现象,管片衬砌错台严重难以达到设计要求。在含水量高的 Q_2 黄土洞段需采取人工开挖一次支护,然后 TBM 进行二次衬砌的施工措施。

三、上新统(N_2)红黏土隧洞

主要存在上层滞水对 TBM 隧洞稳定的影响问题、深埋土洞围岩变形问题、TBM 掘进中的“泥裹刀”问题等。

鉴于总干线 6 号、7 号、8 号隧洞土洞的严重工程地质问题,建设单位决定对上述洞段进行返工处理,并且决定南干线所有的 Q_3、Q_2 及 N_2 土洞段一律采取先进行人工开挖一次支护,后进行 TBM 管片衬砌支护的方案。本工程的实践表明,TBM 在土洞中施工还存在较大的不适应性。

四、碳酸盐岩隧洞岩溶问题

引黄入晋工程总干线和南干线约有 100 km 长的碳酸盐岩洞段。灰岩中的岩溶属北方岩溶类型,一般发育程度较弱,但很不均一,在中奥陶统马家沟组(O_2)灰岩、断层带、挠曲带、断陷盆地周边地区等,岩溶相对发育。岩溶大多有充填物,且密实程度不一,仅少量大型岩溶没有充填物。

在 TBM 施工中,总干线发现 4 个岩溶带,其中 6 号隧洞经过明灯山挠曲部位曾遇到一条 NNE 走向、宽 2.0 ~ 2.6 m、陡倾角的无充填的岩溶宽缝,幸亏在 TBM 右侧及时发现了该溶洞,进行了回填和灌浆处理,才避免了事故的发生。

在南干线 4 号、5 号、6 号和 7 号隧洞的 TBM 施工中,共遇到 57 个岩溶裂隙发育带和岩溶洞,其中 4 号洞 2 个、5 号洞 8 个、6 号洞 45 个、7 号洞 2 个,仅在 5 号洞桩号 41 + 794.0 ~ 41 + 808 之间遇到一条宽大的陡倾角岩溶洞无充填物,其余均有不同程度的充填。

在 TBM 施工中,大的岩溶或岩溶发育带,会使 TBM 机头发生下沉或偏斜而陷入困境;岩溶充填物因承载力不足会造成隧洞底板起伏超标,岩溶充填物围岩常产生掉块或塌方,影响 TBM 正常掘进。此外,岩溶发育洞段围岩需进行工程处理。

在 TBM 掘进中,施工人员需严密监视钻进速度的变化、推进压力的变化、TBM 掘进的稳定性和出渣岩石特征等,一经发现异常立即停止掘进,并根据岩溶的形态、规模等采取相应的工程处理措施。

引黄入晋工程遇到了许多岩溶发育洞段,得益于隧洞无地下水和绝大多数具有充填物,才使 TBM 施工得以实施,否则将严重影响 TBM 施工方案的成立。但岩溶发育洞段造成了许多工程缺陷,需进行工程地质补充勘察和工程处理。

五、断裂构造对 TBM 施工的影响

经工程地质勘察,在工程区共发现 200 余条断层,其中南干线 7 号隧洞摩天岭断层(F_{65})和 5 号隧洞利民堡断层(F_{32})规模较大,二者延伸长度约 35 km,断层带宽度为 30 m 左右,因受产状与隧洞轴向交角的影响,在隧洞中断层带及影响带宽度可达数十米至百余米。其余断层规模均小于前两者,并且多数断层带宽度不是很大,断层破碎带承载力能够满足 TBM 荷载的要求。

按断层力学性质划分,走向北北东和北东向断层多具有压性和压扭性,显逆断特征;北西西 ~ 近东西走向的高角度断层多具有扭性 ~ 张扭性,显正断特征。从断层带胶结和密实程度来讲,以走向北北东的断层(如摩天岭断层)生成时期相对最晚,后期构造活动性相对较强,断层带物质相对比较松散。此外,灰岩中的断层带若岩溶比较发育,则断层带物质一般也比较松散,这样在 TBM 掘进中容易产生塌方掉块和地基压缩沉陷变形等。

本工程的大部分断层为非含水断层(或含少量脉状水),南干线 7 号隧洞砂页岩洞段,断层带均含水,但水量一般不大。

引黄入晋 TBM 隧洞施工过程中,大致有 8 条断层发生塌方,其中摩天岭断层带曾发生严重的卡机事故,脱困工期长达 3 个月,其余影响十多小时至 10 天不等,绝大多数断层

能够比较顺利地通过。该种现象说明,断层带的规模产状、物质组成、胶结与松散程度、地下水多寡等对 TBM 围岩稳定性影响很大。由于 TBM 施工中,发生塌方卡机事故处理难度大、工期较长、甚至造成严重的索赔,因此在勘察期间对断层的勘察应更具有针对性。

六、隧洞涌水对 TBM 施工的影响

在 TBM 施工中担心出现较大和较长的涌水洞段,当隧洞中积水深度淹没部分电机(器)设备时,TBM 掘进将很难正常工作,甚至带来巨大损失;隧洞围岩呈线状淋水时,需对电器设备进行防护。因此,在前期勘察中过高估计隧洞涌水量会影响 TBM 设备的配制和增大工程处理的预计工作量;过低估计则会影响 TBM 的掘进安全。引黄入晋工程对隧洞涌水问题进行了专题研究,使之尽量与实际接近,并留有一定的安全余度。

南干线 7 号隧洞长约 33 km 的碎屑岩洞段分布有多层承压含水层,通过区域水文地质测绘、钻孔抽(压)水试验、物探流量测井、地下水位长期观测、隧洞涌水量计算及与类似工程类比,综合分析后,提出隧洞(裸洞)1 km 平均涌水量为 0.01 ~ 0.05 m^3/s(或 1 m 为 0.01 ~ 0.05 L/s),全洞总计涌水量约为 1 m^3/s,据此 TBM 配制的抽水能力为 380 m^3/h。通过施工验证,尚未达到地质预计的涌水量,这是正常的,因为地质预计的是全洞处于裸洞状态的长期涌水量,而护盾式 TBM 施工能够及时封闭围岩,有效地阻止地下水的溢出。

七、高外水压力与折减问题

南干线 7 号隧洞石炭系、二叠系、三叠系及侏罗系地层中含有裂隙潜水和多层承压含水层,通过观测,地下水位高于隧洞 40 ~ 328 m,其中地下水位高于隧洞 60 m 的洞段长约 20 km。设计确定 TBM 衬砌管片承受最大外水水头的能力为 60 ~ 80 m,因此在勘察期如何合理地确定外水压力折减系数和采取有效的工程措施对 TBM 隧洞设计十分重要。

本工程确定外水压力折减系数的思路是:①根据不同岩体的渗透性(或富水性)初步判定不同的折减系数,即岩体渗透性越弱,其折减系数越小(见表 4-3);②在施工期根据地下水溢出状态(干燥、渗、滴、流、涌等)进行外水压力折减系数的再修正(见表4- 4);

表 4-3 岩(土)体渗透性等级与外水压力折减系数相关关系

岩(土)体渗透性等级	渗透系数 K(cm/s)	透水率 q(Lu)	外水压力折减系数 β_e
极微透水	$K<10^{-6}$	$q<0.1$	$0\leqslant\beta_e<0.1$
微透水	$10^{-6}\leqslant K<10^{-5}$	$0.1\leqslant q<1$	$0.1\leqslant\beta_e<0.2$
弱透水	$10^{-5}\leqslant K<10^{-4}$	$1\leqslant q<10$	$0.2\leqslant\beta_e<0.4$
中等透水	$10^{-4}\leqslant K<10^{-2}$	$10\leqslant q<100$	$0.4\leqslant\beta_e<0.8$
强透水	$10^{-2}\leqslant K<1$	$q\geqslant100$	$0.8\leqslant\beta_e\leqslant1$
极强透水	$K\geqslant1$		

③当承压含水层的富水性很差，隧洞地下水溢出量很小，而经过隧洞排水又得不到较好的补充时，一般隧洞的排水会防止外水压力的危害。应该说，该项工作是引黄工程中的一种有益的尝试，是一种创新，无疑需进一步总结和提高。

在 TBM 施工贯通后，通过实地调查，对地下水位高于隧洞 60 m 的出水洞段，根据地下水溢出状态，分别进行围岩固结灌浆、锚杆加固和排水不同组合的处理措施，有效地解决了外水压力问题。

表 4-4　地下水溢出状态与外水压力折减系数关系

级别	地下水在围岩的溢出状态	外水压力折减系数 β_e
1	干燥～渗水	$0 \leqslant \beta_e < 0.1$
2	缓慢滴水	$0.1 \leqslant \beta_e < 0.2$
3	缓慢滴水～快速滴水	$0.2 \leqslant \beta_e < 0.4$
4	快速滴水～线状流水	$0.4 \leqslant \beta_e < 0.6$
5	线状流水～小股状流水	$0.6 \leqslant \beta_e < 0.8$
6	股状流水或涌水	$0.8 \leqslant \beta_e \leqslant 1.0$

八、泥质膨胀岩隧洞

南干线 7 号隧洞地区的泥质膨胀岩岩性以黄绿色、浅灰色、青灰色泥岩为主，兼有少量浅灰、青灰色砂质泥岩及泥质粉砂岩。泥质膨胀岩主要分布在二叠系上石盒子组(P_2s)中上部地层中，尤其是 P_2s^2 地层不仅膨胀岩发育层数多，而且单层厚度大，膨胀性较强。二叠系石千峰组(P_2sh)、三叠系二马营组(T_2er)、铜川组(T_2t)和侏罗系大同组(J_1d)虽然有泥质膨胀岩夹层发育，但厚度不大，且膨胀性较弱。经勘察认为，约有 20 km 的 TBM 隧洞会遇到不同膨胀性、厚度不一的泥质膨胀岩夹层。试验成果显示，泥质岩的膨胀性多为微～弱等级，膨胀力一般为 0.2～0.3 MPa，个别为 0.5 MPa。

膨胀岩对 TBM 隧洞工程的危害主要有：①膨胀岩的缩径效应对 TBM 刀头和护盾产生挤压作用，严重者会产生卡钻现象，特别是自上游向下游(即顺坡)掘进的 TBM，这种卡钻的危险性较大；②由于泥质膨胀岩软化系数很低(平均值为 0.10)，遇水后岩石强度明显下降，使隧洞围岩的稳定性下降，造成变形或塌方；③膨胀力和膨胀力的不均匀性，使隧洞产生偏压，可能会导致衬砌管片的变形破坏。

九、软弱蚀变砂岩隧洞

在三叠系二马营组中部和下部地层中分布有大量层状蚀变砂岩，岩性为灰白色、灰绿色中细粒泥钙质胶结的长石砂岩。该种砂岩特点是：①岩石孔隙率较高(3.98%～4.1%)，岩块饱和吸水率高(16.99%～32.64%)；②扫描电子显微镜观察，砂岩的胶结物和长石碎屑表面普遍发生蒙脱石化作用，形成凹凸不平的细分散黏土矿物丛生联结结构；

③岩石强度和弹性模量比一般的砂岩低数倍($R_c = 18 \sim 30$ MPa、$E = 2.3 \times 10^3 \sim 4.8 \times 10^3$ MPa)。

据分析(据吴芝兰、曲永新等),蚀变砂岩是在碱性尤其是富含 Mg^{2+} 的孔隙水(地下水)长期成岩蚀变作用下的结果。蚀变砂岩是一种工程地质性质差,特别是水理性质很差的岩石。

南干线 7 号隧洞经线路调整优化后,二马营组(T_2er)隧洞段长由 13.5 km 减少至 2.66 km,使含蚀变砂岩的洞段长度大致由 10 km 减少至不足 2 km。

由于蚀变砂岩的工程性状与泥质膨胀岩相近,在 TBM 施工中采取相似的工程措施后,掘进顺利,仅在局部含水量高和断层部位发生过塌方卡机事故。

十、煤层瓦斯与有害水质

南干线 7 号隧洞约有 1 km 长洞段穿过石炭系含煤地层和上奥陶统峰峰组(O_3f)含黄铁矿的灰岩地层,使得该段岩体中含有瓦斯和对普通水泥具有硫酸盐强腐蚀的地下水。

由于 TBM 掘进过程中能够及时封闭围岩,并采取固结灌浆和防腐措施,效果良好。

第四节 TBM 隧洞围岩分类与衬砌管片类型

由于护盾式 TBM 对基岩隧洞围岩扰动和破坏作用远比钻爆法小,且能及时支护围岩,因此隧洞围岩稳定性相对较好。鉴于我国在隧洞勘察设计中采用围岩工程地质分类(GB 50287—99 附录 P)的现实情况,在与奥地利 D_2 公司联合设计中对隧洞围岩分类与衬砌管片类型作了如下规定:

(1)TBM 隧洞围岩分类与衬砌管片类型,见表 4-5。

表 4-5 TBM 隧洞围岩分类与衬砌管片类型

隧洞类型	围岩分类	围岩稳定性	衬砌管片类型
基岩隧洞	Ⅰ Ⅱ Ⅲ	稳定 基本稳定 局部稳定性差	A 型轻型管片
	Ⅳ	不稳定	B 型中型管片
	Ⅴ	极不稳定	C 型重型管片

表 4-5 中 A、B、C 三种管片厚度是相同的。管片混凝土标号为 $C_{45/55}$,使用 $525^{\#}$ 普通硅酸盐水泥,骨料最大粒径为 40 mm,双层配筋(25MnSi 钢筋)。Ⅰ~Ⅲ类围岩洞段采用 A 型管片,混凝土含筋量为 70 kg/m^3;Ⅳ类围岩洞段采用 B 型管片,混凝土含筋量为 90 kg/m^3;Ⅴ类围岩洞段采用 C 型管片,混凝土含筋量为 120 kg/m^3。

(2)在极不稳定断层围岩、膨胀岩和具有丰富地下水或高水头地下水等特殊洞段,除采用 C 型管片外,还需对围岩进行工程处理。

(3)在 N_2 红土含水量高的洞段,一期施工采取人工开挖衬砌 30～40 cm 钢筋混凝土,二期衬砌 A 型管片。在 N_2 红土含水量低的洞段,当采用 TBM 可以通过时,采用 C 型管片衬砌。

(4)在 Q_2、Q_3 黄土洞段,一期施工采取人工开挖衬砌 40～50 cm 钢筋混凝土,二期衬砌 C 型管片。

从上述设计规定可以看出:①这是钻爆法隧洞围岩工程地质分类与护盾式 TBM 隧洞围岩工程地质分类的良好结合,能够迅速适应和满足工程建设的需要;②围岩工程地质分类(GB 50287—99,附录 P)在护盾式 TBM 隧洞施工中可操作性差,例如岩体完整程度、结构面状态、主要结构面的产状等,在护盾式 TBM 施工中不能直接观察和作为围岩分类的重要判据;③TBM 施工中多以围岩稳定性和是否能够影响其正常施工,以及是否需进行工程处理作为判定围岩分类的重要依据;④在钻爆法隧洞围岩工程地质分类的基础上制定护盾式 TBM 隧洞围岩工程地质分类,以适用 TBM 隧洞施工地质工作和有利于 TBM 的施工。

第五节　护盾式 TBM 隧洞围岩分类初探

一、钻爆法隧洞围岩工程地质分类

隧洞围岩工程地质分类是按照《水利水电工程地质勘察规范》(GB 50287—99)附录 P 围岩工程地质分类进行划分的(以下简称国标围岩工程地质分类)。由于在制定规范期间,我国和世界上地下工程主要是采用钻爆法施工,因此该规范适宜在钻爆法施工条件下使用,故也可称为钻爆法围岩工程地质分类。

国标围岩工程地质分类以控制围岩稳定的岩石强度、岩体完整程度、结构面状态、地下水和主要结构面产状五项因素之和的总评分为基本判据,围岩强度应力比为限定判据。国标围岩工程地质分类见表 4-6。

笔者认为,围岩工程地质分类的核心是围岩的稳定性和围岩支护类型。

二、护盾式 TBM 围岩工程地质分类的目的

进行护盾式 TBM 围岩工程地质分类的必要性主要有以下几点:

(1)护盾式 TBM 隧洞围岩的稳定性比钻爆法隧洞围岩稳定性要好。实践证实,不同的施工方法对隧洞围岩的稳定性影响很大。护盾式 TBM 施工对围岩扰动小,又能及时进行支护,是新奥陶法施工的良好体现,有利于减小山岩压力,提高岩体抗力。而钻爆法施工围岩常形成爆破松动圈,围岩裸露时间长,于围岩稳定不利,常造成围岩变形、掉块或塌方。因此,国内外地下工程专家普遍认为,可以在钻爆法施工的基础上适当提高围岩的级别。由于 TBM 掘进对土洞围岩扰动比人工开挖法大,故不利于围岩的稳定。此外,护盾式和开敞式 TBM 对围岩的影响也存在差别。

表 4-6 国标围岩工程地质分类

围岩类别	围岩稳定性	围岩总评分 T	围岩强度应力比 S	支护类型
Ⅰ	稳定。围岩可长期稳定,一般无不稳定块体	$T>85$	>4	不支护或局部锚杆或喷薄层混凝土。大跨度时,喷混凝土、系统锚杆加钢筋
Ⅱ	基本稳定。围岩整体稳定,不会产生塑性变形,局部可能产生掉块	$85\geqslant T>65$	>4	
Ⅲ	局部稳定性差。围岩强度不足,局部会产生塑性变形,不支护可能产生塌方或变形破坏。完整的较软岩,可能暂时稳定	$65\geqslant T>45$	>2	喷混凝土、系统锚杆加钢筋网。跨度为 20~25 m 时,并浇筑混凝土衬砌
Ⅳ	不稳定。围岩自稳时间很短,规模较大的各种变形和破坏都可能发生	$45\geqslant T>25$	>2	喷混凝土、系统锚杆加钢筋网,并浇筑混凝土衬砌
Ⅴ	极不稳定。围岩不能自稳,变形破坏严重	$T\leqslant 25$		

注:Ⅱ、Ⅲ、Ⅳ类围岩,当其强度应力比小于本表规定时,围岩类别宜相应降低一级。

(2)钻爆法围岩工程地质分类是在钻爆法施工,围岩有较长时间裸露,能对围岩进行工程地质观察和编录的条件下实施的。而护盾式 TBM 往往没有这样的工作条件,不能够对岩体完整程度、结构面状态和主要结构面产状进行打分判定围岩类别,因此钻爆法围岩工程地质分类在 TBM 隧洞中运用将十分困难,或者说可操作性差。

(3)围岩的稳定性对 TBM 掘进的影响及支护处理,是护盾式 TBM 最为关注的问题。例如,隧洞掉块、塌方、围岩大变形等卡住 TBM 刀头或护盾,隧洞大涌水淹没 TBM,以及围岩地基沉陷造成掘进机歪斜是 TBM 的心腹之患。因此,这些严重影响 TBM 正常施工的工程地质条件和应采取的工程支护及处理措施,在围岩工程地质分类中应有所体现。

综上所述,进行护盾式 TBM 围岩工程地质分类的目的是能够根据围岩的稳定性和 TBM 施工中发生的主要地质现象(或问题),判断围岩类型和相应采取的工程处理措施,使之具有较强的可操作性和有利于施工。

三、护盾式 TBM 围岩工程地质分类方案

护盾式 TBM 围岩工程地质分类方案遵循的原则如下:

(1)对照钻爆法围岩工程地质分类制订适宜的护盾式 TBM 围岩工程地质围岩分类。

(2)护盾式 TBM 围岩工程地质分类应突出围岩类别、围岩稳定性、对 TBM 掘进的影响以及支护类型等方面的内容。

(3)分类方法尽可能地简捷明了和实用性强。

护盾式 TBM 围岩工程地质分类见表 4-7。

表 4-7　围岩工程地质分类对照

<table>
<tr><th colspan="3">国标围岩工程地质分类</th><th colspan="4">护盾式 TBM 隧洞围岩工程地质分类</th></tr>
<tr><th>围岩类别</th><th>围岩稳定性</th><th>围岩强度应力比 S</th><th colspan="2">围岩类别</th><th>围岩稳定性</th><th>支护类型</th></tr>
<tr><td>Ⅰ</td><td>稳定</td><td>>4</td><td rowspan="3" colspan="2">A</td><td rowspan="3">稳定～基本稳定。TBM 掘进平稳，石渣呈弱～微风化或新鲜状，围岩无掉块和塌方，掘进和回填豆砾石均正常</td><td rowspan="3">轻型管片衬砌。对围岩不需采取加固措施</td></tr>
<tr><td>Ⅱ</td><td>基本稳定</td><td>>4</td></tr>
<tr><td>Ⅲ</td><td>局部稳定性差</td><td>>2</td></tr>
<tr><td>Ⅳ</td><td>不稳定</td><td>>2</td><td colspan="2">B</td><td>局部稳定性差。TBM 掘进平稳性较差，石渣呈强～弱风化状，围岩可有掉块，局部围岩可能发生变形。对 TBM 掘进和回填豆砾石有轻度影响</td><td>中型管片衬砌。必要时需对围岩采取锚固和灌浆措施</td></tr>
<tr><td rowspan="2">Ⅴ</td><td rowspan="2">极不稳定</td><td rowspan="2"></td><td rowspan="2">C</td><td>C_1</td><td>稳定性差～不稳定。局部围岩可有掉块或小塌方发生，石渣呈弱～全风化状，块度小，常有泥质或断层构造岩，局部围岩可能发生变形。掘进平稳性差，有可能发生偏移、起伏或卡钻现象，但采取措施后可以掘进通过</td><td>重型管片衬砌。对围岩需采取锚固及灌浆加固措施</td></tr>
<tr><td>C_2</td><td>不稳定～极不稳定。围岩掉块塌方，涌水、大变形均有可能发生。TBM 不能正常掘进，并常发生卡钻或使 TBM 受困</td><td>重型管片衬砌。需对围岩采取超前预加固或钻爆法施工开挖处理后，TBM 方能通过</td></tr>
</table>

注：当隧洞有大变形、岩溶、大涌水时，需采取工程处理措施。

第六节　护盾式 TBM 隧洞施工地质

护盾式 TBM 隧洞施工，掘进速度快（日进尺数十米），围岩暴露时间短（单护盾 TBM 每个管片安装时间为 2～3 min）或不暴露（双护盾 TBM），这样给地质人员观察和编录围岩带来困难。因此，如何做好护盾式 TBM 隧洞施工地质是一项新的研究课题。

引黄入晋工程 TBM 隧洞施工地质主要工作内容有：全面收集和熟悉前期地质勘察和设计资料，施工中对前期资料进行及时的验证和修正；鉴定隧洞围岩类别和确定衬砌管片类型。

这是地质工程师一项十分重要的工作，主要工作方法如下：

（1）观察出渣料的岩性、风化程度、块度的大小及片状、粉末、泥质的含量，岩石裂隙发育情况，裂隙充填物和充填物的成分及构造岩等。

（2）了解 TBM 掘进参数，如主推力缸压力、电机功率、刀盘推力、掘进速率等。

（3）观察记录掘进的平稳性，是否存在偏移、起伏、围岩掉块、塌方、卡钻等现象，如发生异常现象应及时分析产生的原因,必要时停机调查。

(4)停机时,利用刀盘上的 4 个窗口观察记录掌子面的地层岩性、岩石风化程度、强度、岩体完整性、地质构造及地下水溢出状况等。

(5)通过上述工作综合分析确定隧洞围岩类别和衬砌管片类型,并做好施工地质记录。当围岩分类类别变更时,地质工程师必须在现场尽快做出判断,以减少停机时间,不同衬砌管片搭接长度一般为 7 m 左右。

(6)当发生异常声响、卡钻、岩溶涌水等特殊地质现象影响 TBM 正常掘进时,需停机检查并及时通知监理工程师,参加有关工程处理的会议,做好施工地质记录。

(7)进行隧洞地质预报。对存在不良工程地质问题的洞段,应提出预测预报和勘察的建议。

(8)确定取岩样、土样及水样地点,编写试验任务书。

(9)编制施工地质图件,主要有:①隧洞围岩分类及衬砌管片类型工程地质编录图,比例尺为 1∶200;②隧洞工程地质纵剖面图,比例尺为 1∶5 000 ~ 1∶2 000;③典型地段隧洞横剖面图或展示图。

(10)编写施工地质竣工报告、月(季)及年度施工地质报告,对不良工程地质问题洞段编写专题报告。

第七节　TBM 隧洞工程地质勘察的主要特点

引黄入晋隧洞工程地质勘察经历了钻爆法线路方案、TBM 线路方案调整、世界银行专家组评估、与奥地利 D_2 公司联合设计、TBM 施工,以及工程缺陷处理等过程。通过实践认为,TBM 隧洞工程地质勘察与钻爆法隧洞工程地质勘察有着许多共同之处和不同之处。

众所周知,隧洞工程地质主要包括隧洞地区天然(或基本)地质条件和结合隧洞工程进行工程地质评价两大方面的内容。

所谓两种施工方案勘察的共同之处是指对隧洞线路地区天然(或基本)地质条件的勘察基本一致。所谓的不同之处是由于两种施工方案在线路选择、工程地质条件,特别是工程地质问题等的勘察要求及其工程地质评价有所不同。此外,TBM 隧洞的工程缺陷较多,需进行工程缺陷处理的补勘内容较多。现就 TBM 隧洞与钻爆法隧洞工程勘察的不同之处,或者说 TBM 隧洞工程勘察的特点介绍如下。

一、隧洞线路选择方面

钻爆法施工隧洞线路,因受施工能力的限制,一般在 3 km 左右布置一条施工支洞,由于施工支洞不能太长,因此致使隧洞线路曲折,埋深相对较浅,天然进出口较多。随着隧洞向更加深长的方向发展,钻爆法施工愈加困难或者仅作为 TBM 隧洞中局部洞段的辅助施工方法。

现在一台 TBM 控制隧洞施工段的长度为 20 km 左右,由两台 TBM 相向掘进,或多台 TBM 组成的接力式施工,使设计的隧洞线路更加深长。

TBM 隧洞线路布置的原则是:①线路尽可能地顺直和较短;②尽可能避开不适于 TBM 施工的工程地质条件复杂的地段;③将 TBM 隧洞进口(TBM 开始掘进端)选择在工程地质条件较好、具有较大的施工场地和具备较好交通条件的地区,以利于 TBM 进场、施工布置及管片制造等。

一般来讲,深长的 TBM 线路与钻爆法隧洞线路有明显的不同,工程地质勘察往往需要包括两种线路的分布范围。

二、对 TBM 设计与施工安全影响较大的工程地质问题应侧重勘察研究

TBM 是一个庞大的机械系统,不良工程地质条件会使 TBM 陷入困境,一旦 TBM 被困,会造成巨大损失。所以,对 TBM 隧洞线路中重大工程地质问题勘察要求较高,是合理的。

引黄入晋工程中的 Q_2、Q_3 黄土、N_2 红土、岩溶、区域性大断层、隧洞突涌水、高外水压力、膨胀岩等工程地质问题对 TBM 施工的安全影响较大,故进行了专题性的勘察试验研究。

通过勘察试验研究和工程实践证明:①Q_2、Q_3 黄土和含水量高的 N_2 红土隧洞不适合采用 TBM 施工,采用人工开挖一次支护和二次 TBM 管片衬砌的方案是合理的;②宽大断层对 TBM 掘进安全影响较大,进行超前探测和采取预处理措施是必要的;③南干线 6 号隧洞岩溶发育,TBM 施工风险性较大;④TBM 在泥质岩洞段施工,只要采取相应的施工措施和处理措施,是可以解决软岩和膨胀岩的危害的;⑤通过对隧洞水文地质条件和涌水量勘察研究得出隧洞总涌水量不大,对 TBM 施工总体威胁不大,同时证实护盾式 TBM 施工能够及时封闭围岩,可以减少地下水的溢出量,有利于保护区域水文地质环境;⑥通过对隧洞岩体物理力学性质、水文地质和隧洞外水压力折减系数的勘察与科学试验研究,为设计衬砌管片厚度由 35 cm 减至 25 cm 提供了依据,为工程节约投资约 2.5 亿元。以中国水利水电科学研究院张有天教授为首的科研小组的科研成果《隧洞衬砌外水压力研究及其在万家寨引黄工程中的应用(南干线 7 号隧洞)》荣获了 2003 年度水利部大禹水利科学技术奖二等奖。

随着深埋长隧洞的发展,影响 TBM 施工的重大工程地质问题的勘察研究内容会越来越多,研究深度会越来越大。TBM 深埋长隧洞工程地质勘察需要与时俱进,不断提高勘察工作的水平。目前,深埋长隧洞遇到的工程地质问题有高地应力条件的岩爆、围岩大变形、深大断裂围岩稳定、隧洞突涌水、高外水压力、高地温、放射性及有害气体等。深信随着深埋长隧洞的发展,TBM 工程地质勘察水平会得到迅速提高。

三、深部隧洞岩(土)体工程性质及物理力学参数勘察研究

以往水利水电工程及地下工程岩(土)体性质及物理力学参数勘察多限于浅部地区(埋深多在 300 m 之内),随着深埋长隧洞工程向深部的发展,处于大埋深条件下岩(土)体的工程性状,人们还不够了解或掌握的不多,同时沿用以往的钻孔取样试验方法,可能会得出与实际偏离较大的成果。例如,本工程依靠钻孔取出的最大埋深 170 m 的 N_2 黏土力学试验成果比实际偏低 1 ~ 3 倍;深部岩体渗透性的钻孔压水试验成果可靠性甚差,岩

石强度和变形指标也明显偏低。人们对深部地应力状况了解的还很少,这样就会影响深埋隧洞围岩的工程地质评价的准确性,并影响 TBM 隧洞设计的质量。

引黄入晋隧洞埋深多在 100 ~ 400 m 之间,勘察的思路是尽量采取钻孔综合测井,结合室内试验成果和工程经验,综合确定深部岩体的物理力学参数指标,取得了较好的效果。但是仅此而已是不够的,可以说对深部岩(土)体的研究还有待勘察手段的改进(如压水试验方法、孔内原位测试技术及室内试验方法等)和对已建深埋地下工程的岩体物理力学性质实测资料和收集分析等。只有对深部岩(土)体的工程性状、性质的研究取得较大的进展,才能对深部隧洞工程地质做出比较接近实际的评价。工程实践的现实说明,目前我国对深部岩(土)体的工程地质勘察还存在许多研究进取的空间。

四、护盾式 TBM 隧洞工程地质缺陷较多,需在施工后期进行补充勘察,是引黄入晋工程的一大特点

由于护盾式 TBM 施工中,人们对隧洞围岩不能像钻爆法和开敞式 TBM 观察记录和判断得那样准确,TBM 管片衬砌质量受不良地质因素的影响,许多洞段的衬砌质量达不到设计要求。在引黄入晋工程的施工后期,针对工程缺陷曾进行大量的补勘工作,主要有以下几点:

(1)通过黄土隧洞土体物理力学性质试验与灌浆加固试验的研究证实,黄土地基的混凝土灌浆效果较差,只是产生劈裂,对土体性状改变不大,最终得出 TBM 黄土隧洞需改为现浇混凝土衬砌的结论。

(2)南干线 6 号隧洞岩溶发育段补充勘察、试验与灌浆加固围岩的试验研究,为岩溶发育段隧洞工程处理提供了地质依据。

(3)南干线隧洞地下水溢出段的工程地质研究,为设计处理提供了依据。

(4)深埋土洞大变形洞段工程地质试验研究,为该段隧洞工程处理提供了依据。

综上所述,TBM 隧洞工程地质还存在许多空白和未知领域,需要工程地质人员进行研究、充实和提高。

第五章　地下泵站工程地质研究

第一节　工程简介

总干线一、二级地下泵站位于引黄入晋工程首部，一级站距万家寨水利工程枢纽1.15 km，二级站距一级站1.7 km。两座泵站规模和布置形式基本相同，每站总装机容量为120 MW，设计扬程140 m，最大流量68.5 m^3/s，选用一洞十机的侧向进出水布置方案。

泵站地下建筑物主要由主厂房、副厂房、进出水阀室、进出水调压井、进出水压力洞、电缆井、交通洞、弃水洞、通风洞等组成，地面建筑物有中控室、GIS室、变电站及供水系统等。

地下泵站主厂房跨度为17.60 m，高33.20 m，长148.80 m。进出水阀室分别位于主厂房（泵站）的上下游侧，其轴线相互平行，轴线间距分别为26.2 m和25.8 m。进出水阀室开挖尺寸相同，断面为城门洞形，宽4.6 m、高9.0 m，沿程分出10根支管与1～10号机组相通，轴线交角为60°。进水洞开挖直径由6.4 m渐变至4.8 m，为钢筋混凝土衬砌，衬砌厚度为50 cm；出水洞开挖直径由6.2 m渐变至4.2 m，为钢筋混凝土衬砌，衬砌厚度为50 cm；支管开挖直径为3.0 m，为钢衬，外包50 cm的混凝土。地下泵站为一复杂的洞室群（见图5-1）。

一级泵站岔管设计静水头为171.13 m，设计水锤的动水头为190 m，二级泵站设计静水头为170 m，最高水头为178 m，这是我国目前最大的地下泵站工程。

第二节　工程地质条件

一、总干线一级泵站

（一）地层岩性

泵站地区分布的地层为寒武系张夏组（$\in_2 z$）至奥陶系亮甲山组（$O_1 l$），岩性有灰岩、鲕状灰岩、泥灰岩、白云岩灰岩及页岩等，按其工程性质共分15个岩组。建筑物区地层平缓，走向NE，倾向NW，倾角2°～5°，按岩层厚度划分有厚层、中厚层及薄层，厚层、中厚层与薄层岩组相间排列，薄层岩组主要为$\in_2 z^6$、$\in_3 g^2$、$\in_3 g^4$、$\in_3 f^2$、$\in_3 f^4$等。各岩组岩体的完整性均较好，仅局部存在层间岩溶发育带、岩溶裂隙等，见图5-2。

（二）地质构造

一级泵站地处区域构造稳定地段，未发现断裂。有两组构造裂隙较发育，延伸长度较大，一组走向NW275°～290°，另一组走向NE10°～20°，倾角均在75°以上，节理间距密者1～3条/m，稀者0.5条/m，节理面起伏光滑。NW275°～290°节理呈微张状，夹有方解石

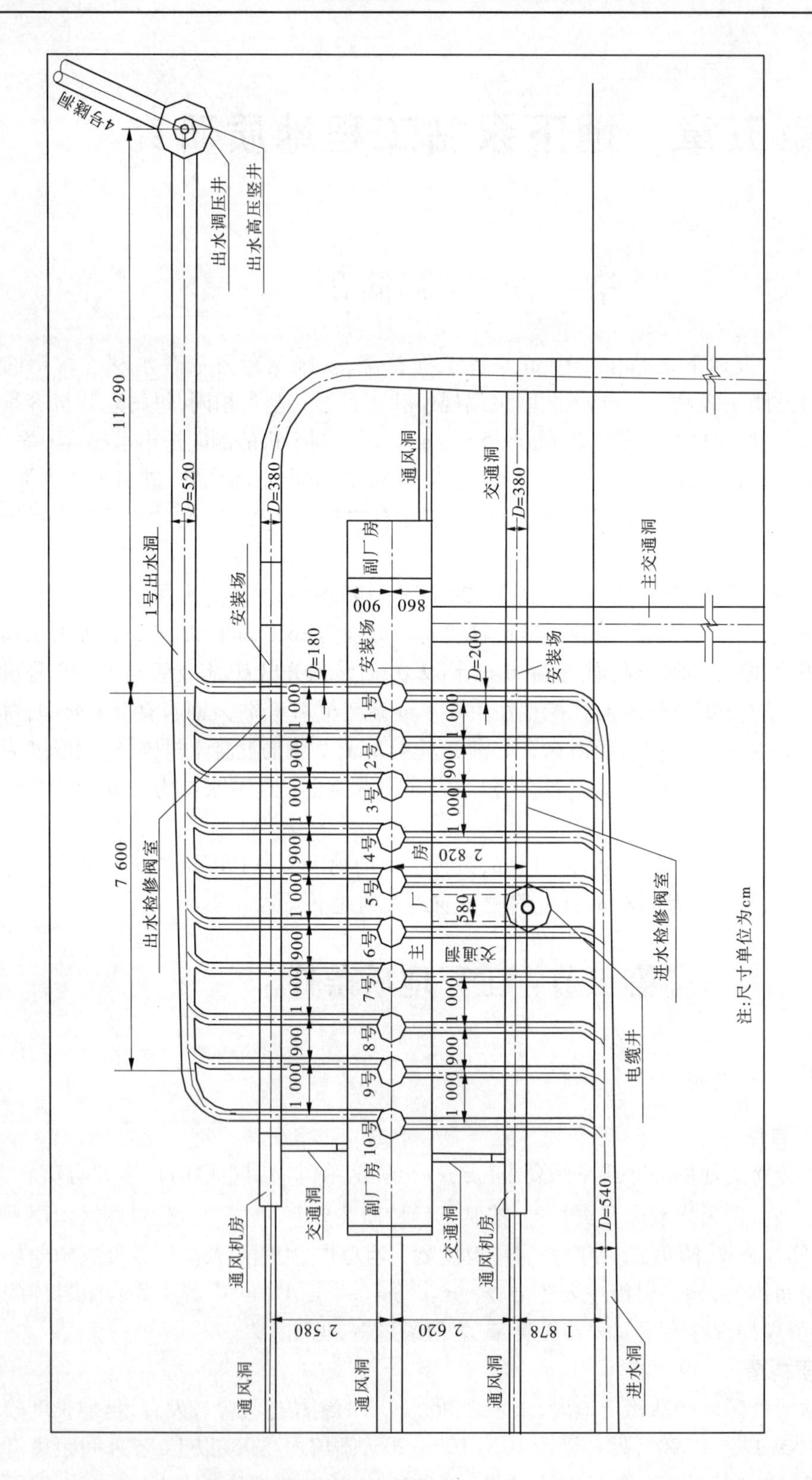

图 5-1 总干线一级泵站地下洞室布置图

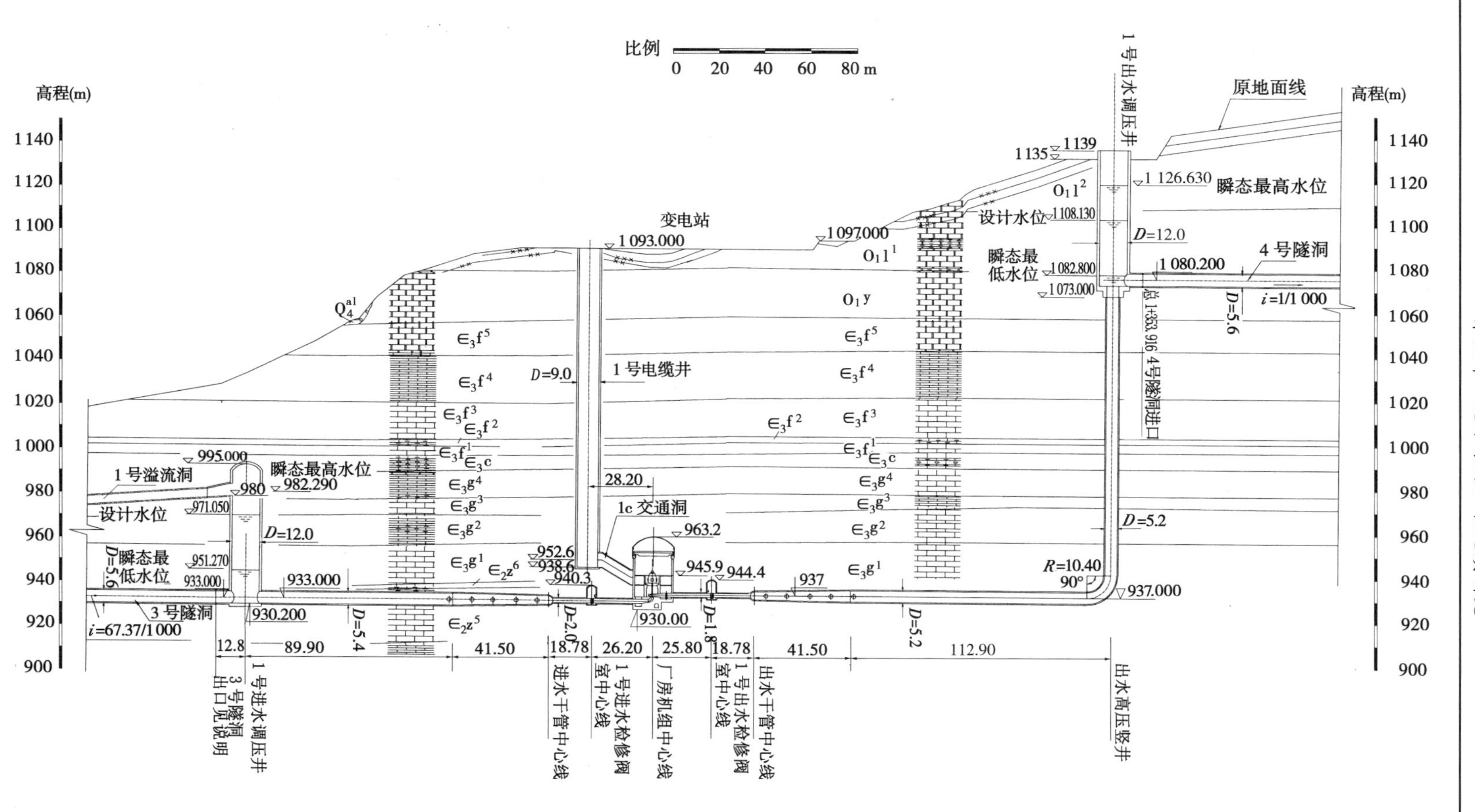

图 5-2　总干线一级泵站总体布置及工程地质纵剖面图（单位：m）

及泥质等;NE10°~20°节理呈闭合~微张状,平直光滑,夹有岩屑、泥质薄膜。此外,局部层间有剪切带发育。

(三)地下水

一级泵站地区地下水总体不丰,但分布不均,存在三个层间滞水带。薄层泥灰岩、页岩具相对隔水性,相对隔水层为寒武系长山组($\in_3$c)、凤山组第二层($\in_3f^2$)和张夏组第六层($\in_2z^6$)等。NWW 向裂隙为主要含水和透水构造。围岩地下水多呈滴渗状,局部为线状流水,预测地下洞室群排水量为 10~20 m^3/h。

(四)地应力

根据水压致裂法测试成果(见表 5-1),地下厂房区最大水平主应力 σ_H = 7.23 MPa,最大水平主应力方向为 N72°W,与清沟和黄河深切地形有关。

表 5-1 ZKZ 万 93-2 孔地应力测试结果

深度(m)	σ_V(MPa)	σ_h(MPa)	σ_H(MPa)	σ_H 方向
63	1.67	1.58	2.61	N5°E
91	2.41	3.10	6.12	N5.5°E
106	2.81	2.31	4.14	N13°W
124	3.29	3.34	6.30	N36.5°W
130	3.45	3.69	6.86	N56.0°W
141	3.74	2.97	5.35	N69.5°W
175	4.46	4.05	7.23	N72°W
196	5.19	5.00	9.03	N75°W
205	5.43	5.82	10.69	N66°W
213	5.64	5.72	10.65	N69°W

注:σ_V 为垂直主应力,$\sigma_V = 0.0265H$;σ_h 为最小水平主应力,$\sigma_h = 0.0029 + 0.0260H$,相关系数为 0.946;$\sigma_H$ 为最大水平主应力,$\sigma_H = 0.0234 + 0.0476H$,相关系数为 0.925;$\rho$ = 2.70 g/cm^3。

(五)岩溶

洞室围岩中个别岩组,如下奥陶统冶里组(O_1y)、寒武系凤山组第三段($\in_3f^3$)及薄层泥灰岩、页岩的顶板以上的中厚层灰岩中有顺层发育的岩溶带,在与 NWW 组岩溶裂隙交汇的部位常存在不规则的囊状岩溶发育,溶洞中填充物有溶蚀岩块、岩屑及红黏土等。地下主厂房区岩溶则以岩溶裂隙和溶孔为主,个别处见有小溶洞。

各岩组主要物理力学指标见表 5-2。

二、总干线二级泵站

二级泵站位于万家寨乡申同咀村东山体之下,埋深 150.8~180.0 m,泵站厂房长轴方向为 NW345°,地质条件见图 5-3。

表 5-2　总干线一级地下泵站洞室围岩力学指标建议值

岩层代号	围岩类别	坚固系数	抗压强度(MPa)	泊松比 μ	弹性模量($\times10^4$ MPa)	单位弹抗 K_0 ($\times10^4$ kN/m^3)	内摩擦角 φ (°)	黏聚力 C (MPa)	纵波波速(m/s)	备注
O_1l^1	Ⅲ	3~4	60~70	0.30	⊥1.0 //1.3~1.5	300	45	1.0~1.5	3 500	弹性模量⊥表示垂直层面,//表示平行层面
O_1y	Ⅲ	4	70~80	0.29	⊥1.0 //1.3~1.5	350~400	45~50	2.0~2.5	4 000	
$\in_3f^5$	Ⅱ~Ⅲ	4	70~80	0.29	⊥1.0 //1.3~1.5	400	45~50	2.0~2.5	4 000	
$\in_3f^4$	Ⅲ	3~4	60~70	0.29	⊥1.0 //1.3~1.5	300~350	45	1.5~2.0	4 000	
$\in_3f^3$	Ⅱ	5	100~120	0.28	⊥1.0 //1.3~1.5	500	50~55	3.0	4 500	
$\in_3f^2$	Ⅲ	3~4	60~70	0.30	⊥1.0 //1.3~1.5	300	45	1.0~1.5	3 500	
$\in_3f^1$	Ⅱ	5	100~120	0.27	⊥1.2 //1.5~1.7	500	50~55	3.0	4 500	
$\in_3c$	Ⅱ	4	80~100	0.28	⊥1.2 //1.5~1.7	450	45~50	2.5~3.0	4 000	
$\in_3g^4$	Ⅱ~Ⅲ	3~4	70~80	0.29	⊥1.2 //1.5~1.7	350~400	45	1.5~2.0	4 000	
$\in_3g^3$	Ⅲ	4	80~100	0.28	⊥0.8 //1.0	450	45~50	2.5~3.0	4 000	
$\in_3g^2$	Ⅱ~Ⅲ	3~4	70~80	0.29	⊥1.2 //1.5~1.7	400~450	45~50	1.5~2.0	4 000	
$\in_3g^1$	Ⅱ	4	80~100	0.28	⊥1.2 //1.5~1.7	450~500	50	2.5~3.0	4 500	
$\in_2z^6$	Ⅱ~Ⅲ	3~4	60~70	0.30	⊥1.2 //1.5~1.7	350~400	45	1.0~1.5	3 500	
$\in_2z^5$	Ⅱ	5	100~120	0.27	⊥1.0 //1.5	450~500	50~55	3.0~3.5	5 000	

二级泵站地下厂房围岩有寒武系长山组($\in_3c$)、凤山组($\in_3f$),厚层、中厚层灰岩条带状灰岩与薄层泥灰岩、页岩相间分布。$\in_3f^2$ 为浅灰色薄层泥质灰岩,有顺层错动现象,该层及其顶部厚层灰岩中岩溶较发育,工程性质较差,对出水岔管及主出水洞影响较大。

泵站地区主要发育 NWW 和 NNE 两组节理,倾角均在70°以上,泵站地应力测试成果见表 5-3,最大水平主应力 σ_H = 9.36 ~ 10.25 MPa,平均方向为 N18°E。

泵站地区地下水位较深,存在多层层间裂隙水,水量不大。地下洞室围岩类别,除主厂房顶拱为Ⅲ类外,其余多为Ⅱ类。初步设计阶段,二级泵站地下洞室围岩力学指标建议值见表 5-4。

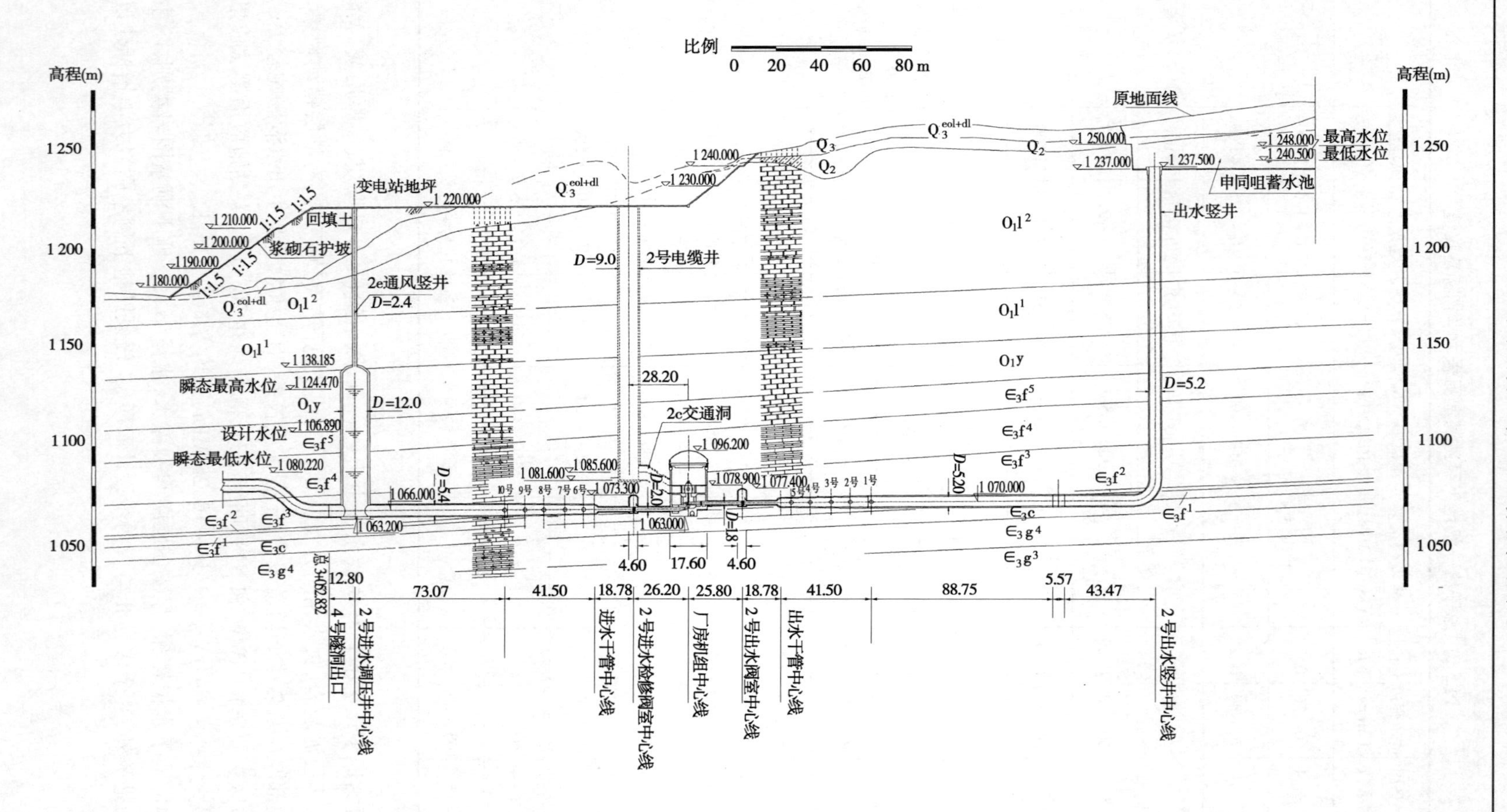

图 5-3　总干线二级泵站总体布置及工程地质纵剖面图　（单位：m）

表 5-3　ZKZ 申 93-1 孔地应力测试结果

深度(m)	σ_V(MPa)	σ_h(MPa)	σ_H(MPa)	σ_H 方向
119	3.15	4.21	8.69	N19°E
131	3.47	4.90	9.36	N22°E
176	4.66	5.43	10.25	N14°E
215	5.70	5.88	11.07	N18°E
219	5.80	6.02	11.41	N20°E
226	5.99	5.45	10.19	N18°E
231	6.12	6.47	11.65	N15°E
238	6.31	6.31	11.46	N7°E
250	6.63	7.27	13.29	N6°E
256	6.78	5.96	10.68	N2°W
263	6.97	6.43	11.51	N4°W
276	7.31	8.38	15.51	N5°W
281	7.45	8.35	15.97	N6°W
286	7.58	7.74	14.23	N9°W
309	8.19	7.14	12.97	N8°W

注：σ_V 为垂直主应力，$\sigma_V = 0.0265H$；σ_h 为最小水平主应力，$\sigma_h = 2.0026 + 0.0190H$，相关系数为 0.858；$\sigma_H$ 为最大水平主应力，$\sigma_H = 4.7099 + 0.0310H$，相关系数为 0.794；$\rho = 2.70\ g/cm^3$。

表 5-4　总干线二级地下泵站洞室围岩力学指标建议值

岩层代号	围岩类别	坚固系数	抗压强度(MPa)	泊松比 μ	弹性模量($\times 10^4$ MPa)	单位弹抗 K_0($\times 10^4$ kN/m^3)	内摩擦角 φ(°)	黏聚力 C(MPa)	纵波波速(m/s)	备注
O_1l^1	Ⅳ	2	30~40	0.35	⊥0.6 //0.8	200	35	0.4~0.6	3 000	弹性模量⊥表示垂直层面，//表示平行层面
	Ⅲ	3~4	60~70	0.3	⊥0.8 //1.0	300	45	1.0~1.5	3 500	
O_1y	Ⅲ	4	70~80	0.29	⊥1.0 //1.2	350~400	45~50	2.0~2.5	4 000	
$\in_3f^5$	Ⅱ	4	80~100	0.28	⊥1.2 //1.5	500~600	50~55	2.0~2.5	4 500~5 000	
$\in_3f^4$	Ⅱ	4	70~90	0.27	⊥1.0 //1.5	450~500	50	2	4 000	
$\in_3f^3$	Ⅱ	5	90~100	0.28	⊥1.2 //1.5	500~600	50~55	2.0~2.5	4 500~5 000	
$\in_3f^2$	Ⅱ	3~4	60~70	0.3	⊥0.8 //1.0	300	45	1.0~1.5	3 500	
$\in_3f^1$	Ⅲ	5	100~120	0.27	⊥1.2 //1.5	500~600	50~55	2.5~3.0	4 500~5 000	
$\in_3c$	Ⅱ~Ⅲ	4	80~100	0.28	⊥1.0 //1.3	450~500	45~50	2.5~3.0	4 000	

第三节 地质勘察的主要任务与方法

一、可行性研究阶段

通过区域和泵站区工程地质勘察，初步查明地下泵站和地面泵站工程区基本地质条件及存在的主要工程地质问题，进行地下泵站与地面泵站工程地质评价与比选。勘察方法有工程地质测绘（比例尺 1∶10 000～1∶2 000）、钻探及岩土试验等。

二、初步设计阶段

对推荐的地下泵站工程区，进行工程地质勘察，查明地下泵站区工程地质条件与存在的工程地质问题。针对本地下工程主要的勘察内容有以下几点：

（1）查明洞室地段地层岩性、各岩组工程性质与物理力学指标。对工程性质较差的地层或岩组（如$\in_2z^6$、$\in_3c$、$\in_3f^2$）须重点勘察。

（2）查明岩溶发育规律、发育层位、规模、充填情况及富水性等。

（3）查明地下洞室地质构造、岩体结构、主要结构面的特征及其组合关系等。

（4）查明主交通洞进口高陡边坡危岩的分布及建议处理措施。

（5）查明洞室区地应力分布特征。

（6）查明地下水位、含水层的分布等，预测开挖期地下洞室最大涌水量。

（7）对地下洞室围岩进行工程地质分类，对主厂房等大跨度洞室的顶拱和边墙分别进行分类和评价。

（8）根据岩体结构、构造和地应力，提出地下厂房长轴方向的评价意见。

（9）提出出水压力隧洞、竖井各岩组岩体的抗力指标和高压渗透特性。

初步设计阶段主要的勘察方法有：①建筑物区 1∶1 000 工程地质测绘；②勘探钻孔及声波测井、地应力测量等；③借鉴万家寨水利枢纽工程岩体试验资料；④在出水竖井和隧洞区进行高压压水试验。

三、技施阶段

该阶段的主要任务如下：

（1）根据施工地质规程，进行施工地质工作。

（2）根据施工开挖揭露的地质情况，复核初设勘察成果。当出现重大工程地质问题时，应根据设计要求进行专题性工程地质勘察。一、二级泵站施工开挖证实，大部分与初步设计的勘察成果相符，但在一级泵站出水支洞和出水主洞地区的$\in_2z^5$ 层（岩性为浅灰色中厚层灰岩夹中厚层泥质条带灰岩）中，NWW 向节理比较发育，地下水呈滴～线状流水溢出，其上部的$\in_2z^6$ 层（岩性为深灰色薄层泥质灰岩）岩石强度相对较低。在二级泵站出水支洞和出水主洞地区的$\in_3f^1$ 层和$\in_3f^3$ 层（岩性为灰色中厚层灰岩）中，NWW 向岩溶裂隙比较发育，地下水呈滴渗状溢出，$\in_3f^2$ 层为灰色薄层灰岩，受层间错动和地下水作用的影响，在该层及其上部的$\in_3f^3$ 灰岩中，岩溶相对比较发育，小型岩溶洞顺层呈串珠状分布，并有红色泥质充填物。国内外部分咨询专家对出水主洞为钢筋混凝土衬砌方案产生质疑。1998 年经世界银行专家、引黄工程总公司、天津院、加拿大 CCPI 和奥地利 D_2 公司等多次研究讨论后，决定在总干线一、二级泵站出水岔管～出水主洞地区进行专题性工程地质勘察，主要内容有：查明各层岩溶发育特征、岩体的渗透性、抗劈裂能力，复核地应力和岩体物理力学指标等。根据专题勘察成果，工程设计进行必要的调整，保障压力隧洞的结构稳定和安全，防止高压渗流破坏。

针对该项任务，采取的勘察方法主要有：

（1）在工程部位附近打勘探试验洞（一、二级泵站各一条）。

（2）在两个泵站进行地应力测试、弹模测试、水力劈裂、高压压水和常规压水试验等。

（3）在试验洞内做灌浆试验，并进行灌前灌后的岩体物探测试，提出最佳灌浆方法和方案。

（4）提出专题性勘察报告。

第四节　地下厂房长轴方向的选择

一、地下洞室长轴方向的确定方法

地下洞室长轴方向的确定，主要取决于地质条件和工程布置设计要求两个方面。

影响地下洞室长轴方向选择的工程地质条件主要有岩体结构构造及地应力。《水利水电工程地质勘察规范》和《水工隧洞设计规范》均明确指出，地下洞室长轴方向宜与主要结构面直交或大角度相交（其角度一般≥30°）。在围岩工程地质分类的主要结构面产状评分表中（见表 5-5），将结构面走向与洞轴线夹角划分为 90°～60°、60°～30°和＜30°三种情况，当夹角为 90°～60°时，边墙减分最少，即主要结构面走向与洞轴线夹角愈大愈有利于洞室高边墙的稳定。所以，地下洞室长轴方向要尽量与影响围岩稳定的优势结构面有较大的交角。

表 5-5　主要结构面产状评分

结构面走向与洞轴线夹角		90°～60°				60°～30°				＜30°			
结构面倾角		＞70°	70°～45°	45°～20°	＜20°	＞70°	70°～45°	45°～20°	＜20°	＞70°	70°～45°	45°～20°	＜20°
结构面产状评分	洞顶	0	－2	－5	－10	－2	－5	－10	－12	－5	－10	－12	－12
	边墙	－2	－5	－2	0	－5	－10	－2	0	－10	－12	－5	0

在以水平应力为主导的地区，地下洞室长轴方向宜与最大水平主应力方向平行或有较小的夹角，此时作用在高边墙的水平应力分量值将达到最小的程度，故于边墙岩体的稳定有利。

工程地质勘察的任务是查明影响地下洞室围岩稳定的工程地质条件，阐明影响其长轴方向的主要和次要地质因素，并提出长轴方向的建议意见。设计人员则根据工程地质条件和工程布置设计的要求,确定地下洞室长轴的方向,这是长轴方向选择的基本方法。此外,在复杂的地质条件下,地下洞室长轴方向不可能达到各种条件的最优,但要求总体上的最优,这也是常采用的基本工作方法。

二、总干线一、二级泵站地下厂房长轴方向的选择

根据上述方法,水工设计确定一、二级泵站地下厂房长轴的方向分别为NW338°和NW345°,其长轴方向与地质构造结构面和地应力的关系见图5-4。

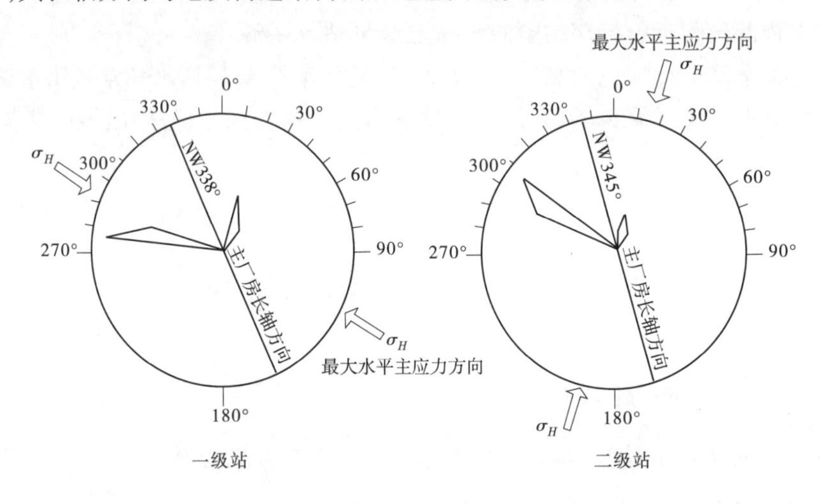

图5-4　总干线一、二级泵站节理、主应力与厂房长轴方向的关系

一级泵站最大水平主应力(σ_H)为6~7 MPa,σ_H 方向的平均值为NW288°,σ_H 方向与地下厂房长轴方向的夹角为50°,长轴方向与NWW和NNE两组陡倾节理的夹角分别为53°和37°。

二级泵站最大水平主应力(σ_H)为9~10 MPa,σ_H 方向的平均值为NE18°,与地下厂房长轴方向的夹角为33°,与NWW和NNE两组陡倾角节理的夹角分别为50°和30°。

地下厂房区地应力属中等偏低等级,与岩石单轴抗压强度之比不足0.1,NNE向节理多为闭合,节理面的抗剪强度相对较高,因此一、二级泵站地下洞室长轴方向主应力和NNE向节理的夹角可以不是最优条件。由于NWW向一组节理延伸长度大,微张,相对最为发育,是控制地下厂房边墙稳定最重要的地质因素,厂房长轴方向与其走向应尽量有较大的夹角,其夹角为50°左右是合理的。通过开挖观测证实,地下厂房高边墙的稳定性良好,未发生大的变形,说明本工程长轴方向的选择是既满足了水工布置的要求,也兼顾了工程地质条件。

第五节　初步设计阶段泵站压力洞勘察与评价

一、压力洞岩体破坏形式与勘察的主要任务

国内外一些压力洞,特别是高压洞衬砌曾发生过不同程度的破坏现象,原因主要有:

第一,对围岩性质,如岩体强度、抗力、渗透性、地应力等勘察研究的不够或评价的不合理;第二,对围岩的处理和衬砌结构设计未能满足高压运行条件的要求,或因施工质量差,造成岩体和衬砌的破坏。

我国永定河上马岭水力发电站压力隧洞和调压井,因上覆及侧壁向岩体单薄,岩体渗透性较强,在衬砌厚度和强度未能满足内水压力要求的条件下,由于高内水的外渗和渗透破坏作用,使岩体裂隙产生扩容或劈裂、衬砌破坏及发电厂房后边坡岩体崩落等。

加拿大华丽奇(Wahleach)引水式发电站运行36年后,在发电洞上部混凝土衬砌高平段和斜坡钢衬段发生严重的破坏。经分析认为,首先在混凝土衬砌高平洞段产生渗漏和渗漏量不断增大,造成斜坡段岩体工程水文地质条件的恶化,在高内外水压力和山体蠕变的作用下,钢衬段发生鼓包、剪断和错位,须重新设计一条发电隧洞。

我国岷江太平驿水力发电站,由于在施工期的塌方段,未做好回填处理,运行期在内外水交替作用下,发生混凝土衬砌和围岩的塌方破坏。

总干线一、二级泵站出水岔洞、主出水洞和出水竖井均为有压洞,扬程140 m,加上水锤压力,最大内水压力约190 m水头。为了论证衬砌形式和围岩工程处理措施,须查明压力洞各岩组物理力学性质、岩溶发育特征、岩体抗力、岩体渗透性、可灌性及抗劈裂特性,评价压力隧洞岩体的稳定性及渗透稳定等。为此,勘察中采用钻孔地应力测试、常规和高压压水试验、钻孔声波测试等。

二、压力隧洞岩体评价方法

(一)最小主应力准则

该准则最早由挪威德隆汉大学提出,其基本点是利用隧洞上某一点的最小主应力(σ_3)与该点内水压力($\gamma_w H$)进行比较,不衬砌隧洞任何一点都符合 $\sigma_3 > \gamma_w H$ 条件时,岩体在内水压力作用下就没有产生劈裂的危险。工程上常根据此准则确定非衬砌与衬砌段、钢筋混凝土衬砌与钢衬段的位置及衬砌结构。

根据总干线一、二级泵站地应力测试成果和出水洞、竖井内水压力分布对比分析(见图5-5),岩体最小主应力均大于内水压力,其比值大致为1.4~2.4。因此,出水主洞和竖井采取钢筋混凝土衬砌是合理的。但是应加以说明的是,由于采用水压致裂法的试验段多选择在无裂隙的完整岩体(长柱状岩心段)部位,而在裂隙发育、有岩溶孔洞等存在地质缺陷段的地应力状况尚不清楚,因此最小主应力准则是一种宏观的判定方法,尚难涵盖具有地质缺陷的岩体部位。

(二)覆盖比准则

覆盖比准则也称最小覆盖厚度法,该准则的基本点是:当压力洞上覆岩体的自重应力($\sigma_r = \rho g H$)大于隧洞内水压力($P_0 = \gamma_w H$)时,认为岩体不会遭受抬动破坏。

我国《水工隧洞设计规范》(SL 279—2002)规定,有山谷、边坡影响时可按下式判断:

$$\gamma_r D\cos\alpha > K\gamma_w H \tag{5-1}$$

式中　D——最小覆盖厚度,m;

H——最大内水压力水头,m;

γ_w——水的重度,kN/m^3;

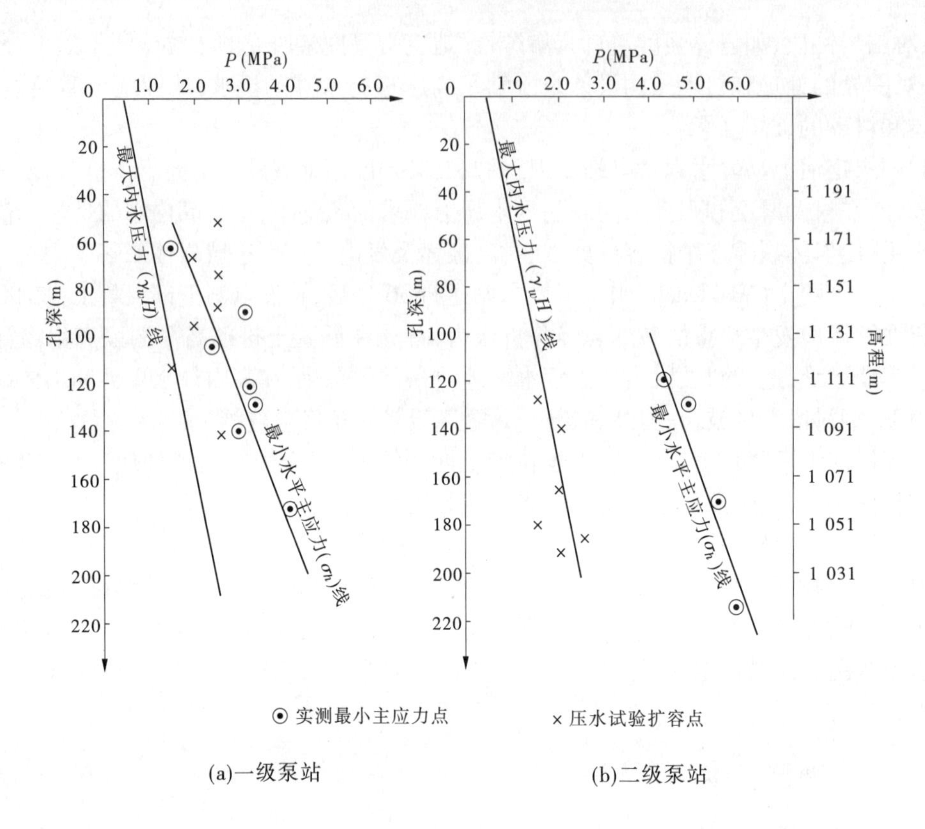

图 5-5　总干线一、二级泵站最小水平主应力、最大内水压力及扩容点分布

γ_r——岩体重度，kN/m^3；

K——经验系数，$K = 1.1$；

α——坡面倾角，$\alpha > 45°$时取 45°。

《水工隧洞设计规范》(SL 279—2002)中规定："有压隧洞洞身的垂直和侧向覆盖厚度(不包括覆盖层)，当围岩较完整无不利结构面、采用混凝土或钢筋混凝土衬砌时，可按不小于0.4倍内水压力水头控制；无衬砌或采用锚喷衬砌时，可按不小于1.0倍内水压力水头控制。"

总干线一、二级泵站出水压力洞埋深约为120 m，显然能够满足在最大内水压力水头190 m条件下不被上抬的要求。但是出水主洞距地下泵站厂房高边墙的最短距离约为36 m，该区岩体中的各种应力十分复杂，因此工程上采取岩体加固、防渗和排水等措施是十分必要的。

(三)岩体强度(弹性抗力)评价法

该法的基本点是根据岩体的抗力确定有压洞的衬砌形式。为了获得岩体的弹性抗力系数(K)，有直接试验法和间接测试法。

直接试验法是一种原位测试法，在勘探洞中选择代表性的部位进行径向液压枕法或水压法试验，直接获得岩体抗力指标。由于试验技术复杂，费用高，至今只能在少数大型工程中开展这类试验工作。

间接法包括荷载法和物探动力法（声波或地震波测试）测定岩体的弹、变形模量，再根据有关公式计算弹性抗力系数。

当已知围岩静弹模（E）和泊松比（μ）时，可按式（5-2）、式（5-3）计算围岩单位弹性抗力系数（K_0）和隧洞弹性抗力系数（K_r）：

$$K_0 = \frac{E}{100(1+\mu)} \tag{5-2}$$

$$K_r = \frac{100}{r} \cdot K_0 \tag{5-3}$$

式中　r——隧洞半径，cm。

当已知岩体纵波波速（V_p）和泊松比（μ）时，可按式（5-4）计算围岩动弹模（E_d）值：

$$E_d = V_p^2 \rho \frac{(1+\mu)(1-2\mu)}{(1-\mu)} \tag{5-4}$$

式中　E_d——动弹性模量，MPa；

V_p——岩体纵波波速，m/s；

ρ——岩体密度，g/cm^3；

μ——泊松比。

再根据动、静弹模对比经验值（一般 $E_d/E=2\sim3$），求得岩体静弹模（E）值。在有条件时，可进行中心孔法的动、静弹模对比试验，最终计算求得岩体静弹模和抗力系数。

总干线一、二级泵站采用间接法为基础，并经综合分析提出各岩组的弹、变形模量和抗力系数建议指标。由于间接法试验和测试方法简便易行，成本低，只要成果分析运用得合理，数据基本可靠，是大多工程常采用的方法。

（四）钻孔高压压水试验与岩体渗透性能评价

1. 钻孔高压压水试验

初步设计阶段，在总干线一、二级泵站出水竖井部位各布置了一个高压压水试验的钻孔，其主要技术要求如下：

（1）钻孔采用金刚石钻头钻进，最小孔径 75 mm，孔斜要求 100 m 不超 1°。

（2）自上而下分段压水，试段长一般为 5 m，遇到岩溶、节理发育段可适当缩短试段长度。

（3）试验压力按 0.5 MPa、1.0 MPa、1.5 MPa、2.0 MPa、2.5 MPa 和 3.0 MPa 共六个压力阶段进行；当出现压入水量突然增大且超过水泵供水能力时，试验可以结束。

（4）在某一试验压力下，压入流量（Q）产生突然增大现象，可视为裂隙充填物被冲开或裂隙被劈裂，产生扩容现象，图 5-6 中②、③曲线视为有扩容现象，①线为无扩容现象。根据扩容时的流量（Q_i）和压力（P_i）按式（5-5）计算岩体透水率（q）：

$$q_i = \frac{Q_i}{L_i} \cdot \frac{1}{P_i} \tag{5-5}$$

式中　q_i——某试段的透水率，Lu 或 L/（MPa · m · min）；

L_i——某试段长度，m；

P_i——某试段压力，MPa。

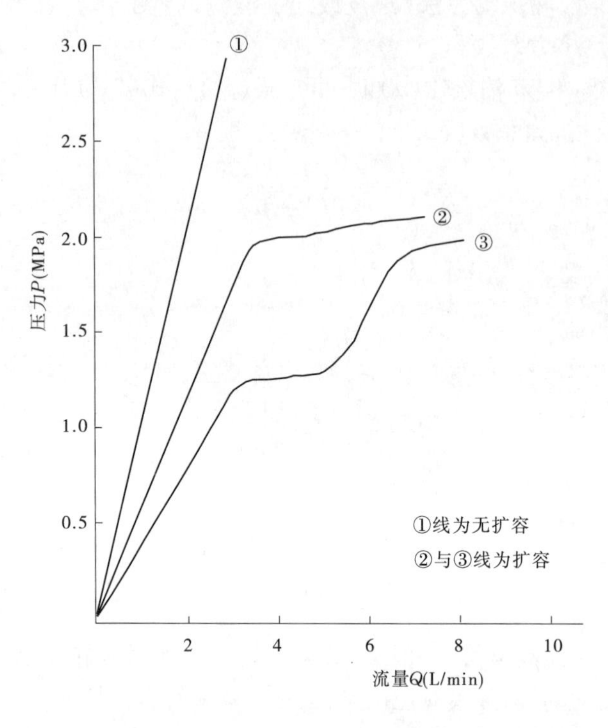

图 5-6 $Q \sim P$ 关系

2. 高压压水试验与常规压水试验及水压致裂试验的主要区别

本工程的钻孔高压压水试验是在 20 世纪 90 年代进行的,国内外尚无相应的规程可循,是为了了解压力洞岩体在设计最大内水压力范围值内的渗透性和是否产生扩容或劈裂而进行的一种压水试验。其试验原理和技术要求基本与常规压水试验相同,只是试验压力通常高于常规压水试验。

进行地应力测量的水压致裂试验,是在钻孔中选择完整无裂隙的岩心段进行的高压压水试验,其最大压力值可达数十兆帕,并进行印模等工作,因此须使用专门的设备,且试验费高昂。水利水电工程钻机的压水试验设备,通常能够承受的最大压力在 3.0 MPa 左右,只要对一些设备进行适当的改进即可做全孔段的高压压水试验,因而具有经济易行的优点。

3. 试验成果分析与工程地质评价

(1)在一级泵站 ZKZ 万 93-2 钻孔中共做了 30 段高压压水试验,其中有 7 段扩容(见图 5-5(a)),扩容段主要分布在竖井中部的寒武系凤山组中厚层灰岩中,扩容压力多为 2.0 ~ 2.5 MPa,在寒武系崮山组中仅有一个扩容段,位于出水洞附近,扩容压力值为1.0 ~ 1.5 MPa。该孔的试验结果显示,一级泵站岩体的大部分完整性好,渗透性弱,抗劈裂能力强,仅局部扩容压力较小。

(2)在二级泵站 ZKZ 申 93-1 钻孔中共做了 29 段高压压水试验,其中有 6 段扩容(见图 5-5(b)),扩容段主要分布在寒武系中厚层灰岩和奥陶系冶里组(O_1y)厚层白云质灰岩中。扩容段岩心中多具有高角度岩溶裂隙,局部有小溶孔和充填物。由于扩容段多分布在出水压力洞和竖井的下部，且扩容压力值多小于或等于内水压力值，该部位岩体的渗透性相对较强，抗劈裂能力较差，存在渗透稳定问题。

(3)通过钻孔高压压水试验证明，一、二级泵站大部分岩体渗透性较弱，抗劈裂能力较强，仅局部较差。由于高压洞段距地下厂房较近，对岩体进行有效的灌浆加固和提高防渗性能是十分必要的。

(4)一、二级泵站各做了一个钻孔的高压压水试验，虽然取得了一些岩体渗透规律的资料，但在高内水压力的压力洞部位试验段甚少，资料不够充分。

第六节　技施阶段出水压力隧洞工程地质研究

1998年8月世界银行专家组会议后，引黄工程总公司、天津院、加拿大CCPI公司及奥地利D_2公司等经过多次研究讨论后，决定在总干线一、二级泵站出水洞进行进一步的地质勘察工作，其目的是进一步查明地质条件、存在的地质问题，复核围岩的各项地质指标，从而进行必要的设计调整，采取安全、经济的措施保证结构的稳定。

为此，对一、二级泵站高压出水隧洞围岩进行了工程地质专题研究，主要试验有：①在一、二级泵站出水压力洞的试验洞中进行钻孔常规压水试验、高压压水试验、水压致裂试验、钻孔弹模试验以及地应力测试等；②在二级泵站试验洞进行灌浆试验。

一、总干线一、二级泵站出水洞的试验洞中综合试验

(一)试验情况

一、二级泵站的试验洞分别布置在两个泵站的出水洞中，开挖洞长8 m、宽3.5 m、高4.0 m，为城门洞形的探洞(布置见图5-7)，进行水压致裂法和应力解除法的地应力测试、常规压水试验、钻孔弹模测试及高压压水试验等。钻孔及试验情况见表5-6。

1.常规压水试验

压水试验采用单管顶压式自孔外向内分段进行，每试段长5 m。按三级压力、五个阶段进行，其三级压力除少数孔在孔口以内10 m因爆破岩体松动而采用0.1 MPa、0.2 MPa、0.3 MPa外，其余均采用0.3 MPa、0.6 MPa、1.0 MPa。

一级泵站试验洞在4个钻孔中共做了31段压水试验。张夏组五段($\in_2z^5$)透水率平均值为3.88 Lu，大值平均值为6.48 Lu，小值平均值为3.35 Lu，属可灌性岩体；张夏组六段($\in_2z^6$)仅有1段压水试验，透水率为3.40 Lu，其数据可利用性差；崮山组一段($\in_3g^1$)透水率平均值为2.95 Lu，大值平均值为3.55 Lu，小值平均值为2.55 Lu，属可灌性岩体。

二级泵站试验洞在4个钻孔中共做了33段压水试验。凤山组四段($\in_3f^4$)透水率平均值为5.40 Lu，大值平均值为6.46 Lu，小值平均值为2.33 Lu，属可灌性岩体；长山组($\in_3c$)透水率平均值为2.47 Lu，大值平均值为2.75 Lu，小值平均值为2.50 Lu，属可灌性差岩体；凤山组一段($\in_3f^1$)透水率为3.40 Lu，二段($\in_3f^2$)透水率为2.70 Lu，因该两层厚度较小，且仅有1段压水试验，其数据可利用性差。

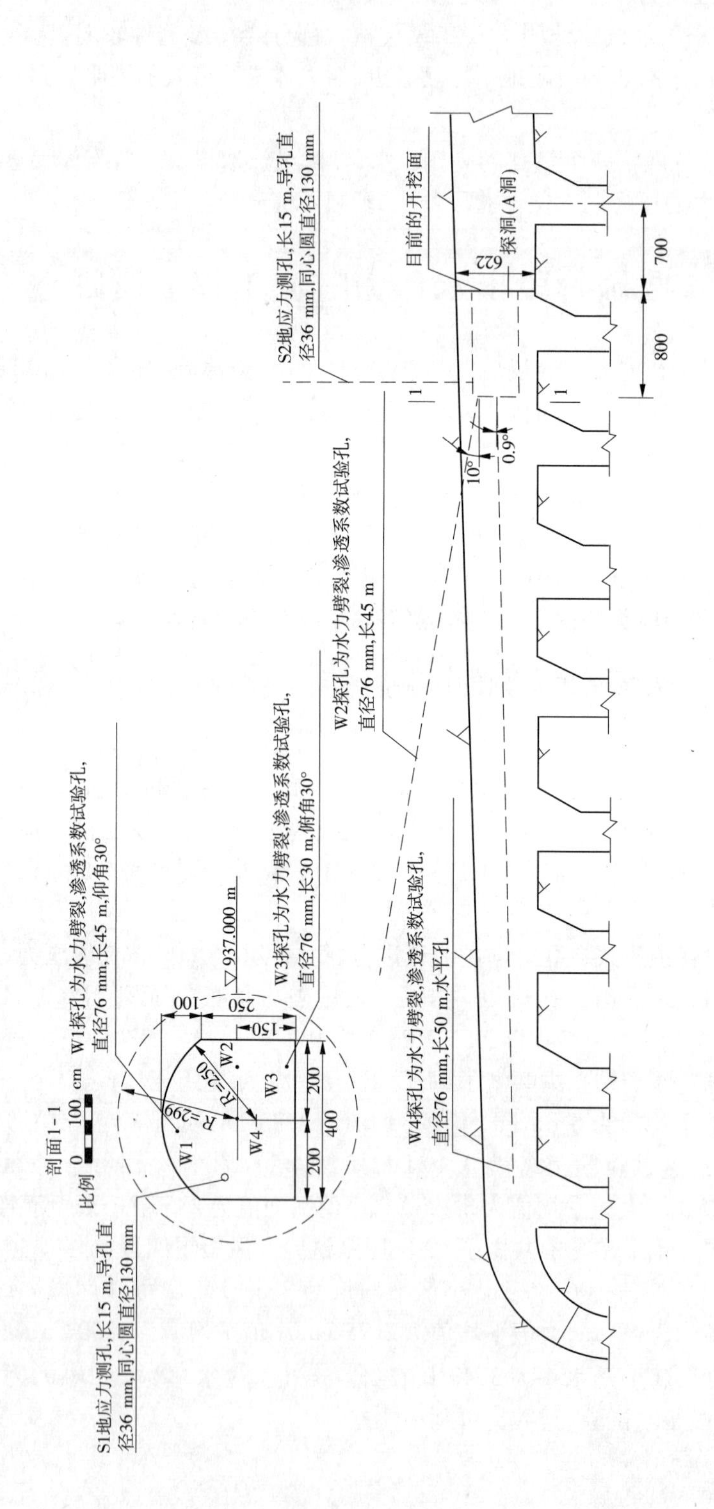

图5-7　一级泵站试验洞布置（单位：cm）

表 5-6　钻孔及试验情况

试验项目	一级站		二级站	
	钻孔情况	试验情况	钻孔情况	试验情况
应力解除法地应力测试	S1 孔:孔径 130 mm,孔深 15 m,水平孔,位于掌子面 S2 孔:孔径 130 mm,孔深 15 m,水平孔,位于边墙	进行 11 段试验,其中 3 段试验失败	S3 孔:孔径 130 mm,孔深 15 m,水平孔,位于掌子面 S4 孔:孔径 130 mm,孔深 15 m,水平孔,位于边墙	进行 8 段试验,其中 1 段试验失败
水压致裂法地应力测试	W2 孔	6 段试验	W6 孔	6 段试验
常规压水试验	W1 孔:孔径 76 mm,孔深 45 m,仰角 30° W2 孔:孔径 76 mm,孔深 45 m,水平孔,与洞轴线夹角 10° W3 孔:孔径 76 mm,孔深 30 m,俯角 30° W4 孔:孔径 76 mm,孔深 50 m,水平孔 所有钻孔均位于掌子面	31 段试验	W5 孔:孔径 76 mm,孔深 45 m,仰角 30° W6 孔:孔径 76 mm,孔深 45 m,水平孔,与洞轴线夹角 10° W7 孔:孔径 76 mm,孔深 30 m,俯角 30° W8 孔:孔径 76 mm,孔深 50 m,水平孔 所有钻孔均位于掌子面	33 段试验
改进的钻孔弹模测试	W1′孔:孔径 76 mm,孔深 15 m,仰角 30° S2′孔:孔径 130 mm,孔深 10 m,水平孔,位于边墙	测试 $\in_2z^5$、$\in_2z^6$,每个岩组垂直层面 5 个点,平行层面 5 个点	W7′孔:孔径 76 mm,孔深 6 m,俯角 30° W7 孔 S4 孔	测试 $\in_3f^1$、$\in_3f^2$、$\in_3f^3$,每个岩组垂直层面 5 个点,平行层面 5 个点
高压压水试验	W1、W3、W4 孔	15 段试验	W5、W7、W8 孔	16 段试验

2. 高压压水试验

在一级和二级泵站试验洞钻孔中分别进行了 15 段和 16 段高压压水试验。由于该试验是在所有试验钻孔全部完成的情况下进行的,且孔距很小,因此在试验过程中有较多试段发生串流现象,使一些试段的扩容压力不大。

一级站钻孔高压压水试验成果见表 5-7。

在 15 段试验中,有 6 段扩容压力值为 2.4 ~ 2.8 MPa,有 3 段扩容压力值为 0.1 ~ 1.0 MPa,有 6 段试验压力达到 3.0 ~ 3.5 MPa,没有扩容。

二级站钻孔高压压水试验成果见表 5-8。

表 5-7　一级站钻孔高压压水试验成果

孔号	试段编号	孔深(m)	最大压力(MPa)	扩容压力(MPa)	说明
W1	1	14.0～16.0	3.5	未扩容	闭合裂隙,流量很小,试验过程中其他钻孔无串流现象
	2	19.0～21.0	3.5	2.6	裂隙面平直,呈锈色,自 0.6 MPa 开始从 W4 孔漏水,流量较大
	3	25.5～27.5	3.5	未扩容	裂隙面平直,试验过程中有串流现象,流量很小
	4	30.5～32.5	3.5	2.8	裂隙面平直,试验过程中有串流现象,流量很小
	5	37.5～39.5	3.5	0.6	张裂隙,充填方解石,自 0.6 MPa 开始从 W4 孔漏水,流量较大
	6	41.0～43.0	3.5	未扩容	张裂隙,充填方解石,试验过程中有串流现象,流量很小
W3	1	8.5～10.5	0.1	0.1	方解石充填裂隙,开度 5 mm,当 0.1 MPa 压力时,流量为 110 L/min,从 S1、W4 孔漏水
	2	16.0～18.0	3.5	2.4	方解石充填裂隙,开度 5～8 mm,试验过程中有串流现象,流量很小
	3	21.5～23.5	3.5	未扩容	闭合裂隙,流量很小,试验过程中其他钻孔无串流现象
	4	26.0～28.0	3.5	未扩容	闭合裂隙,流量很小,试验过程中其他钻孔无串流现象
W4	1	10.5～12.5	3.0	2.7	孔深 11.34～11.60 m 处有一微张裂隙,从压力 0.6 MPa 开始从 S1 孔漏水,流量不大
	2	19.5～21.5	3.0	2.4	W4、W2 孔漏水,流量较大
	3	28.0～30.0	3.0	2.4	孔深 28.82 m、29.10 m 处有两条闭合裂隙,从压力 0.7 MPa 开始从 W2 孔漏水,流量大
	4	35.0～37.0	2.1	1.0	孔深 36.60 m 处有一条张裂隙,充填黄土和方解石,从压力 1.0 MPa 开始从 W2 孔漏水,流量大
	5	44.0～46.0	3.0	未扩容	孔深 45.00 m 处有一条微张裂隙,充填方解石,无渗漏现象

在 16 段试验中,有 2 段在 3.0 MPa 试验压力下没有扩容,有 4 段在 2.1～2.7 MPa 试验压力下扩容,有 10 段在 0.2～1.8 MPa 压力下扩容。

表 5-8　二级站钻孔高压压水试验成果

孔号	试段编号	孔深(m)	最大压力(MPa)	扩容压力(MPa)	说明
W5	1	13.5~15.5	1.9	1.0	裂隙面见方解石薄膜,局部充填泥质,S3、W6 孔漏水量很大
	2	18.0~20.0	0.4	0.4	裂隙充填泥质和钙质,有溶蚀现象,压力 0.4 MPa 时流量为 100 L/min,从 S3、W6 孔漏水,距掌子面 15 m 处拱顶漏水
	3	26.5~28.5	3.0	2.1	闭合裂隙,流量不大,附近孔无漏水现象
	4	34.5~36.5	0.4	0.4	裂隙充填泥质,压力 0.4 MPa 时流量为 110 L/min,开机 5 min 后,W8 孔开始大量漏水
	5	40.0~42.5	0.4	0.4	裂隙面有锈色,当压力 0.4 MPa 时流量为 110 L/min,附近孔未见漏水量明显增加
W7	1	10.0~12.0	3.0	2.7	岩体完整,流量小
	2	14.0~16.0	3.0	2.7	岩体完整,流量小
	3	17.5~19.5	3.0	未扩容	岩体完整,流量小
	4	18.0~20.0	3.0	2.4	岩体完整,流量小
	5	20.5~22.5	3.0	未扩容	岩体完整,流量小
W8	1	13.5~15.5	0.3	0.3	裂隙夹厚 0.1~0.3 mm 方解石脉,有溶蚀现象,当压力 0.3 MPa 时流量为 35.62 L/min,从 S3 孔流出黄色泥浆水
	2	18.4~20.0	3.0	1.2	裂隙充填方解石和泥质,试验过程中从 W6、S3 孔渗水
	3	24.5~26.5	3.0	1.8	裂隙充填方解石,厚度约 0.5 cm,自压力 0.6 MPa 开始从 W6 孔渗水
	4	34.0~36.0	0.75	0.75	裂隙充填方解石,有溶蚀现象,当压力 0.75 MPa 时流量为 110 L/min
	5	39.0~41.0	1.5	1.5	裂隙充填方解石,厚度约 0.2 cm,从 W6、S3 孔渗水
	6	46.8~48.8	1.2	0.2	见溶蚀现象,W6、S3 孔渗水严重

3. 地应力测试

分别采用应力解除法和水压致裂法进行测试,其成果见表 5-9。

表 5-9　地应力测试成果

站名	应力解除法					水压致裂法	
	σ_H(MPa)	σ_h(MPa)	σ_1(MPa)	σ_2(MPa)	σ_3(MPa)	σ_H(MPa)	σ_h(MPa)
一级站	4.96	3.65	4.97	3.76	3.65	7.80	4.50
二级站	3.87	2.18	3.88	3.11	2.17	3.00	1.90

4. 钻孔弹模测试

采用改进的 Goodman-Jack 法，其测试成果见表 5-10。

表 5-10　钻孔弹模测试成果

站名	地层	钻孔	测试孔深(m)	弹性模量(GPa)	
				平行	垂直
一级站	$\in_2z^5$	S2′	9.3	21.01	13.94
			8.6	12.70	11.86
			7.89	12.77	11.86
			7.15	20.97	12.73
			6.35	15.93	15.39
	$\in_2z^6$	W1′	12.4	11.19	10.89
			11.4	7.92	7.51
			10.45	18.94	16.18
			9.45	12.45	9.14
			8.8	13.57	12.29
二级站	$\in_3f^1$	S4	9.2	23.79	10.61
			8.5	11.19	10.96
			6.5	15.84	14.84
			5.8	17.53	11.15
			4.8	9.86	5.84
			3.7	11.60	7.79
	$\in_3f^2$	W7′	3.8	16.66	10.07
			3.3	13.17	11.14
			2.8	13.65	12.91
			2.0	17.21	16.55
	$\in_3f^3$	W7	13.55	23.87	23.55
			12.73	17.67	12.98
			11.93	15.37	11.48
			11.13	15.19	12.95
			10.33	13.10	12.88

(二)本次试验成果与初设阶段成果对比分析

1. 地应力

技施和初设阶段地应力情况对比见表 5-11。

表 5-11 地应力情况对比

站名	阶段	应力解除法					水压致裂法	
		σ_H(MPa)	σ_h(MPa)	σ_1(MPa)	σ_2(MPa)	σ_3(MPa)	σ_H(MPa)	σ_h(MPa)
一级站	技施	4.96	3.65	4.97	3.76	3.65	7.80	4.50
	初设						5.35	2.97
二级站	技施	3.87	2.18	3.88	3.11	2.17	3.00	1.90
	初设						9.36	4.90

从表 5-11 可以看出:①水压致裂法的应力值普遍高于应力解除法的应力值,这可能与应力解除法试验时,在室内测得的岩石弹模值偏低以及受洞室开挖爆破影响有关;②不同岩体应力值变化较大;③两种方法的最小主应力均大于隧洞最大内水压力。

2. 弹性模量及单位弹性抗力系数

技施和初设阶段弹性模量及单位弹性抗力系数对比见表 5-12。

表 5-12 弹性模量及单位弹性抗力系数对比

站名	地层	阶段	弹性模量(GPa)		单位弹性抗力系数($\times 10^4$ kN/m^3)	
			垂直	平行	垂直	平行
一级站	$\in_2 z^5$	技施	13.115 ±1.068	16.675 ±2.844	659.434 ±53.759	838.318 ±142.960
		初设	10	15	450 ~ 500	
	$\in_2 z^6$	技施	11.202 ±2.273	12.814 ±2.760	543.712 ±110.353	822.001 ±133.926
		初设	12	15 ~ 17	350 ~ 400	
二级站	$\in_3 f^1$	技施	10.197 ±1.867	14.969 ±3.154	494.983 ±90.516	726.483 ±153.167
		初设	12	15	500 ~ 600	
	$\in_3 f^2$	技施	12.668 ±2.326	15.173 ±1.684	636.875 ±117.066	762.813 ±84.604
		初设	8	10	300	
	$\in_3 f^3$	技施	14.776 ±3.393	17.040 ±2.844	736.920 ±172.430	856.580 ±142.964
		初设	12	15	500 ~ 600	

从表 5-12 可以看出,一级泵站出水隧洞围岩岩体弹性指标与初设阶段基本相同。从表 5-7、表 5-11 和表 5-12 试验成果可以看出,一级泵站压力洞最小主应力大于隧洞最大内水压力,大部分压水扩容压力大于隧洞最大内水压力。

从二级泵站技施阶段实际隧洞开挖揭露的情况和上述各种试验成果分析可以看出:①出水高压岔管主要处于寒武系凤山组三段($\in_3 f^3$)中厚层、厚层灰岩中,该层下部夹少量泥灰岩,局部地段裂隙比较发育,隧洞下部出露凤山组二段($\in_3 f^2$)薄层、中厚层灰岩夹泥灰岩,层厚约 2 m,受裂隙切割和地下水的共同作用,局部出现溶蚀和泥化现象,呈透镜体状,最厚约 0.5 m,长 2 ~ 5 m;②本次测试地应力值和初设阶段相比差别较大,但最小主应力仍然大于内水压力;③弹性指标与初设阶段相差不大;④二级泵站出水压力隧洞局部地段岩体中裂隙较发育,并有溶蚀现象,虽然高压压水扩容段较多,但可以进行高压固结灌浆来改善岩体质量。

二、总干线二级泵站出水压力隧洞灌浆试验

由于高压出水隧洞采用钢筋混凝土衬砌,其对围岩的抗渗能力和强度要求较高。隧洞围岩固结灌浆是改善岩体质量、减少渗透和防止渗流破坏的重要措施。

为了论证水泥灌浆对提高围岩弹性指标及防渗等方面的效果,并提供合理的灌浆参数,1999 年 6 月 24 日 ~9 月 4 日,天津院在二级泵站 B 试验洞进行了灌浆试验工作。

二级泵站出水隧洞围岩地质条件差于一级泵站,因此灌浆试验洞(B 洞)选择在二级站 2B 交通洞转弯处(见图 5-8)。该洞长 24 m,开挖洞径 4.0 m,钢筋混凝土衬砌厚度为 0.5 m。试验洞轴线方向平行于出水压力隧洞,为 NW345°。试验洞所处地层与高压出水隧洞相同。

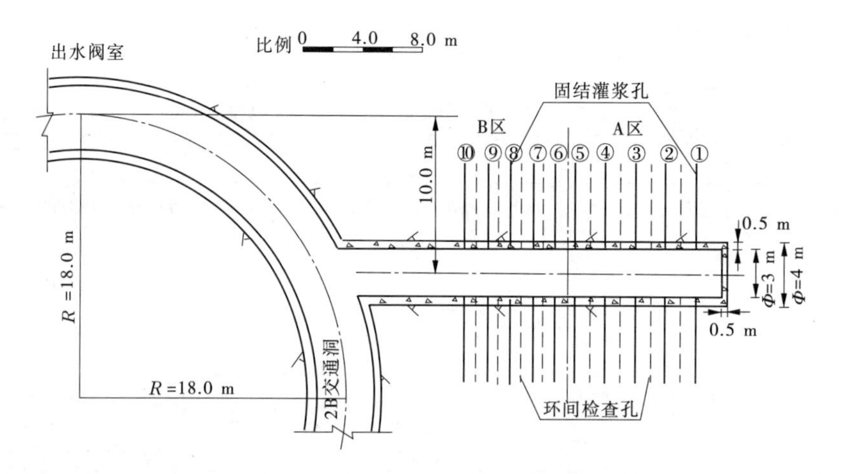

图 5-8　试验洞灌浆布置示意图

(一)试验洞地质情况

试验洞出露的地层为寒武系上统凤山组第三段($\in_3f^3$)和第二段($\in_3f^2$),同时钻孔揭露的地层还有下伏的凤山组第一段($\in_3f^1$)。

凤山组第三段($\in_3f^3$):为中厚层、厚层灰岩夹少量泥灰岩。灰岩呈浅灰色 ~ 灰色,局部因溶蚀作用而变为土黄色,中、细粒结构为主,局部粗粒结构;泥灰岩呈深灰色,局部因含泥质条带而变为土黄色,微晶结构。裂隙发育较少,闭合,无充填或少量锈色泥膜充填,局部发育少量小溶孔,多半充填。

凤山组第二段($\in_3f^2$):为薄层、中厚层灰岩夹泥灰岩。灰岩呈灰色,中、细粒结构,局部粗粒结构;泥灰岩呈深灰色,微晶结构。裂隙发育较少,闭合,无充填或局部有少量泥膜充填,可见溶孔,多为半充填。

凤山组第一段($\in_3f^1$):上部为中厚层浅紫红色竹叶状灰岩,局部发育裂隙,闭合,无充填或局部有少量泥膜充填。见有溶孔,多为方解石半充填。下部为薄层灰岩夹泥灰岩,

灰岩为灰色，细晶结构；泥灰岩为深灰色～灰黄色，微晶结构，可见闭合裂隙，溶孔发育较少。

构造特征：试验洞中主要有两组构造裂隙，走向分别为NWW和NNE，以陡倾角为主，分别为张扭性和压扭性，宽度大部小于1 mm，无充填或少量方解石充填，局部沿裂隙或层面有溶蚀现象，共发育裂隙41条，最长者贯穿试验洞。

（二）灌浆试验孔布置

按照灌浆试验设计的技术要求，灌浆试验洞分为A区和B区（见图5-8）。A区长度为8 m（桩号0＋014.4～0＋022.4），B区长度为6 m（桩号0＋007.05～0＋013.05）。

灌浆孔按环布置，每环均匀布钻孔8个，相邻孔夹角为45°。其中A区5环，编号1～5，环间距2 m；B区5环，编号6～10，环间距1.5 m，相邻环之间钻孔的交错角为22.5°。其中，奇数环为Ⅰ序环，偶数环为Ⅱ序环，每环中奇数孔为Ⅰ序孔，偶数孔为Ⅱ序孔。

检查孔分为环内和环间检查孔。在每灌浆环上布设环内检查孔4个，每两灌浆环间布设环间检查孔4个，孔深为5.50 m（其中钢筋混凝土衬砌层厚度0.50 m左右），孔径56 mm（少数开孔为91 mm）。

灌浆试验孔及检查孔布置见图5-9。

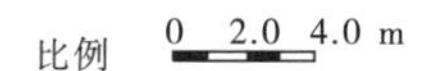

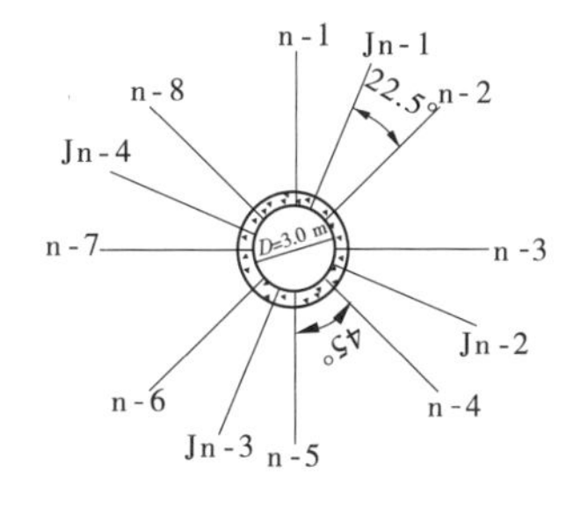

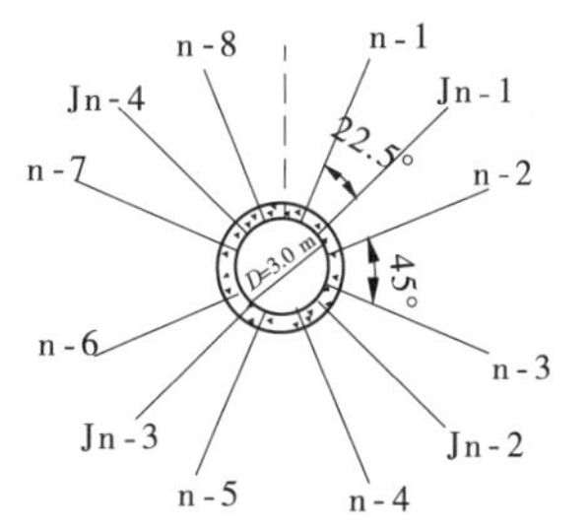

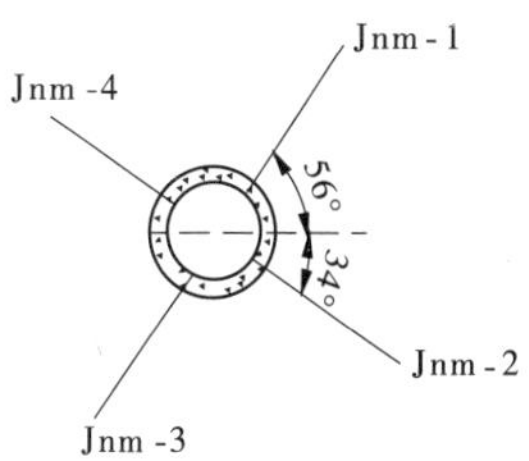

说明："J"为检查孔编号

图5-9　灌浆试验孔及检查孔布置

（三）灌浆材料

本次灌浆试验选用两种水泥：①内蒙古亚华水泥有限公司生产的525#普通硅酸盐水泥；②中国建筑材料科学研究院、河海大学等单位联合生产的改性水泥，其原料为冀东水泥厂生产的盾石牌525#普通硅酸盐水泥，加工后$d_{50}<6.0\ \mu m$，比表面积＞750 m^2/kg，最大粒径＜32 μm。在制备改性水泥浆液时，加入减水剂UNF5，掺量为0.75%。

水泥的性能经试验均符合要求。

（四）试验程序和工艺

1. 灌浆试验程序

灌浆试验程序见图5-10。

灌浆试验施工按"环间分序，环内加密"的原则进行。奇数环为Ⅰ序环，偶数环为Ⅱ序环。同一环上奇数孔为Ⅰ序孔，偶数孔为Ⅱ序孔。其施工顺序为：Ⅰ序环的Ⅰ序孔—Ⅰ

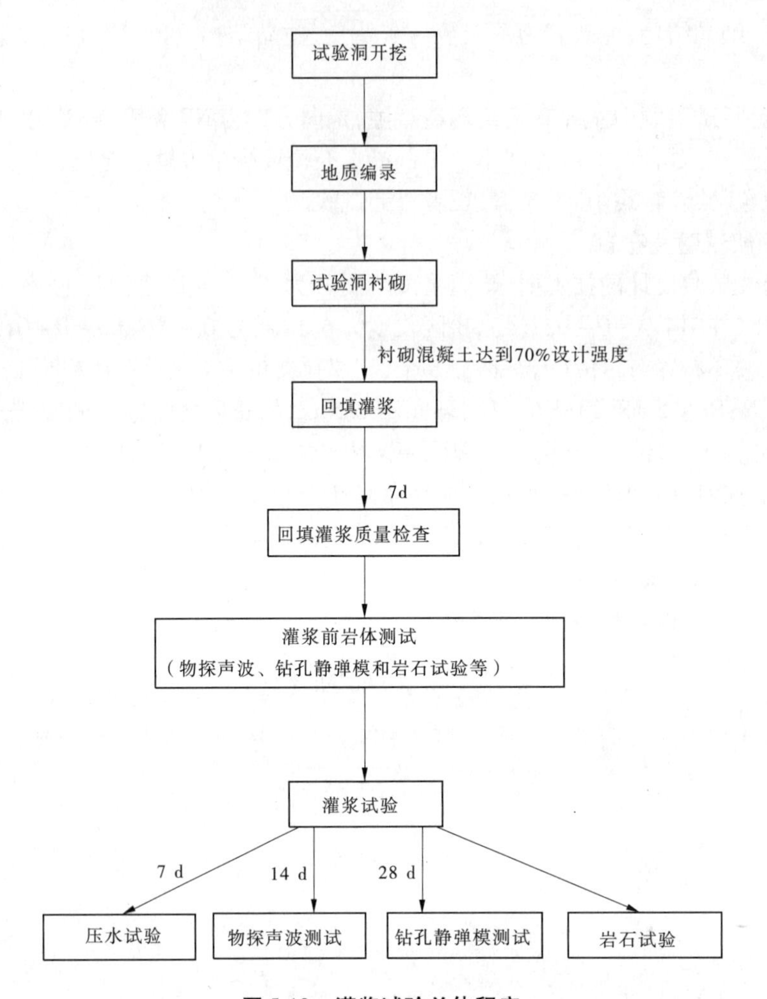

图 5-10　灌浆试验总体程序

序环的Ⅱ序孔—Ⅱ序环的Ⅰ序孔—Ⅱ序环的Ⅱ序孔。然后进行检查孔施工 。A、B 区各有一台钻机作业,互不干扰。A 区施工顺序为:第 1 环—第 5 环—第 3 环—第 2 环—第 4 环;B 区施工顺序为:第 7 环—第 9 环—第 6 环—第 8 环—第 10 环。

同序孔按下列顺序进行施工:造孔—洗孔—压水试验—声波测试—灌浆。

2. 灌浆工艺

1) 灌浆方式

灌浆方式采用两种:①自下而上方式,即灌浆孔一次钻至孔底,从孔底向孔口分两段进行灌浆;②自上而下方式,即灌浆孔先钻至孔深 1.5 ~2.0 m,进行灌浆,然后再钻至孔底,再进行下一段的灌浆。

灌浆采用循环方式,灌浆射浆管距孔底小于 0.5 m。

2) 灌浆压力

灌浆孔底部试段灌浆压力采用 3.0 MPa,顶部靠近衬砌试段采用 1.0 MPa。压力表安装在回浆管上,压力表指针摆动范围一般小于灌浆压力的 20%。

3)灌浆浆液变换

浆液水灰比:525#普通硅酸盐水泥浆液水灰比采用2∶1、1∶1、0.8∶1、0.6∶1、0.5∶1五个比级,开灌水灰比采用2∶1或1∶1。改性水泥浆液水灰比采用1∶1、0.8∶1、0.6∶1三个比级,开灌水灰比采用1∶1。

浆液变换:在正常情况下,灌浆浆液由稀到浓,逐级变换。浆液温度保持在5~40 ℃之间。

当灌浆压力保持不变,注入率持续减少时,或当注入率不变,而压力持续升高时,不得改变水灰比。

当某一比级浆液的注入量已达300 L以上或灌注时间已达1 h,而灌浆压力和注入率均无改变或改变不显著时,应改浓一级。

当注入率大于30 L/min时,可越级变浓。

若改变水灰比后,压力有突增或注入率有突减的情况,均说明加浓是不适当的,应立即返回原来的水灰比进行灌注。

灌浆过程中,测定浆液密度及黏度。

4)结束标准

灌浆孔灌浆时,在设计压力下注入率不大于0.4 L/min,继续灌注30 min,灌浆即可结束。

5)待凝

灌浆达到结束标准后,采用水灰比0.5∶1水泥浆自下而上封孔至孔口,待凝时间为4~8 h。

6)封孔

灌浆孔封孔采用"置换和压力灌浆法",即用水灰比0.5∶1水泥浆液将孔内原有浆液置换出来,自下而上封孔至孔口,而后用1.0 MPa压力封闭孔口待凝。检查孔采用压力灌浆封孔法。

(五)灌浆试验工作量

总干线二级泵站试验洞A、B区固结灌浆试验各造灌浆孔39、37个。灌浆孔孔深为5.50 m(包括衬砌厚0.50 m),合计总进尺418.15 m。A、B区各孔分为两段次灌浆,共152段。

灌浆试验完成的主要工作量见表5-13。

(六)灌浆试验成果分析

1.单位注入量与灌浆序次关系分析

A区Ⅰ序环平均单位注入量为4.37 kg/m(均为普通水泥),Ⅱ序环单位注入量为3.43 kg/m(普通水泥)和5.65 kg/m(改性水泥);B区Ⅰ序环平均单位注入量为4.87 kg/m(普通水泥),Ⅱ序环单位注入量为3.17 kg/m(普通水泥)和5.49 kg/m(改性水泥)。呈现出明显的Ⅰ序环单位注入量大于Ⅱ序环的规律。

B区环内Ⅰ、Ⅱ序孔单位注入量相差不大,这与灌浆孔环向分布及岩体渗透率小有一定的关系。其中,环内Ⅰ序孔平均单位注入量为4.44 kg/m,Ⅱ序孔平均值为3.05 kg/m。

表 5-13　灌浆试验主要工作量

工作项目	单位	工作量	备注
灌浆孔	孔/m	76/418.15	孔径 56 mm(部分开孔 91 mm)
检查孔	孔/m	72/396.1	孔径 56 mm
弹模孔	孔/m	6/70.9	灌前 2 孔,灌后 4 孔,孔径 130 mm
取样孔	孔/m	12/71.8	灌前 4 孔,灌后 8 孔,孔径 91 mm
灌前试验与测试			
压水试验	段次	99	灌前每孔均做压水试验
钻孔弹模	点	30	2 孔,孔径 130 mm,测试地层为 $\in_3f^1$、$\in_3f^2$、$\in_3f^3$
室内岩石试验	组	10	在钻孔岩心中取样,孔径 91 mm
物探声波测试	点	1 870	在 76 个灌浆孔中做,点距 0.2 m,并测定围岩松弛圈
水泥浆液试验	组	7	
水泥物理试验	组	3	
灌浆试验			
固结灌浆孔灌浆	段/孔	152/76	
灌后试验与测试			
检查孔压水试验	段/孔	72/72	
钻孔弹模	点	60	4 孔,其他同灌前
室内岩石试验	组	12	同灌前
物探声波测试	点	1 902	在 72 个检查孔中做,其他同灌前
物探声波对穿测试	点	579	在 8 对检查断面中做
检查孔疲劳性压水试验	孔	1	
检查孔破坏性压水试验	孔	1	

2. 单位注入量与岩体透水率关系分析

试验洞 A 区岩体透水率和单位注入量均较小,透水率最大值为 1.25 Lu,单孔单位注入量最大值为 11.87 kg/m。透水率与单位注入量之间的关系详见表 5-14。

由表中数据可知,岩体透水率变化时,单位注入量虽有增大的趋势,但其绝对值仍较小,由此说明透水率小时,岩体可灌性差。

B 区单位注入量总体上随透水率增大而增加,在透水率值大于 1 Lu 的 4 个试段,单位注入量明显增大。

(七)灌浆效果检查及评价

为了检查和评价灌浆效果,在灌浆前后均进行了压水试验、声波测试、钻孔弹模测试和岩石试验等,同时为了解灌后岩体的承压能力,灌后在检查孔中进行了疲劳性压水试验(最大压力 2.5 MPa,持续时间近 22 h)和破坏性压水试验(最大压力 4.0 MPa)。

表 5-14 试验洞 A、B 区透水率与单位注入量关系

部位	透水率(Lu)	单位注入量(kg/m)		备注
		平均值	区间值	
A 区	<0.01	3.80	1.68~7.96	
	0.01~0.05	3.71	1.28~11.87	
	0.05~0.10	3.18	1.59~5.37	
	>0.10	3.39	1.26~5.35	
B 区	<0.01	2.90	2.82~2.98	
	0.01~0.05	4.26	1.47~14.34	
	0.05~0.10	3.25	1.96~6.34	
	0.10~1.00	3.00	1.16~6.06	
	>1	8.16	2.05~17.15	

1. 灌浆前后压水试验

灌前在所有灌浆孔中进行单点法压水试验和简易压水(少数为五点法压水)试验,最大压力值采用 1.0 MPa。

灌浆前后压水试验成果见表 5-15。

表 5-15 灌浆前后压水试验成果

<table>
<tr><th rowspan="3">区号</th><th rowspan="3">环号</th><th colspan="7">透水率(Lu)</th></tr>
<tr><th colspan="3">最大值</th><th colspan="3">最小值</th><th>平均值</th></tr>
<tr><th>灌前</th><th>灌后环内</th><th>灌后环间</th><th>灌前</th><th>灌后环内</th><th>灌后环间</th><th>灌前</th></tr>
<tr><td rowspan="8">A</td><td>1</td><td>0.88</td><td>0.02</td><td rowspan="2">0.02</td><td>0.00</td><td>0.01</td><td rowspan="2">0.00</td><td>0.33</td></tr>
<tr><td rowspan="2">2</td><td rowspan="2">0.20</td><td rowspan="2">0.01</td><td rowspan="2">0.01</td><td rowspan="2">0.00</td><td rowspan="2">0.05</td></tr>
<tr><td rowspan="2">0.02</td><td rowspan="2">0.00</td></tr>
<tr><td rowspan="2">3</td><td rowspan="2">0.16</td><td rowspan="2">0.02</td><td rowspan="2">0.00</td><td rowspan="2">0.00</td><td rowspan="2">0.06</td></tr>
<tr><td rowspan="2">0.02</td><td rowspan="2">0.00</td></tr>
<tr><td rowspan="2">4</td><td rowspan="2">0.05</td><td rowspan="2">0.00</td><td rowspan="2">0.02</td><td rowspan="2">0.00</td><td rowspan="2">0.03</td></tr>
<tr><td rowspan="2">0.01</td><td rowspan="2">0.00</td></tr>
<tr><td>5</td><td>1.25</td><td>0.01</td><td>0.00</td><td>0.00</td><td>0.16</td></tr>
<tr><td rowspan="8">B</td><td>6</td><td>0.38</td><td>0.01</td><td rowspan="2">0.02</td><td>0.01</td><td>0.00</td><td rowspan="2">0.00</td><td>0.07</td></tr>
<tr><td rowspan="2">7</td><td rowspan="2">15.25</td><td rowspan="2">0.01</td><td rowspan="2">0.02</td><td rowspan="2">0.00</td><td rowspan="2">2.58</td></tr>
<tr><td rowspan="2">0.01</td><td rowspan="2">0.00</td></tr>
<tr><td rowspan="2">8</td><td rowspan="2">2.78</td><td rowspan="2">0.01</td><td rowspan="2">0.01</td><td rowspan="2">0.00</td><td rowspan="2">0.41</td></tr>
<tr><td rowspan="2">0.02</td><td rowspan="2">0.00</td></tr>
<tr><td rowspan="2">9</td><td rowspan="2">0.17</td><td rowspan="2">0.02</td><td rowspan="2">0.00</td><td rowspan="2">0.00</td><td rowspan="2">0.04</td></tr>
<tr><td rowspan="2">0.02</td><td rowspan="2">0.00</td></tr>
<tr><td>10</td><td>0.19</td><td>0.01</td><td>0.00</td><td>0.00</td><td>0.05</td></tr>
</table>

从表 5-15 可以看出,灌浆前除个别试段透水率较大外,大部分小于 1.0 Lu,灌后均小于 1.0 Lu。

2. 灌浆前后声波测试

开挖爆破后,隧洞围岩可分为松弛带和原岩区。

A 区围岩松弛带最厚为 1. 52 m,平均厚度为 0. 65 m;B 区围岩松弛带最厚为 1. 74 m,平均厚度为 0. 76 m。

试验洞 A 区和 B 区围岩松弛带灌浆前后声波测试成果见表 5-16,原岩区灌浆前后声波测试成果见表 5-17。

表 5-16　试验洞松弛带灌浆前后声波测试成果

区号	环号	松弛带厚度(m)		测段数(个)	声速(m/s)				灌后声速提高率(%)
					灌前		灌后		
		范围值	平均值		范围值	平均值	范围值	平均值	
A	1	0. 5 ~ 1. 52	1. 03	40	2 000 ~ 4 650	3 800	2 820 ~ 6 250	5 550	45. 9
	2	0. 09 ~ 0. 95	0. 52	16	2 380 ~ 4 550	3 990	4 210 ~ 5 880	4 990	25. 0
	3	0. 1 ~ 0. 95	0. 47	16	2 080 ~ 4 650	3 680	3 390 ~ 5 880	4 390	19. 2
	4	0. 1 ~ 1. 45	0. 63	18	2 220 ~ 4 880	4 020	3 610 ~ 5 710	4 950	23. 1
	5	0. 0 ~ 1. 262	0. 62	22	2 220 ~ 4 880	3 980	3 540 ~ 5 560	5 050	26. 8
B	6	0. 2 ~ 1. 32	0. 70	22	3 130 ~ 4 760	4 180	3 850 ~ 5 710	5 260	25. 9
	7	0. 59 ~ 1. 45	0. 87	29	2 500 ~ 4 880	4 010	3 180 ~ 6 250	5 620	40. 1
	8	0. 2 ~ 1. 74	0. 75	24	3 030 ~ 4 880	4 130	4 040 ~ 5 880	5 150	24. 7
	9	0. 44 ~ 1. 58	0. 78	25	3 010 ~ 4 800	3 960	4 440 ~ 6 060	5 430	37. 1
	10	0. 08 ~ 1. 25	0. 68	21	2 500 ~ 4 760	3 950	3 230 ~ 6 060	4 910	24. 3
说明	松弛带灌后声速提高率一般为 19. 2% ~45. 9%,平均提高 31. 4%,A 区平均提高 31. 70%,B 区平均提高 31. 03%								

表 5-17　试验洞原岩区灌浆前后声波测试成果

区号	环号	测段数(个)	声速(m/s)				灌后声速提高率(%)	说明
			灌前		灌后			
			范围值	平均值	范围值	平均值		
A	1	136	4 250 ~ 6 250	5 480	5 130 ~ 6 250	5 820	6. 2	原岩区灌后声速提高率最高为 8.0%,平均提高 3. 03%
	2	156	4 650 ~ 6 250	5 630	4 650 ~ 6 250	5 710	1. 4	
	3	140	4 760 ~ 6 250	5 490	4 550 ~ 6 250	5 690	3. 7	
	4	138	4 820 ~ 6 250	5 540	4 500 ~ 6 250	5 620	1. 4	
	5	150	4 170 ~ 6 250	5 440	4 040 ~ 6 060	5 410	0. 0	
B	6	126	4 440 ~ 6 250	5 490	5 130 ~ 6 250	5 710	4. 9	
	7	141	4 550 ~ 6 450	5 380	4 550 ~ 6 450	5 820	8. 0	
	8	125	4 650 ~ 6 060	5 570	4 650 ~ 6 250	5 670	1. 8	
	9	145	4 440 ~ 6 450	5 530	4 440 ~ 6 250	5 620	1. 6	
	10	131	4 760 ~ 6 250	5 510	4 760 ~ 6 250	5 610	1. 8	

灌浆后 $\in_3f^3$、$\in_3f^2$、$\in_3f^1$ 平均波速分别为 5 610 m/s、5 470 m/s 和 5 630 m/s，较灌浆前分别提高了 5.65%、6.00% 和 11.05%。

3. 灌浆前后钻孔弹模测试

本次试验分别在固结灌浆前后布置了 6 孔进行钻孔弹模测试。其中，灌浆前为 2 孔，测点 30 个，两个孔分布于试验洞 B 的掌子面处；灌浆后为 4 孔，测点 60 个，布设于试验洞右壁腰线附近，待灌浆结束 28 d 后进行弹模测试，其试验成果见表 5-18、表 5-19。

表 5-18 二级泵站试验洞灌浆前钻孔弹模测试成果

孔号	地层层位	与层面关系	弹性模量(GPa)					范围值(GPa)	建议值(GPa)
T1	$\in_3f^3$	孔深(m)	4.0	5.5	6.5	8.0	9.0		
		平行	18.37	26.61	24.78	22.40	23.41	18.37 ~ 26.61	23.11 ± 2.94
		垂直	19.58	20.76	18.50	17.82	19.14	17.82 ~ 20.76	19.16 ± 1.06
T2	$\in_3f^2$	孔深(m)	4.0	5.0	6.0	7.0	8.0		
		平行	22.52	24.23	23.77	20.01	17.20	17.20 ~ 24.23	21.55 ± 2.79
		垂直	19.42	20.51	17.21	18.17	19.38	17.21 ~ 20.51	18.93 ± 1.21
	$\in_3f^1$	孔深(m)	8.8	9.2	9.6	10	10.4		
		平行	22.71	19.69	25.91	22.06	13.83	13.83 ~ 25.91	20.84 ± 4.29
		垂直	23.00	14.75	24.33	16.07	13.85	13.85 ~ 24.33	18.40 ± 4.66

通过钻孔弹模测试，灌后 A、B 区各岩组弹模平均值为：$\in_3f^3$ 平行于层面为 23.68 GPa，垂直于层面为 22.07 GPa；$\in_3f^2$ 平行于层面为 23.20 GPa，垂直于层面为 23.84 GPa；$\in_3f^1$ 平行于层面为 22.41 GPa，垂直于层面为 21.36 GPa；灌浆后比灌浆前弹模值增加了 2% ~ 26%，平均增加了 12.5%，其中垂直于层面的弹模值增加了 15% ~ 26%，而平行于层面的仅增加了 2% ~ 8%。

灌后 B 区各岩组的弹模值较 A 区大 3% ~ 31%，平均大 13%，其中 $\in_3f^3$ 岩组的弹模值 B 区比 A 区平均大 17%，$\in_3f^2$ 岩组的弹模值 B 区比 A 区平均大 12%，$\in_3f^1$ 岩组的弹模值 B 区比 A 区平均大 9.5%，说明了 B 区灌浆效果相对比 A 区好一些。

4. 灌浆前后岩石试验

灌浆前后分别采取岩心样进行室内岩石物理、力学性质试验，灌前为 10 组，灌后为 12 组。通过比较，灌浆后岩石的吸水率、饱和吸水率及空隙率等均有所降低，说明灌浆水泥对岩石中的孔隙进行了充填。而各项力学性质指标均有所提高，如抗压强度、抗拉强度分别提高了 7.5% 和 18.2%，弹模提高了 7.8%，三轴剪切的 C、φ 值分别提高了 8.8% 和 5.0%，说明灌浆对提高岩石各项物性指标和力学指标是有效的。详细资料见表 5-20。

表 5-19　二级泵站试验洞灌浆后钻孔弹模测试成果

孔号	地层层位	与层面关系	弹性模量(GPa)					范围值(GPa)	建议值(GPa)
TA1	$\in_3f^3$	孔深(m)	2.0	3.0	4.0	5.0	6.0		
		平行	20.36	19.49	25.49	29.57	21.86	19.49 ~ 29.57	23.35 ± 3.97
		垂直	19.00	15.82	23.25	17.47	19.85	15.82 ~ 23.25	19.07 ± 2.67
TA2	$\in_3f^2$	孔深(m)	3.0	4.2	6.0	8.0	12		
		平行	25.64	21.90	19.98	23.58	18.21	18.21 ~ 25.64	21.86 ± 2.78
		垂直	24.25	32.19	18.55	21.65	16.03	16.03 ~ 32.19	22.54 ± 5.94
	$\in_3f^1$	孔深(m)	13.6	14.1	14.6	15.1	15.5		
		平行	19.14	28.40	22.81	17.08	21.50	17.08 ~ 28.40	21.78 ± 4.10
		垂直	20.35	19.32	21.42	21.94	17.12	17.12 ~ 21.94	20.03 ± 1.82
TB1	$\in_3f^3$	孔深(m)	2.0	4.0	6.0	8.2	9.5		
		平行	23.07	23.21	27.14	23.16	23.49	23.07 ~ 27.14	24.01 ± 1.67
		垂直	22.90	24.55	27.43	24.50	25.96	22.90 ~ 27.43	25.07 ± 1.63
TB2	$\in_3f^2$	孔深(m)	2.0	4.0	7.5	9.0	12.0		
		平行	24.95	29.81	20.15	25.09	22.71	20.15 ~ 29.81	24.54 ± 3.40
		垂直	22.84	32.10	26.89	25.45	18.43	18.43 ~ 32.10	25.14 ± 4.81
	$\in_3f^1$	孔深(m)	13.92	14.3	14.7	15.1	15.5		
		平行	21.63	25.74	25.85	22.59	19.35	19.35 ~ 25.85	23.03 ± 2.65
		垂直	22.39	24.32	22.78	24.21	19.73	19.73 ~ 24.32	22.69 ± 1.77
备注	TA1、TA2 孔位于试验洞 A 区;TB1、TB2 孔位于试验洞 B 区								

表 5-20　灌浆前、后岩石力学性质指标汇总

	地层	项目	力学性质						备注
			抗压(湿)(MPa)	弹模(湿)(GPa)	泊松比	抗拉(湿)(MPa)	三轴剪切		
							C(MPa)	φ(°)	
灌前	$\in_3f^3$	组数	7	7	7	7	5	5	
		最大值	206	79.1	0.28	11.0	19	40	
		最小值	98	53.6	0.25	7.2	16.2	38	
		平均值	151	65.7	0.26	8.7	17.6	39.2	
	$\in_3f^2$	组数	1	1	1	1	2	2	
		最大值					15.6	38	
		最小值					13.7	37	
		平均值	167	66.3	0.20	8.6	14.6	37.5	
	$\in_3f^1$	组数	2	2	2	3	3	3	
		最大值	273	76.3	0.26	11.5	20.5	39	
		最小值	211	66.9	0.25	6.4	16.7	36	
		平均值	242	71.6	0.26	9.1	18.8	37.7	

续表 5-20

	地层	项目	力学性质						备注
			抗压(湿)(MPa)	弹模(湿)(GPa)	泊松比	抗拉(湿)(MPa)	三轴剪切		
							C(MPa)	φ(°)	
灌后	$\in_3 f^3$	组数	4	4	4	4	4	4	
		最大值	191	78	0.28	10.74	21.6	41	
		最小值	170	70	0.25	10.00	17.5	38	
		平均值	178	73.5	0.27	10.4	18.9	39.5	
	$\in_3 f^2$	组数	4	4	4	4	4	4	
		最大值	220	76.0	0.31	11.46	18.1	41	
		最小值	174	72.6	0.27	8.79	14.5	39	
		平均值	196	74.4	0.29	10.2	16.3	39.8	
	$\in_3 f^1$	组数	4	4	4	4	4	4	
		最大值	230	77.5	0.34	12.16	22.8	42	
		最小值	187	64.2	0.21	9.76	18.2	38	
		平均值	211	71.2	0.26	10.6	20.2	40.8	
灌浆后平均提高率(%)			7.5	7.8		18.2	8.8	5.0	

5. 灌浆后钻孔疲劳性和破坏性压水试验

疲劳性和破坏性压水试验分别在 B 区第 6、7 环和第 8、9 环之间的检查孔中进行，孔号分别为 J67-3、J89-3，钻孔位于试验洞左边墙底拱脚处。试验成果详见表 5-21、表 5-22。

表 5-21　二级泵站试验洞 J67-3 孔疲劳压水试验成果

压力阶段	时间(时:分)		持续时间	压力(MPa)	流量(L/min)				注入水量(L)
	开始	终止			开始	终止	区间值	平均值	
1	9:40	13:40	4 h	1.0	0.06	0.06	0.06 ~ 0.1	0.07	16.20
2	14:00	18:00	4 h	1.5	0.25	0.88	0.25 ~ 0.88	0.43	101.25
3	18:00	22:00	4 h	2.0	0.75	0.88	0.38 ~ 0.88	0.55	130.63
4	22:00	7:50	9 h 50 min	2.5	0.88	0.38	0.38 ~ 0.88	0.34	199.38
合计			21 h 50 min						
备注	试段长 0.9 ~ 5.5 m，每 5 min 读一次流量，1.0 MPa 压力下透水率为 0.013 Lu								

疲劳压水采用 4 个压力阶段试验方法，每级压力下持续压水 4 ~ 10 h，最大压力为 2.5 MPa。在试验过程中，由于岩体透水性弱，其流量 Q 很小，最大值仅为 0.88 L/min，且流量随压力增大变化也很小。在压力不变的情况下，流量未发生突然增加的现象，说明岩体在长时间水压力作用下没有发生扩容或劈裂。

破坏性压水试验采用最大压力 4.0 MPa，起始压力 1.0 MPa，每级压力提高 0.5 MPa。在破坏性压水试验中，流量和注入水量随压力增大而增加，特别是压力在 3.0 MPa 以上流量和注入水量出现显著增加的现象,说明隧洞围岩在高压水状态下,其渗透性增强,但在最大压力达 4.0 MPa 时,岩体仍未被劈裂。

表 5-22　二级泵站试验洞 J89-3 孔破坏性压水试验成果

压力阶段	时间(时:分)		压力(MPa)	流量(L/min)				注入水量(L)
	开始	终止		开始	终止	区间值	平均值	
1	14:55	15:03	1.0	0.07	0.08	0.07 ~ 0.08	0.079	0.63
2	15:07	15:13	1.5	0.125	0.10	0.1 ~ 0.125	0.104	0.625
3	15:19	15:26	2.0	0.31	0.20	0.2 ~ 0.31	0.222	1.56
4	15:30	15:37	2.5	0.31	0.31	0.31 ~ 0.32	0.311	2.18
5	15:42	15:47	3.0	0.5	0.5	0.5	0.5	2.5
6	16:35	16:45	3.5	1.25	0.625	0.625 ~ 1.25	0.813	8.125
7	17:10	17:18	4.0	1.25	1.25	1.25 ~ 1.875	1.328	10.625
备注	试段长 0.9 ~ 5.5 m,每 1 min 读一次流量,1.0 MPa 压力下透水率为 0.017 Lu							

(八)灌浆试验的结论

灌浆试验的结论主要有:

(1)总干线二级泵站 B 试验洞围岩岩体总体渗透性弱,水泥注入量不大。在这样的地质体上,采用分序分段循环水泥灌浆的方法是可行的。灌浆试验的效果比较明显,主要表现为:①灌后岩体渗透性明显减弱,其透水率最大值仅为 0.02 Lu;②灌后岩体声波速度明显提高,平均波速值为 5 570 m/s,其中松弛带平均提高 31.4%,原岩区平均提高 3.03%;③灌后钻孔静弹模也有所增加,平均增加 12.5%;④灌后岩石物理和力学性质指标均有所提高;⑤灌后通过疲劳性压水试验(最大压力 2.5 MPa,持续时间 21 h 50 min)和破坏性压水试验(最大压力达 4.0 MPa),岩体没有发生扩容和劈裂现象。

(2)本次试验所采用的灌浆参数基本合理。通过此次灌浆试验推荐以下参数:①灌浆环距:以 1.5 m 为宜;②每环上灌浆孔距:与洞径有关,宜控制在 1.5 m 左右;③灌浆压力:灌浆孔深部采用 3.0 MPa,浅部采用 1.0 MPa,根据工程区最小主应力的分布情况,灌浆最大压力不宜超过 3.0 MPa,否则岩体有劈裂的可能;④灌浆方法:试验表明,自上而下和自下而上两种方法各有其优缺点,如考虑施工速度,可优先选用自下而上方法,若考虑灌浆质量,可优先选用自上而下方法;⑤水灰比:灌浆孔深部开灌水灰比采用 2∶1,浅部采用 1∶1 是适宜的;⑥灌浆材料:本次试验选用 525# 普通硅酸盐水泥和用普通水泥改制的改性水泥两种灌浆材料,试验结果表明,改性水泥的单位注入量大于普通水泥,说明改性水泥灌浆对于本地区渗透性弱的岩体有较好的效果。

(3)“环间分序、环内加密”的灌浆原则是可行的。由于一、二级泵站地区岩体所发育的裂隙均为陡倾角,各序的单位注入量比较小,可考虑在部分地段灌浆孔(尤其是垂直向上和向下的孔)布置为斜孔,以利于提高灌浆效果。

(4)建议一、二级泵站高压出水洞围岩固结灌浆施工时,根据不同部位地质条件的差异对本灌浆试验的工艺进行必要的调整，以求达到最佳灌浆效果。

第七节　主要经验

通过总干线一、二级泵站地下洞室的前期勘察和技施阶段的专题勘察工作，主要经验如下：

(1)采用地质测绘、钻探、常规压水和高压压水试验、物探测井、地应力测试以及少量变形试验、岩石试验、试验洞灌浆试验等，逐步查明了地下建筑物区工程地质条件和工程地质问题。

(2)高压隧洞围岩的工程地质评价采用最小水平主应力法、上抬理论、岩体抗力法是必要的。而在高压水头作用下的渗漏和渗透稳定问题是高压隧洞围岩稳定的关键，因而钻孔高压压水试验是十分必要和值得推广的一种勘察方法。

(3)地下厂房长轴方向的选择，在满足水工设计布置要求的基础上，同时要兼顾岩体结构、构造和地应力等因素。或者说在影响地下洞室高边墙稳定的诸地质因素中，首先考虑重要的地质因素，适当兼顾其他因素，即使次要因素不能达到最优，总体上也要达到相对最优。

(4)出水主洞、岔洞等高压隧洞的关键部位，是各期勘察的重点。在初设阶段应布置较多的高压压水试验和物探测井工作量，并进行深入的工程地质评价和分析，这是避免技施阶段出现衬砌方案再论证的重要措施。

(5)在技施阶段，当揭露出水压力隧洞附近岩体较差后，及时进行地应力测试、岩体高压压水试验和试验洞的灌浆试验等，并对初设勘察成果进行全面的对比分析，因而为优化设计提供了可靠的地质依据。

(6)在技施设计阶段，根据工程地质专题勘察成果，水工设计对相对软弱和岩溶发育的岩层(如$\in_3f^2$、$\in_3f^3$)采取适当清除、围岩高压固结灌浆、锚杆加固、混凝土表面设防渗涂层、在出水压力洞与地下厂房之间设灌浆阻水帷幕和排水系统等措施，是必要的和合理的。

第六章　地下洞室围岩动态变化问题

地下洞室围岩动态变化是指地下洞室在施工开挖过程中和开挖后，在围岩稳定、地下涌水等方面不断变化的规律。如果对这一复杂的变化过程（或趋势）认识不清或判断错误，工程处理措施往往不当和贻误了支护处理的最佳时机，使地下洞室工程地质条件向不利的方向转化，发生围岩变形、塌方、涌水、区域水文地质环境恶化、围岩类别调整、围岩支护处理措施的变更等，给工程带来不同程度的危害和影响。如果人们对围岩状况和动态分析得比较准确，即施工地质预测预报符合实际情况，设计施工采取的措施得当，许多复杂的不良工程地质问题往往会得到顺利解决。因此，地下洞室围岩动态变化应是施工地质工作的内容，也是工程各方面共同关注的问题。

由于地下洞室围岩动态变化复杂多样，本章仅就引黄入晋工程发生的一些实例来说明它存在的实际意义。

第一节　较高地应力层状完整围岩的动态变化

总干线一级泵站主交通洞长 760 m，开挖直径约 10 m。隧洞围岩上部为寒武系崮山组（$\in_3g$）厚层～中厚层和薄层泥灰岩互层结构，下部为寒武系张夏组中厚层鲕状灰岩夹薄层灰岩、泥灰岩。地层产状平缓，倾角为 2°～4°，岩体完整性极好。该洞位于万家寨水库大坝下游黄河左岸，基本垂直岸边方向布置。黄河基岩岸坡近直立，高差 100 多 m，地应力和边坡应力较高。

在工程初期为国内承包商施工，曾开挖了 400 多 m，停工 1 年多。国内承包商施工质量甚佳，围岩稳定性极好，堪称典型的Ⅰ类围岩。但过 4 个月后顶拱就开始出现围岩松弛现象，7 个月后长约 240 m 的洞段发生间歇性的掉块和塌方，塌方高度一般为 1.50 m 左右，后经喷锚挂网支护处理，解决了围岩的稳定问题。

在总干线一级和二级泵站地区勘察钻探期间，曾对崮山组（$\in_3g$）岩孔岩心进行了一项有趣的试验，即取出的钻孔岩心全部为长柱状，最长者 4～5 m，在露天存放 1 d 之内就会裂开成为饼状岩心。即使把岩心放到水池里、油箱中或经缠裹后放到水、油中也无济于事，这是一种应力释放引起的沿岩心层面开裂的现象。因此，工程地质勘察报告中强调在一、二级泵站地下洞室开挖后应适时进行喷锚支护，以保障围岩的长期稳定。

主交通洞顶拱围岩由稳定到失稳的动态变化，是经历了围岩回弹变形、应力重分布、卸荷松弛、地下水由无到有少量地下水渗出（即水分重分布）、围岩强度总体下降的渐进变化过程。由于总干线一、二级泵站洞室群均具有相同的工程地质条件，为了防止主交通洞发生的问题在地下泵站厂房中重演，设计文件中特别对洞室围岩的适时喷锚支护做了明确的规定。国际承包商能够按照设计文件的要求在 48 h 后及时进行喷锚支护，即使是跨度达 18.60 m 的地下厂房围岩长久稳定性也是良好的。该实例说明地下泵站洞室开挖后存在围岩应力和地下水的动态变化,进行适时喷锚支护是保障围岩长久稳定的重要措施;如果错过了最佳支护时期,围岩支护将变得更加复杂。

第二节　低地应力隧洞围岩的动态变化

低地应力围岩一般分布在隧洞浅埋段、风化卸荷段、断层带和节理密集带段等。岩体完整性较差~破碎,岩体强度较低,存在结构面的不利组合等。这些洞段的围岩类别可为Ⅲ、Ⅳ、Ⅴ类。

隧洞开挖后,围岩的松动区范围一般较大。如不能及时喷锚一次支护,围岩的侧向和垂向变形发展较快,首先产生拱部的掉块和拱脚部位岩体的向内滑移或侧壁的片帮等。随着侧向和垂向岩体变形的交替发展,就产生渐进式的破坏,甚至酿成大的塌方。

低地应力围岩的塌方原因主要有:①围岩裸露时间过长(或不支护围岩洞段过长),一期支护不及时,错过了支护的最佳时机;②一期支护质量差,不能阻止围岩变形的发展,有的Ⅳ、Ⅴ类围岩一期的喷锚支护仅布置在拱部,忽略了边墙部位的支护,边墙岩体的收敛变形与滑动,会导致拱部产生大的拉应力集中区和喷锚支护的失效,形成更大范围岩体的塌方;③施工开挖爆破不规范,洞壁岩面不规整,超欠挖严重,岩体爆破松动区厚度大,加剧了围岩变形失稳。

一般来讲,在各类围岩洞段的施工过程中,如能够按照设计要求进行施工开挖和支护的,一般不会产生大的塌方。所以,在工程地质条件较差的洞段,根据实际情况注意施工开挖质量、优化施工方案和加强支护措施是十分重要的。

第三节　土洞围岩的动态变化

引黄入晋隧洞工程中有 Q_3、Q_2 黄土隧洞和 N_2 红土隧洞。

(1)Q_3 黄土隧洞。由于黄土围岩强度低,围岩的变形与失稳发展很快。若不能及时进行一期支护,围岩在数小时至数十小时内就会发生塌方。工程施工时,常采取上下台阶的人工开挖,每开挖1.0~1.5 m就进行一期素混凝土支护(混凝土厚25 cm左右),每当一期支护完成一个工作段后(一般为6 m左右),及时进行二期混凝土永久衬砌。Q_3 黄土隧洞的塌方主要是一期支护段领先长度过大(超过数个工作段长度),一期支护的强度满足不了隧洞围岩应力的要求造成的。

(2)Q_2 黄土隧洞。由于 Q_2 黄土强度低和土体含水量高,或含有上层滞水,所以隧洞围岩变形和失稳发展很快、局部围岩甚至发生塑性挤出性失稳。在施工中常采取短进尺、强支护、洞内井点排水与洞外深井抽水等综合措施。

(3)N_2 红土隧洞。N_2 红土属固结~超固结性土体,围岩的强度与其含水量的多寡关系十分密切。围岩稳定性的动态变化主要表现在应力的重分布和地下水的重分布。有的洞段开挖初期围岩含水量低,但时间长了围岩土体含水量往往会逐渐增大,一旦围岩出现湿润和渗水时,预示着围岩已产生较大的塑性变形,大的塌方即将来临,总干线10号、11号隧洞几次大塌方前这种先兆是十分明显的。

引黄入晋工程的 Q_3、Q_2 和 N_2 土洞围岩动态变化总体特点是围岩强度低、变形速率快、围岩的稳定性与含水量的变化十分敏感。由于施工中逐渐掌握了围岩动态变化的特征,总结出短进尺、强支护、加强排水、永久混凝土衬砌紧跟的施工措施,圆满地完成了这一复杂地质隧洞的施工任务,当时这在国内外是领先的。

第四节 地下洞室地下水动态变化

在地下洞室开挖前,地下水的赋存、径流与排泄状态处于天然状态。地下洞室开挖后,在重力、地应力等影响下,会产生向洞室的径流与排泄,形成新的地下水径流场。本工程地下水动态变化主要有以下几种类型。

1. 先大后小型

洞室初期涌水量较大、而后逐渐变小是其主要特点。

该种类型多分布在浅埋~中等埋深的隧洞段,岩体中的地下水主要赋存在全、强、弱风化带、岩体卸荷带和断层破碎带等,地下水的类型多属基岩裂隙潜水。洞室开挖的初期围岩涌水量大、多呈线状或小股状涌水。经过一段时间的排水后,形成以隧洞为中心的地下水降落区,地下水变为在洞室底部排出,水量也逐渐减少。

南干线一级泵站出水隧洞水平段,地处偏关河南岸和龙须沟挠曲的北翼,主要含水层为寒武系凤山组厚层灰岩,该层中岩溶洞和岩溶裂隙比较发育,其下为区域性的隔水层——寒武系长山组($\in_3c$)薄层泥质灰岩、页岩等。隧洞开挖初期 1 d 的涌水量可达 2 000 m^3,经 10 多天的排水后,地下水位逐渐降至隧洞底板附近。隧洞涌水给正常施工带来一定的影响。

南干线 7 号隧洞的周家堡等施工斜井,地下潜水主要赋集在全、强、弱风化带的砂岩中。隧洞初期涌水量约 40 m^3/h,经数月排水后逐渐减小。

2. 先小后大型

地下洞室开挖初期地下水涌水量不大,后期逐渐增大,且大涌水量能维持很长时间,该种也可称为"滞后涌水"类型。这种隧洞一般埋深较大,岩体较为破碎,但岩体挤压较紧密,裂隙、岩溶多有充填,天然岩体渗透性不大,但隧洞地下水补给面积大,且水量充足,甚至与河流砂砾石地下水联通。隧洞滞后涌水的主要原因是,在隧洞开挖后地下水向隧洞的渗流逐渐加强,裂隙、岩溶的充填物被冲蚀,岩体渗透性增大,使区域性的含水层与隧洞发生水力联系。

例如,北干线 1 号隧洞的 1 号、2 号支洞之间的隧洞大涌水,是在隧洞开挖后 7 个月以后发生的,由先期的 40 m^3/h 逐渐增加至 480 m^3/h,且维持大涌水长达 2 年多的时间。

又如,北干线乃河堡 04 号支洞,斜长约 412 m,斜度为 20°。在桩号 0 +000 ~1 +560 为寒武系灰岩、桩号 1 +560 ~2 +245 为第四系大块石为主的碎石土,存在一个被埋藏的古冲沟。

地下水位在隧洞以上约 80 m(见图 6-1),由于该段斜井埋深约 100 ~140 m,碎石土围岩在开挖初期具有一定的坚固性,隧洞涌水量很小,局部呈滴渗状流出。在碎石土洞段开挖约 20 m 左右后,地下水渗出水量逐渐增大,局部开始出现股状涌水点,围岩稳定性日趋恶化。

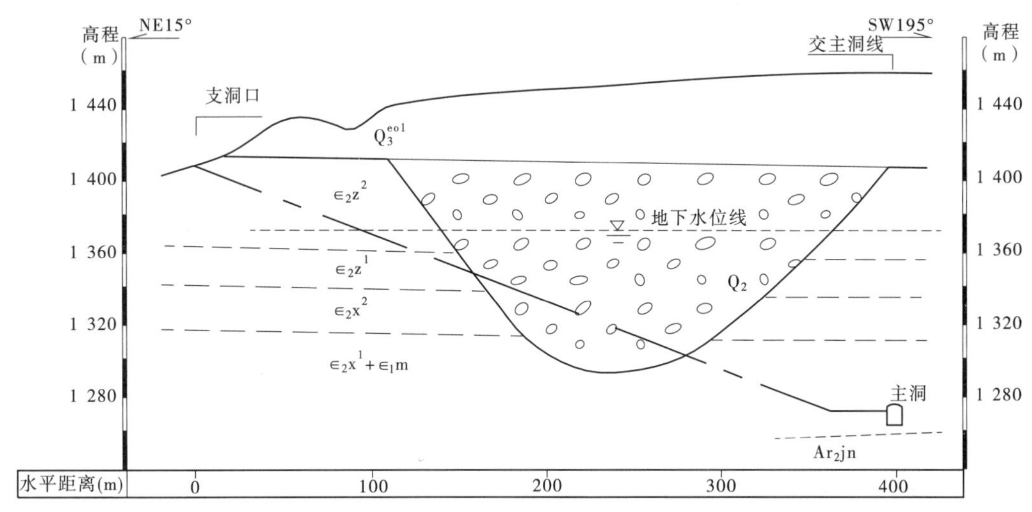

图 6-1　北干线乃河堡(支 04)施工支洞工程地质剖面

经工程地质分析认为,该碎石土洞段具备滞后大涌水和大塌方的地质条件,围岩一旦塌方处理将十分困难。在业主主持的讨论会上决定:①立即停止掘进;②对已开挖的洞段进行钢筋混凝土衬砌和灌浆回填处理。在该斜井停工期间,地下水很快抬升至距隧洞口数十米的位置,说明对该段斜井的混凝土衬砌,成功地避免了大涌水和大塌方的发生。在后来复工时,采用短进尺、强支护和衬砌紧跟的方法,安全通过了该含水碎石土洞段。

又例如,北干线蝇子咀沟洞段(桩号 4+220~4+470),长约 250 m,埋深 60~70 m,隧洞在 N_2 红黏土地层中通过,其上为第四系含水砂卵(砾)石层(见图 6-2)。在隧洞开挖时,围岩出渗水量很小,但完成该段混凝土衬砌数月后,隧洞涌水量逐渐增大,在混凝土衬砌接缝和裂隙中呈线状和股状流出,并带出红色泥浆把洞壁染成红色,后来对围岩进行了固结灌浆处理。该段隧洞涌水量由小到大的变化,是由于上覆的砂砾石孔隙水向隧洞渗

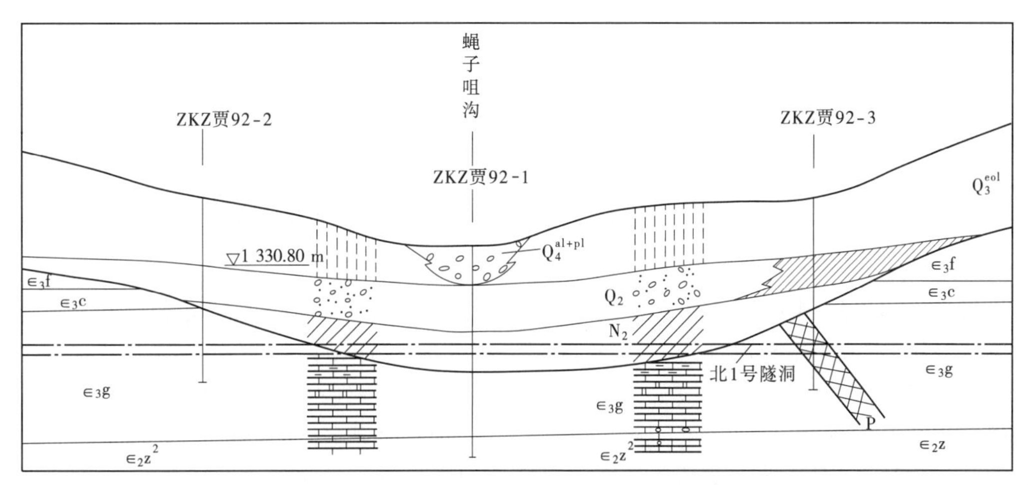

图 6-2　北干线 1 号隧洞蝇子咀段工程地质剖面

流并击穿了 N_2 红黏土层，产生了直接的渗透径流所致。

引黄入晋隧洞涌水问题，在勘察报告中就进行了分析与评价，提出了含水洞段的长度和预测了隧洞的涌水量。在施工阶段，大部分的施工地质预测预报工作是比较好的，也能够在出现涌水问题时及时进行工程处理。由于地下工程突涌水和动态变化问题十分复杂，需要不断提高勘察和施工期的预测预报水平，而且该项工作应贯穿在工程的始终。

第五节 围岩类别变化与调整问题

在长隧洞的施工中，围岩类别的变化与调整是经常发生的。其原因是：工程前期勘察所确定的围岩类别及其洞段长度（或比例），是根据地质勘察资料，如地层岩性、岩体结构、构造、地应力、地下水、岩体风化、完整岩心长度（RQD 值）以及物探成果等综合判定的，属于围岩工程地质类别的初判，其成果不可能完全与实际相符。此外，前期勘察成果的质量也与勘察的精度、工程地质分析评价的水平有很大关系。所以，施工中揭露一些新的地质情况，产生部分围岩类别的变更是正常的。

施工期围岩工程地质类别的判别包括了天然的工程地质条件（因素），也包括了施工因素（如施工开挖爆破的质量、支护措施的质量等）和围岩工程地质条件动态变化等方面的内容。因此，施工阶段的围岩详细工程地质分类是在多种因素影响下的综合判定成果，应该说由于施工的因素造成围岩类别的调整也是存在的。

本书认为，一个地下工程地质勘察成果的质量，可由以下几个方面进行分析：

（1）工程区的工程地质条件和主要工程地质问题是否查明或基本查明，各设计阶段的地质资料是否齐全和通过审查单位的逐级审查。

（2）是否存在由于地质因素造成设计方案的重大变更。

（3）工程的投资和工期有无因地质因素发生大的变化或突破。

引黄入晋工程的地质勘察，各阶段的工作比较充分，对重大工程地质问题经过了多次上级主审单位和国内外专家组的咨询、指导与评审。工程施工验证证实，工程区段的基本地质条件已查明或基本查明，没有遗漏重大工程地质问题，没有发生地质因素造成的设计方案重大变更问题，工程投资和工期均在预定的控制范围之内。据统计，引黄入晋一期工程隧洞Ⅳ、Ⅴ类围岩所占比例的增幅在 5% 左右。地下洞室围岩类别出现一些变化和调整是多种因素造成的，多属正常现象。

第六节 地下工程排水与水文地质环境问题

我国许多长隧洞工程，多采用抽排地下水的办法，降低隧洞地区地下水位。在地下水丰富的洞段，常采用下导洞先行开挖，待隧洞地区形成地下水下降漏斗后，隧洞涌水量减少，使围岩稳定性有了一定的改善，并且使喷锚支护容易得到有效的实施，再进行扩大断面的开挖。在隧洞衬砌完成后，往往采取排水系统降低地下水位的办法，减小隧洞外水压力。凡此种种，会对区域水文地质环境带来很大的变化或不同程度的不利影响。例如，天津市引滦入津工程隧洞，总长约 10 km，长期的隧洞排水造成洞线两侧约 1 ~ 2 km 范围内地下水和地表水体被疏干，植物的生长受到严重影响。

引黄入晋工程线路经过的地区，均属地下水十分匮乏、生态环境十分脆弱的地区。因此，对输水隧洞采取封堵办法，尽量减少地下水向洞内的长期排泄，以达到保护隧洞区水文地质条件和生态环境的目的。

引黄入晋一期工程大部分为 TBM 施工，对围岩封闭及时，又采取了围岩灌浆等措施，地下水环境基本能够保持天然状态。在土洞段，特别是含有上层滞水的洞段，由于采取了以土工布为主的综合防渗措施，基本可以做到内水不外渗、外水不内渗，因此隧洞地区水文地质环境变化不大。在钻爆法施工的有地下水溢出的洞段，多进行了围岩固结灌浆的措施，使施工期抽排水降低地下水位在后期能够逐步得到恢复。因此，引黄入晋工程能够较好地解决隧洞工程区域水文地质环境问题。

但是在工程的长期运行过程中应加强观测，分析了解内外水对工程和环境的影响。其主要工程部位有地下泵站和地面泵站高压管道地区、黄土隧洞地区、高外水地区，以及施工期长期抽降水的地区等。

第七章　大梁水库工程地质勘察与研究

第一节　工程概况

大梁水库是引黄入晋工程北干线的一座重要调节水库，主要任务是对输送到大同和朔州等地的引黄水进行调节，即在引水期内用引黄水充蓄水库，每年8、9月份停引期间由该水库泄放供水。

该水库位于山西省朔州市平鲁区井坪镇西北下称沟内，主要由主坝、副坝、防护坝及放空洞等建筑物组成。原设计总库容为1.03亿m^3，调节库容为9 127万m^3，正常蓄水位高程为1 419.7 m。主坝为黄土心墙分区土石坝，最大坝高为46.5 m，坝顶高程为1 421.5 m，坝顶长度为1 712 m；副坝为均质土坝，最大坝高为10.5 m，坝顶长485 m；防护坝为分区土石坝，最大坝高为17.5 m，坝顶长616 m；放空洞位于主坝右岸地下，为有压隧洞，洞径为2.5 m，长约770 m。

1993年2月，原国家计委发文告知水利部和山西省，《关于审批黄河万家寨水利枢纽和引黄入晋工程可行性研究报告的请示》业经国务院批准（其中引黄入晋工程包括总干线和北干线工程）。

1993年5月22日，大梁水库举行奠基典礼，标志着引黄工程正式开工建设。大梁水库进行了主坝基槽开挖、回填，主坝高喷防渗墙等的施工。

根据原来的计划安排，引黄工程第一步先建设总干线和北干线，解决平朔、大同等地用水，第二步再建设南干线，解决太原用水。由于太原市缺水日趋严重，城市用水十分紧张。山西省提出并经国家有关部门同意，先行建设南干线，向太原供水，因此北干线暂缓建设，大梁水库在完成主坝高喷防渗墙和基槽回填后暂时停工。

2002年引黄入晋一期工程顺利试通水后，受山西省万家寨引黄工程总公司的委托，天津院和山西院于2002年8月开始重新进行北干线可行性研究的勘测设计工作。

根据审查和评估，北干线可行性研究报告将大梁水库主要建筑物技术参数调整为总库容为4 183.55万m^3，正常蓄水位高程为1 405.91 m，主坝为黄土心墙砂砾石混合坝，最大坝高为33.0 m，坝顶高程为1 408.0 m，坝顶长度为1 270.5 m；放空洞位于主坝右岸地下，为有压隧洞，洞径为2.5 m，长778.9 m。

由于在可行性研究～初步设计阶段对大梁水库库区和坝区进行了大量的工程地质勘察与研究，在黄土湿陷性、坝基开挖深度、坝基防渗、黄土液化判别、煤矿采空区、库区渗漏、天然建筑材料及勘察方法等方面取得了比较丰富的资料，对此进行总结，对在黄土地区建库和筑坝有较高的参考价值。为此，本书对大梁水库的工程地质论述是在原初步设计工程规模的基础上进行的。

第二节　库坝区工程地质条件

一、地形地貌

大梁水库位于朔州市平鲁区井坪镇西北黄土丘陵区，毗邻北坪洼地的下称沟中，是一座两岸山梁低矮，山坡平缓，谷地宽浅，库底平坦的黄土丘陵区水库，库区上游有徐辛窑、高家坡及陈掌三条支沟，控制流域面积 28.85 km^2。

库区下称沟近东西走向，沟谷浅宽平坦，宽 800～1 400 m，坝址位于沟口处，库区左岸为一黄土山梁，顶部宽平，高程为 1 475～1 414 m，右岸为一弧形山梁，山顶部高程为 1 470～1 442 m，山梁起伏有两段鞍部，一为砖厂沟，鞍部地面最低高程为 1 408 m，另一段为右坝肩后山梁鞍部。东南侧为井西煤矿采空区，地表分布众多裂缝塌坑。

库区两岸山梁平均坡度为 10°左右，山梁多为黄土覆盖，冲沟底有少量基岩出露。

二、地层岩性

工程区分布有古生界奥陶系、石炭系基岩地层，新生界上第三系、第四系松散土层，地层分布由老至新分述如下。

（一）古生界奥陶系中统（O_2）

上、下马家沟组（O_2s、O_2x）：主要岩性为厚层致密灰岩，豹皮状灰岩，白云质灰岩，板状、薄层状泥质白云岩等，发育有岩溶裂隙、溶洞、溶孔，厚 200～350 m，该层分布在虎头山东侧，在库区则埋藏于库底以下。

（二）石炭系（C）

主要分布在库区两岸，左岸分布厚度 10～30 m，右岸分布厚度约 120 m，地层总体产状为走向 NE30°～60°，倾向 SE，倾角为 5°～10°。

（1）中统本溪组（C_2b）：主要岩性为紫红色、杂色页岩、粉细砂岩，下部夹 1～4 层灰岩及铝土页岩，底部含不稳定铁矿，本组厚 20～30 m，不整合于奥陶系地层之上。

（2）上统太原组（C_3t）：主要岩性下部为粗粒、中细粒浅灰色长石石英砂岩夹砂质页岩、泥质页岩；中部为灰黄色、灰白色页岩、砂岩、铝土页岩及黑褐色页岩等，含 1～4 层煤，煤层最厚达 14.5 m；上部为灰黄色、灰色页岩砂岩互层，顶部深灰色页岩。本组厚80～100 m。

（三）新生界第三系（N）

按成因类型和岩性分为以下两层：

（1）冲积洪积（N_1^{al+pl}）：含砾黏土及卵砾石层等，分布于沟谷及盆地底部，厚 20 m 左右。

（2）坡洪积（N_2^{dl+pl}）：黏土，紫红色、棕红色，致密，含铁钙质，分布广泛，层厚 0.5～70 m，为本水库隔水层。

在水库的西北部和南部缺失上新统（N_2）地层。

（四）新生界第四系（Q）

1. 中更新统（Q_2）

按成因类型和岩性分为以下两层：

(1)冲洪积(Q_2^{1al+pl}):砂(卵)砾石与棕黄色粉质黏土互层,分布于沟谷底部,厚10～25 m,为库坝区地下水主要含水层。

(2)风坡积($Q_2^{2eol+dl}$):粉质黏土、粉土,浅红色、灰褐色、褐黄色,粉粒含量较高,含钙质结核、局部富集,具大孔隙及垂直节理,主要分布于山梁坡地,厚度为10～20 m。

2. 上更新统(Q_3)

按成因类型和岩性分为以下两层:

(1)冲洪积层(Q_3^{al+pl}):以黄土状粉土为主,夹有薄层粉质黏土、粉砂等,上部及下部有砾石层或透镜体,厚度为8～27 m。

(2)风坡积层(Q_3^{eol+dl}):黄土状粉土,土质均一,结构疏松,具大孔隙及垂直节理,含钙质结核,厚20 m左右。

3. 全新统(Q_4)

冲积、洪积(Q_4^{al+pl}):沟谷底为以灰岩为主的砂卵(砾)石,含泥量较高,中密状,漫滩及阶地为黄土状粉土,沟口常有现代冲洪积物,厚度为0.5～5.0 m。

三、地质构造与地震

(一)地质构造

大梁水库地处偏关～神池块坪与云岗块坳两个构造单元交界地带,主要分布有近南北向和北东～北东东向两组主要构造形迹,见图7-1。

1. 近南北向构造——另山背斜

位于水库西部,其轴向近南北,宽约4 km,核部为太古界集宁群片麻岩系,背斜西翼地层较平缓,东翼寒武、奥陶系灰岩地层倾角在30°以上。

2. 北东～北东东向构造——平鲁向斜

轴向北东,轴线长约50 km、宽约20 km,形态平缓开阔,西翼为另山背斜东翼,由西向东依次出露寒武系、奥陶系灰岩地层,轴部基岩为石炭系、二叠系地层,地层平缓、倾角4°～20°,东端伏于云岗向斜之下。该向斜中舒缓次一级褶皱发育,自南向北有上称沟～井西背斜、高家坡向斜、东洼背斜、大白羊洼向斜等,由于黄土分布广泛,构造形迹多被掩埋。

(二)地震

晋西北地区东部、东南部构造活动强烈,地震也较为频繁,西部地区相对稳定。大梁水库地处东部云岗块坳构造活动强烈频繁区与西部偏关～神池块坪构造相对稳定区边缘地带。

根据《中国地震动参数区划图》(GB 18036—2001),库区地震动峰值加速度为0.10g,相当于地震基本烈度Ⅶ度。

四、水文地质条件

根据地层岩性和地下水埋藏条件,按含水类型可分为奥陶系岩溶裂隙水,石炭系碎屑岩层间裂隙水、孔隙裂隙水和第四系孔隙水。

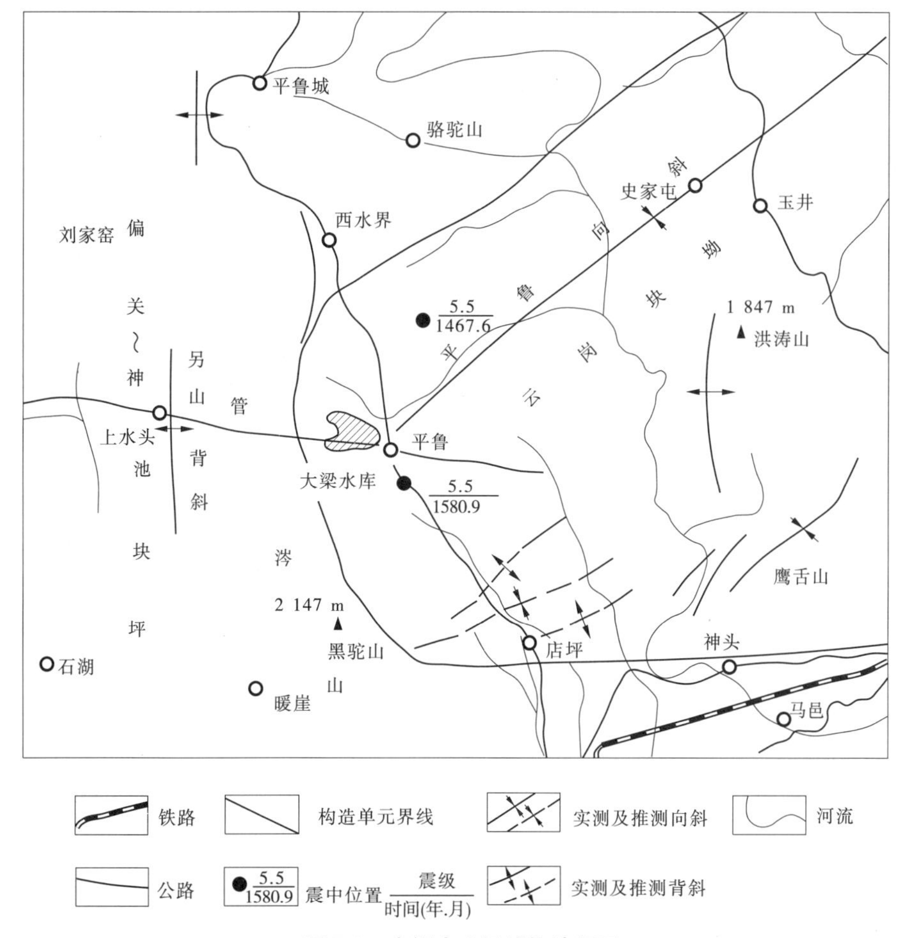

图 7-1　大梁水库区域构造纲要

(一)奥陶系岩溶裂隙水

奥陶系灰岩分布于另山背斜东翼,为岩溶裂隙水主要补给区,地下水向东排泄。由于西部补给区大气降水有限,而东部排泄区用水量不断增大,区域地下水位不断下降,据1992 年山西省区域水文地质图,库坝区岩溶裂隙地下水位高程为 1 120 ~ 1 180 m,埋深230 ~ 250 m。

(二)石炭系裂隙水

石炭系本溪组和太原组地层,岩性为砂岩、泥岩、页岩,呈互层状,分布于大梁水库左右两岸及坝肩,砂岩裂隙发育,风化破碎,赋有少量裂隙地下水,页岩、泥岩、煤层为相对隔水层,因此构成多层砂岩裂隙水,由于降水补给有限,因此水量不丰富。

(三)第四系孔隙水

依据地下水埋藏条件及含水介质有以下两种类型:

(1)砂砾石层孔隙水:分布于下称沟库坝区第四系冲洪积 Q_2 砂砾石层中,底部第三系 N_2 红黏土为隔水层,该含水层水量相对较丰富,为本区主要含水层,地下水埋深 20 ~ 26 m,顺沟谷向东潜流汇入北坪洼地。

(2)Q_3、Q_2 土层孔隙水：属上层滞水，分布在黄土梁峁 Q_3、Q_2 黄土中，N_2 红黏土为隔水层，受大气降水补给控制，水量很小，雨季冲沟低洼处 N_2 红黏土层顶部有少量暂时水流。

第三节　库坝区主要工程地质问题

一、库区渗漏问题

大梁水库是建筑在 Q_3 黄土区，以 N_2 红黏土相对隔水层为库盆的水库。N_2 红黏土致密并多已固结，可视为不压缩的微～极微透水层。由于红黏土层库区分布厚度变化较大，局部缺失，从而造成水库库底 N_2 红黏土缺失区渗漏、右岸渗漏和左岸邻谷渗漏等问题。

(一)库底 N_2 红黏土缺失区渗漏

库底红黏土缺失区(A、B 区)位于库区陈掌沟以东左岸山梁坡脚处。A 区地面高程为 1 394～1 402 m，勘探基本查明红黏土厚度小于 4 m 的面积约为 19 113 m²；B 区地面高程为 1 410～1 413 m，红黏土厚度小于 4 m 的面积约为 24 409 m²。

从本区地质演变史分析，库底 A、B 红黏土缺失区大约形成于上新世末(N_2)潢水～汾河侵蚀期，该时期地壳上升，受古地形影响，在下称沟西北部沉积的红黏土分布较薄，在地壳上升以剥蚀冲蚀作用为主的情况下露出奥陶系灰岩，此后沉积堆积 Q_3、Q_2 黄土层。

水库蓄水后将淹没 A 区，其渗漏量估算选择参数如下：

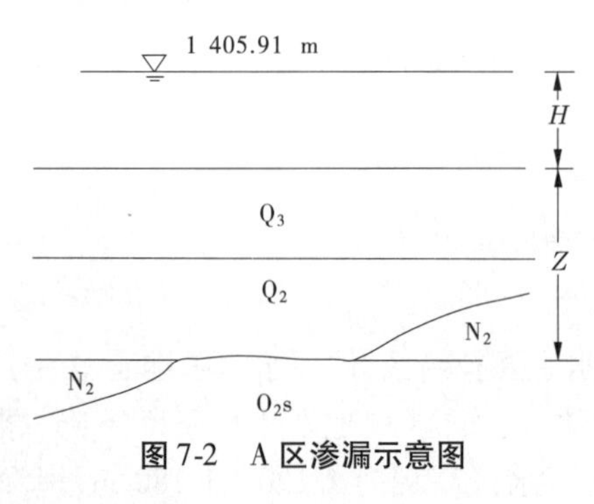

图 7-2　A 区渗漏示意图

(1)渗漏面积(S)：根据库区勘探钻孔揭露的 N_2 红黏土厚度绘制的等厚线图和 A 区勘探钻孔及地质剖面资料，Q_2 黄土与下伏 O_2s 灰岩直接接触面积约为 6 325 m²，渗漏示意见图 7-2。

(2)渗径及水力坡度：库底奥陶系灰岩(O_2s)中地下水位埋深 230～250 m，地下水位以上灰岩地层可视为一个无限大容水体，库水经 Q_3、Q_2 土层和少量残留的 C_2b、N_2 沉积物渗入 O_2s 地层中，渗径(Z)为 Q_3、Q_2、C_2b 总厚度，$Z = 23$ m，水力坡度(J)为：

$$J = \frac{Z + H}{Z} \tag{7-1}$$

式中　Z——渗径，m；

　　　H——水深，m。

(3)土层渗透系数：A 区上、中更新统 Q_3、Q_2 黄土建议渗透系数，采用坝址左岸土层渗透试验值大值平均值。

渗漏量按式(7-2)进行估算，库底 A 区“天窗”估算渗漏量见表 7-1。

$$Q = S \cdot K \cdot J = S \cdot K \frac{Z + H}{Z} \tag{7-2}$$

表 7-1　库底红黏土缺失区(A 区)渗漏量估算

项目		数值
渗漏面积 S(m^2)		6 325
水头高度 H(m)		11
库水渗径 Z(m)		23
各层渗透系数 K(m/d) / 各透水层平均厚度(m)	0.34/10	Q_3
	0.40/12	Q_2
	0.049/1	C_2b
渗透系数加权平均值 K(m/d)		0.288
渗漏量 Q(m^3/d)		2 692

据化探测试,A 区北侧存在气态汞(Hg)高值区,经钻探验证,在北东东向气汞高值带上岩溶较为发育,溶蚀裂隙及溶洞中多有铝土页岩或红土碎石充填,充填物遇水崩解,因而 A 区渗漏及渗透稳定问题应予以重视。

(二)右岸渗漏

按预测渗漏情况,水库右岸渗漏可分为 3 个地段,即主坝右坝肩 ~ 防护坝地段、防护坝坝基和防护坝以西地段。

1. 主坝右坝肩 ~ 防护坝地段渗漏

该段山体表层为 Q_3 风坡积黄土,下部为 Q_2 风坡积黄土。N_2 红黏土层顶面分布呈起伏状,一般分布高程为 1 410 m,山坡冲沟处水流冲刷基岩裸露,N_2 红黏土层顶面最低高程约1 380 m。土层下伏石炭系太原组砂页岩及煤系地层,9 号煤层以上岩体风化强烈、破碎,透水性强,9 号煤层透水性较弱,可视为相对隔水层,其顶面高程约为 1 370 m。该段 9 号煤层以上库水透过 Q_3、Q_2 黄土在 N_2 红黏土缺失处沿太原组砂页岩向井西煤矿采空区渗漏,渗漏示意图见图 7-3。

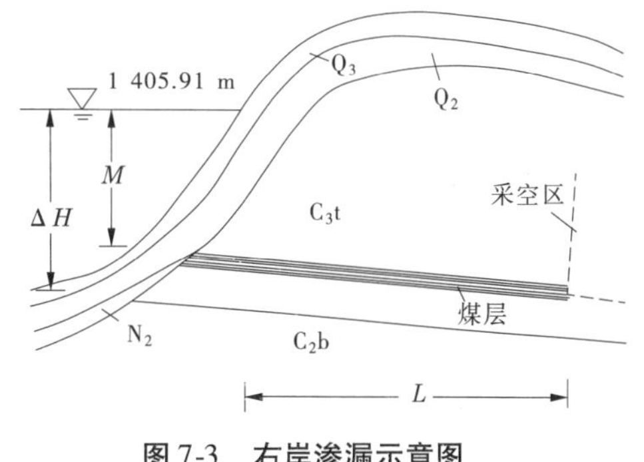

图 7-3　右岸渗漏示意图

渗漏量估算中,Q_3 黄土塌岸因素未予考虑,Q_2 黄土平均厚度为 2.67 m,渗透系数 $K=0.30$ m/d,太原组 C_3t 平均厚度为 45.50 m,渗透系数平均值 $K=1.84$ m/d,Q_2、C_3t 透水地层渗透系数加权平均值 $K=1.75$ m/d,水头差 $\Delta H = 1\ 406 - 1\ 370 = 36$(m),渗漏段长 $B=200$ m,渗漏层厚 $M=34$ m,平均渗径 $L=330$ m。渗漏量按式(7-3)估算,主坝右坝肩 ~ 防护坝地段渗漏量为 1 298 m^3/d。

$$Q = K\frac{\Delta H}{L} \cdot M \cdot B \tag{7-3}$$

式中　B——渗漏段长,m;

M——渗漏层厚,m;

ΔH——水头差,m;

L——渗径,m,取平均渗径;

K——渗透系数,m/d,取加权平均值。

2. 防护坝坝基渗漏

防护坝坝基地面高程为1 404~1 416 m,该地段N_2红黏土缺失,Q_3黄土层厚10 m,Q_3黄土塌岸渗漏未予考虑,可渗漏地层为Q_2黄土层和太原组(C_3t)砂岩。渗漏层厚(Q_2、C_3t)$M=33.59$ m,Q_2黄土渗透系数建议值$K=0.30$ m/d,太原组(C_3t)渗透系数平均值$K=1.83$ m/d,Q_2、C_3t加权平均值$K=1.76$ m/d,水头差$\Delta H=36$ m,渗漏段长$B=300$ m,渗径$L=112$ m,采用上式估算原防护坝坝基渗漏量为5 700 m^3/d。

3. 防护坝以西段库岸渗漏

防护坝右坝肩至井坪砖厂段N_2红黏土顶面分布高程为1 420 m,高于库水位,该段不存在渗漏问题。

砖厂西侧山梁鞍部地面高程为1 408 m,N_2红黏土顶面高程为1 406 m,与最高蓄水位基本持平,上部Q_3黄土厚2 m,宽度约450 m,风浪侵蚀Q_3黄土塌岸,存在塌岸与渗漏问题。山梁鞍部以西库岸N_2红黏土层顶面高程为1 382 m~1 395 m,该段库岸山梁宽厚,可在蓄水运行时进行渗漏观测。

(三)左岸邻谷渗漏

东洼沟为大梁水库左岸相邻沟谷,沟谷近东西走向,谷底宽40~60 m,沟底高程为1 382~1 370 m,比库水位低24~36 m。左岸该段山梁相对隔水层为N_2红黏土和C_3t砂页岩,顶面高程为1 380~1 390 m,Q_3黄土塌岸后库水主要经N_2、C_3t上部Q_2黄土向东洼沟邻谷渗漏。Q_2黄土渗透系数$K=0.741$ m/d,水头差$\Delta H=30$ m,渗漏段长$B=1\ 100$ m,渗径$L=600$ m,渗漏层加权平均厚度$M=18.4$ m,采用上式估算水库左岸向东洼沟邻谷渗漏量为750 m^3/d。

(四)库区渗漏工程地质评价

通过勘察发现水库库底及左右库岸存在4处N_2红黏土缺失区段,存在永久渗漏。水库库区渗漏量见表7-2。

表7-2　大梁水库库区渗漏量汇总

渗漏地段	右岸		左岸邻谷	库底A区	总计
	主坝~防护坝之间	防护坝坝基			
渗漏量(m^3/d)	1 298	5 700	750	2 692	10 440

钻探基本查明库底西北侧A区N_2红黏土缺失范围,勘探钻孔未发现大的集中渗漏通道(灰岩古岩溶发育规模较小、填充情况较好、岩体渗透性不大),A区北侧的气汞高值区古岩溶较为发育,填充物有的为红土碎石,填充较为疏松,有的为铝土页岩,填充较密实。红土碎石遇水崩解,因此需考虑水库渗漏填充物遇水崩解出现渗透稳定问题。

水库右岸坝肩至防护坝地段为水库主要渗漏地段,该段背靠井西煤矿塌陷区,渗漏可造成水库蓄水损失，扩展井西煤矿采空塌陷区范围，影响该段垂向防渗帷幕效果，并可能对主坝及大梁地下泵站构成不利影响。

井西煤矿采空区以西地段红黏土缺失区，不同成因土层厚度较大，查明红黏土确切分布情况较为困难，初步分析该段山梁宽厚，不致产生严重的渗漏和渗透稳定问题。

库区左岸存在邻谷渗漏，可视对蓄水影响采取截渗措施。

（五）库区渗漏处理建议

（1）左岸库底 A 区位于库尾，水头不高，灰岩填充情况较好，可暂不进行工程处理，水库蓄水运行后若出现渗漏量大，仍可采取补救处理措施。

（2）水库右岸坝肩至原防护坝红黏土缺失地段为水库主要渗漏地段，可采取灌浆帷幕防渗，帷幕深度应进入 9 号煤层相对隔水层。

（3）防护坝以西地段、左岸山梁邻谷渗漏地段，可在蓄水运行期进行观测，视渗漏情况采取截渗措施。

二、井西煤矿采空区和塌陷区对水库的影响

（一）井西煤矿采空区概况

井西煤矿位于大梁水库右岸营盘梁，地面高程为 1 440 ~ 1 447 m，自下而上分布有石炭系、第三系及第四系地层。井西煤矿所开采为石炭系太原组 9-1 号、9-2 号及 11 号煤层，煤系地层产状平缓，总体走向 NE，倾向 SE，倾角 5°左右。煤矿区呈一扇形，北部包括大梁水库右岸坝肩及环库地带，西至防护坝，南到井坪镇北部边缘，总面积约 2 km^2，年产量 15 万 t 左右，井西煤矿历经多年开采、回采，现已停产封闭。

（二）井西煤矿塌陷状况

煤矿始建于 1974 年，出煤口位于井坪镇北山边，通风井口位于水库右岸，煤矿采用巷道式分别开采上述 3 层煤，两条平行主巷道宽 3 ~ 4 m，高 2 m 左右，支巷道分列主巷道两侧，间距 14 m 左右，开采范围东北距坝肩 200 余 m，西至营盘梁山脊鞍部。由于煤层无序回采造成地面沉降塌陷，形成一个长约 700 m、宽 400 m 的椭圆形沉陷拉裂区。

煤矿采空区引起营盘梁及大西梁之间地面沉陷和裂缝，并向大西梁发展。经过多年连续观察，塌陷范围基本没有扩大，但在塌陷范围内塌陷规模有所增大，以旧塌陷的陷坑中心向外发展及地表裂缝向外延伸，局部形成塌坑相连和浅坑中套有深坑的现象，说明采空区塌陷有不同程度的发展。

（三）井西煤矿采空区对水库影响

井西煤矿通风井井口位于库区，井口高程为 1 412. 45 m，洞身向下斜向 SE130°方向延伸，库水透过 Q_3、Q_2 黄土渗入 C_3t 汇入通风井形成集中渗漏通道，造成水库渗漏。

由于主坝右岸坝肩至防护坝地段 N_2 红黏土起伏分布，局部冲沟缺失，库水透过 Q_3、Q_2 黄土渗入 C_3t 向井西煤矿塌陷区产生渗漏，可能进一步恶化塌陷区稳定条件和扩大塌陷区的范围，进而对右坝肩造成不良影响。

建议对通风井附近的支洞和巷道，在查清巷道的基础上进行封堵、回填，以确保主坝右岸坝肩及岸边防渗帷幕的安全。

三、主坝坝基 Q_3 黄土开挖深度问题

坝基沟谷段地形开阔平坦，南北向宽约 700 m，地面高程为 1 372 ~ 1 378 m，其间分布有数条现代冲沟，深 3 ~ 5 m，宽约 10 m。

主坝地质剖面简图见图 7-4。

由于 Q_3 黄土的工程性质差，原则上不适宜作为天然坝基。按照惯例，坝基 Q_3 黄土应全部挖除，但由于本工程坝基 Q_3 黄土平均厚度为 25 m，若全部挖除，开挖土方量约 140 万 m^3，而且会产生开挖基坑涌水、开挖基坑边坡稳定、回填土料用量大、施工占地多、施工工期长及投资大等问题。

为了更好地解决 Q_3 黄土地基开挖深度问题，需对坝基 Q_3 黄土进行更深入细致的研究。为此，我们考虑如此巨厚的土层，上部和下部的物理力学性质会有所不同，因此将所取得的土工试验资料进行系统分析，不再像以往将整个 Q_3 黄土作为一层进行统计，而是将 Q_3 黄土分为若干小层，进行土的物理力学性质指标统计，然后再逐步合并工程性质相近的小层。统计结果证实了我们的推断。坝基沟谷段 Q_3 黄土的物理力学性质试验成果见表 7-3。

从表 7-3 中可以看出，坝基埋深 0 ~ 17 m 的 Q_3 黄土，土质疏松，孔隙比大，干密度小，天然含水量低，多为中等压缩性和中等湿陷性黄土，局部间夹有高压缩、高湿陷性黄土。埋深 17 ~ 25 m 土的物理力学指标分离性小，干密度平均为 1.45 g/cm^3，饱和压缩系数为 $a_{1\text{-}2}$ = 0.15 ~ 0.28 MPa^{-1}，湿陷系数为 δ_{s2} = 0.004 8 ~ 0.017，属中等压缩、非 ~ 弱湿陷性黄土。

土的物理力学性质指标随埋深变化见图 7-5 ~ 图 7-7。

根据试验成果，可以得出如下结论：坝基 Q_3 黄土在埋深 0 ~ 17 m 时，土质疏松，多为中等压缩性和中等湿陷性黄土，局部间夹有高压缩、高湿陷性黄土，不宜作为坝基持力层，须进行挖除，并以优质土料代替之；而埋深 17 ~ 25 m 的黄土土质较为紧密，属中等压缩、非 ~ 弱湿陷性黄土，作为持力层可以满足黄土心墙地基的要求。这样就可以将基坑开挖土方量减少 60 万 m^3，为 80 万 m^3。

四、坝基渗漏与渗控工程措施

沟谷坝基土层上部第四系上更新统（Q_3）黄土无孔隙水；中部为中更新统（Q_2^1）砂砾石、粉质黏土，该层中两层砂砾石，在库坝区分布面积大，层位稳定，赋存有孔隙地下水，与坝下游孔隙地下水连通并补给北坪洼地孔隙地下水，水量相对较丰富，为当地用水主要水源；下部为第三系上新统（N_2）红黏土，属相对隔水层。因此，Q_2^1 层是坝基下主要渗漏层。经渗漏计算，年渗漏量约为 300 万 m^3，这时于经三级扬水输来的引黄水来讲，渗漏损失是严重的，为此需进行防渗处理。

渗控工程措施是在坝基中设立防渗墙，使其进入 N_2 土层，切断 Q_2 土层中两层砂砾石构成的坝基渗漏通道。

上述想法已经由理论变成现实，目前主坝心墙已回填至地面，心墙下已完成高喷混凝土防渗墙。

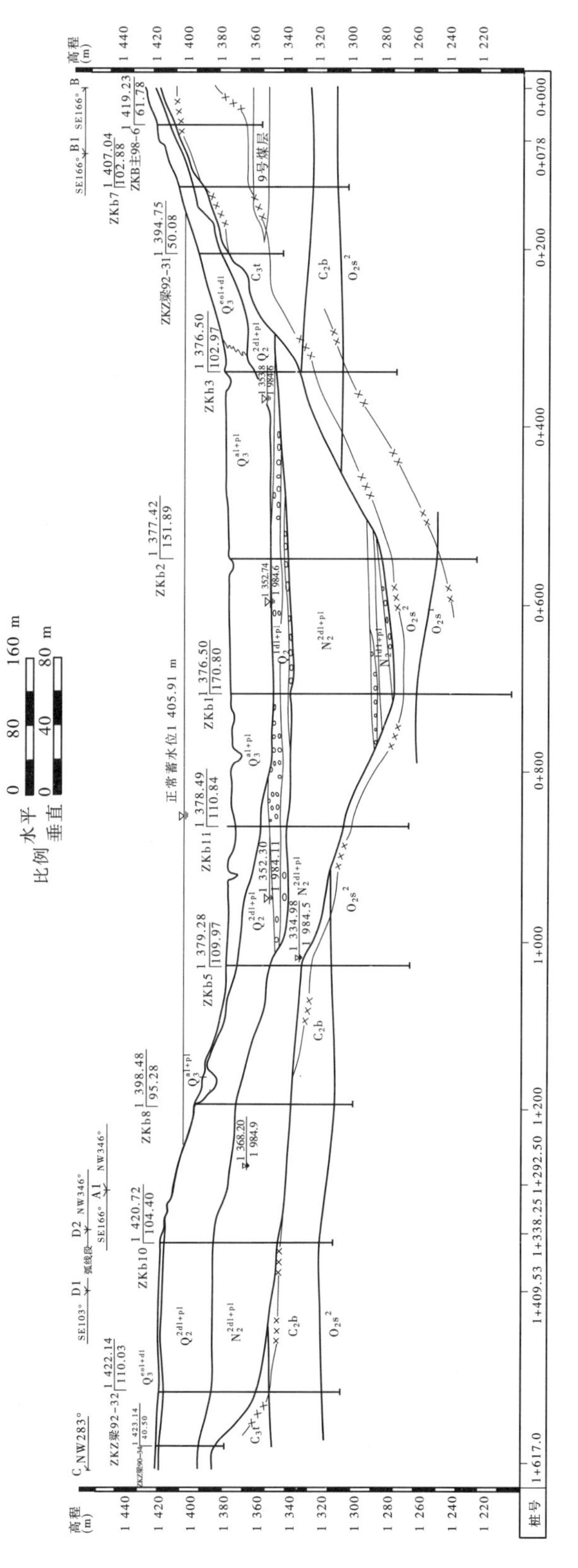

图 7-4　大梁水库主坝地质剖面简图

表 7-3　主坝坝基沟谷段 Q_3 土层物理力学试验成果汇总

层位（埋深）	统计项目	天然基本物理指标					液限	塑限	塑性指数	颗粒组成			压缩系数				湿陷		渗透系数
		含水率	湿密度	干密度	孔隙比	饱和度				>0.05 mm	0.05～0.005 mm	<0.005 mm	天然		饱和		湿陷系数	自重湿陷系数	
		w	ρ	ρ_d	e	S_r	W_L	W_p	I_p				$a_{v1\text{-}2}$	$a_{v1\text{-}3}$	$a_{v1\text{-}2}$	$a_{v1\text{-}3}$	δ_{s2}	δ_{zs}	K_{10}
		%	g/cm^3				%			%			MPa^{-1}				%		cm/s
第一层（0～7 m）	最小值	4.0	1.42	1.28	0.808	12.7	24.0	16.6	4.50	24.3	31.2	5.5	0.18	0.23	0.17	0.16	0.68	0.18	1.61×10^{-4}
	最大值	20.2	1.70	1.50	1.125	49.8	28.6	20.8	10.3	62.0	61.9	21.6	1.38	1.01	0.77	0.62	12.99	7.37	1.65×10^{-4}
	平均值	11.7	1.55	1.39	0.949	31.6	25.7	18.7	6.95	46.1	41.9	11.4	0.47	0.52	0.46	0.39	3.61	3.12	1.62×10^{-4}
	组数	26	19	19	19	19	19	19	19	23	23	23	12	5	13	5	15	10	3
	小值平均值	9.2	1.49	1.33	0.866	25.5	24.7	17.8	5.75				0.30	0.30	0.30	0.25	1.37	1.09	1.61×10^{-4}
	大值平均值	15.0	1.63	1.45	1.041	40.0	27.1	19.7	8.59				0.98	0.85	0.64	0.59	5.57	4.48	1.65×10^{-4}
第二层（7～17 m）	最小值	9.0	1.45	1.27	0.870	26.0	25.3	16.5	7.20	14.5	29.3	9.3	0.07	0.31	0.15	0.48	0.3	0.06	2.25×10^{-5}
	最大值	22.4	1.78	1.46	1.145	70.0	31.6	20.2	11.4	65.9	69.4	24.8	1.22	1.10	1.28	1.09	8.88	6.81	2.08×10^{-4}
	平均值	15.1	1.57	1.36	1.003	41.2	27.7	18.4	9.32	31.2	53.8	15.0	0.28	0.66	0.63	0.69	4.14	2.56	7.17×10^{-5}
	组数	29	26	26	26	26	26	26	26	33	33	33	14	3	16	3	22	19	7
	小值平均值	13.1	1.51	1.32	0.943	35.7	26.4	17.7	8.50				0.16	0.44	0.38	0.49	1.23	1.19	4.26×10^{-5}
	大值平均值	17.6	1.62	1.40	1.064	49.9	28.9	18.8	10.6				0.59	1.10	0.87	1.09	6.55	4.09	1.45×10^{-4}
第三层（17～25 m）	最小值	6.5	1.52	1.40	0.813	20.0	26.5	17.1	6.10	14.0	25.8	7.95	0.05		0.15		0.48	0.1	2.06×10^{-5}
	最大值	21.7	1.70	1.50	0.943	63.0	28.0	20.9	9.40	65.9	70.5	24.6	0.08		0.28		1.70	1.06	1.63×10^{-4}
	平均值	12	1.62	1.45	0.878	37.0	27.3	19.3	8.02	37.6	48.1	14.1	0.07		0.22		0.87	0.48	8.63×10^{-5}
	组数	6	6	6	6	6	6	6	6	21	21	21	2		2		5	5	5
	小值平均值	8.3	1.56	1.43	0.820	26.3	26.8	18.5	7.13								0.54	0.26	3.17×10^{-5}
	大值平均值	15.6	1.68	1.50	0.908	53.0	27.6	20.2	8.90								1.10	0.81	1.23×10^{-4}

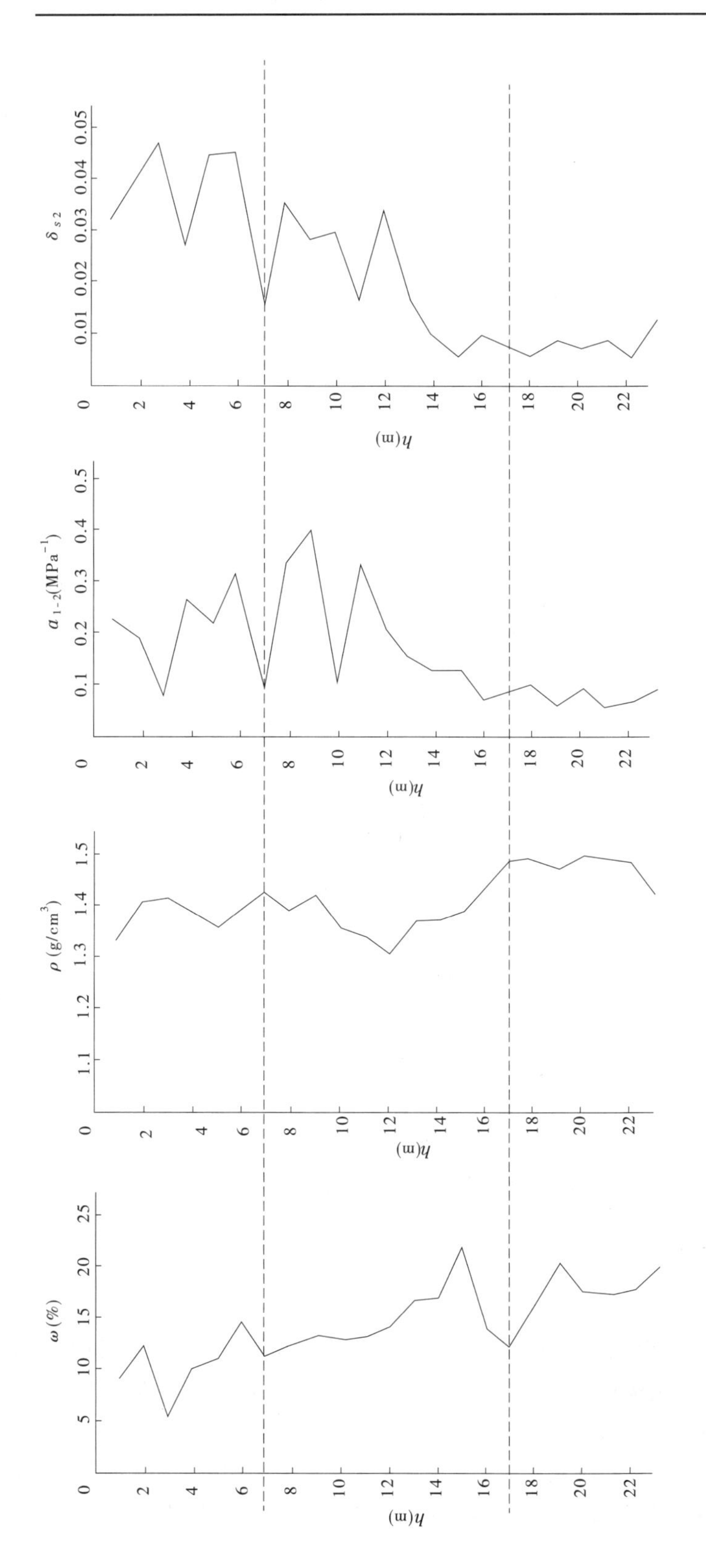

图 7-5　主坝河床部位坝基 Q_3 土层含水率、干密度、压缩系数和湿陷系数随埋深变化曲线

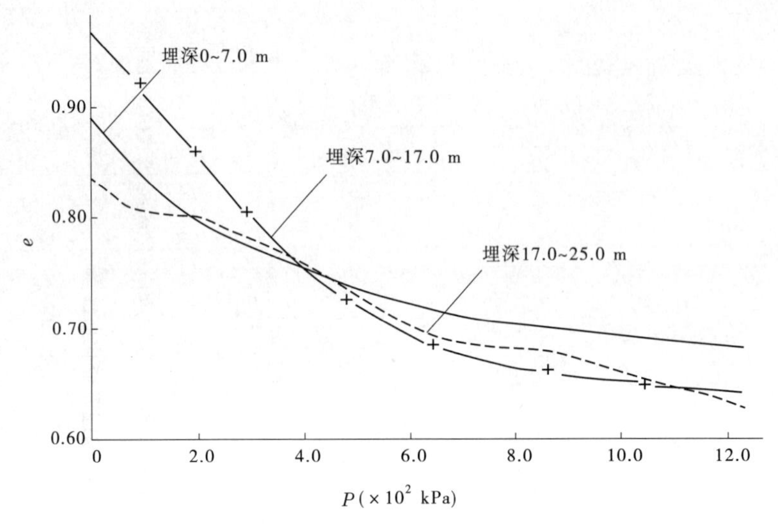

图7-6 主坝坝基 Q_3 土层压缩曲线(采用平均值)

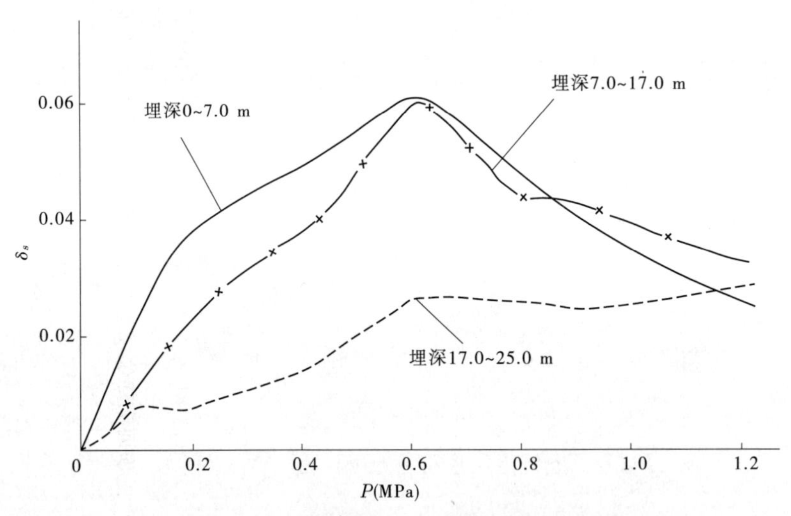

图7-7 主坝坝基 Q_3 土层湿陷曲线(采用平均值)

五、主坝坝基 Q_3 黄土地震液化问题

(一)坝基工程地质条件

坝址区沟谷宽阔平坦,宽约700 m,地面高程为1 372 m ~ 1 378 m。两岸呈缓坡状,左岸平均坡度为9° ~ 10°,左岸山体近东西向,山顶高程为1 416 ~ 1 433 m;右岸也为黄土缓坡,坡度10°左右,山顶高程为1 442 m。

坝基主要土层为第四系上更新统黄土状粉质黏土(Q_3^{al+pl}),为满足防渗和沉降变形的需要,对心墙进行了挖槽换土和高压灌浆防渗处理。因此,本次研究对象主要为主坝河谷段上、下坝脚处未进行工程处理的上更新统冲洪积黄土状粉质黏土(Q_3^{al+pl}),其特征如下:浅黄色,结构疏松,具有大孔隙,以粉质黏土为主,夹有少量浅褐色黏土和两层黑垆土夹层。本层最大厚度为27 m,其物理力学性质随埋深有所变化。埋深0~17 m的黄土,整体来看,土质疏松,孔隙比大,干密度小,天然含水量低,多为中等压缩性和中等湿陷性黄土,夹有高压缩、高湿陷性黄土。埋深17~25 m土属中等压缩、弱~非湿陷性黄土。该层为主坝心墙主要持力层,因此埋深0~17 m的Q_3黄土是地震液化研究的主要对象。

(二)坝基土层地震液化分析

1. 土的地质时代和颗粒组成分析

本工程坝基土虽为Q_3土层,按《水利水电工程地质勘察规范》(GB 50287—99)可判为不液化,但有其特殊性。其一,从坝基Q_3黄土土工试验成果来看,埋深0~17 m土的干密度$\rho_d=1.36\ g/cm^3$,孔隙比$e=0.92$,由此可见,土的干密度低,孔隙比大。土的粒径小于0.005 mm的颗粒ρ_c含量的质量百分率,埋深0~7 m为11.4%,埋深7~17 m为15%。众所周知,土层地质年代仅表明沉积时间的长短,较老的土层,经过长期的固结作用和水化学作用,土体除密度增大之外,往往还产生一些胶结能力,因此地质年代愈老,土的固结程度、密实程度和胶结性能就愈好,抗液化能力愈强;反之,地质年代愈新的近代沉积,其抗液化性能愈差。我国大部分地区晚更新世Q_3与全新世Q_4的地貌、地质环境基本类似,沉积地层均以陆相为主,Q_3、Q_4地层中都有砂土和粉土,都存在有可能液化的颗粒级配。在某些地区,当晚更新世Q_3地层形成后,受地壳运动的影响,上覆全新世Q_4地层较薄或缺失,Q_3地层未受到必要的固结和胶结作用,因此该地层中饱和砂土和粉土,地震时液化的可能性是存在的。我国历史地震资料和一些工程Q_3地层就有发生过液化的实例。其二,该工程是一个重要的水源水库,对供水保证率的要求很高,对工程安全的要求亦很高。水库蓄水后,坝基Q_3黄土将长期处于饱和状态,特别是坝脚无盖重部位,无疑将是液化敏感区域。

因此,综合以上分析,从安全角度考虑,初判在水库蓄水后坝基下处于饱和状态的Q_3黄土层可能液化。

2. 剪切波测试分析

依照《水利水电工程地质勘察规范》(GB 50287—99),当剪切波速度V大于式(7-4)计算的上限剪切波速度V_{st}时,可判为不液化。

$$V_{st} = 291\sqrt{K_H Z r_d} \tag{7-4}$$

式中　V_{st}——上限剪切波速度,m/s;

K_H——地面最大水平地震加速度系数,地震烈度7度采用0.1;

Z——土层深度,m;

r_d——深度折减系数,$Z=0\sim10$ m,$r_d=1.0-0.01Z$;$Z=10\sim20$ m,$r_d=1.1-0.02Z$;$Z=20\sim30$ m,$r_d=0.9-0.01Z$。

坝基Q_3黄土剪切波速法液化初判见表7-4。

据此分析,埋深0~17 m的坝基Q_3黄土在饱和状态下存在液化可能。

综合以上两方面分析成果,认为水库蓄水后坝基以下17 m范围的Q_3黄土为可液化土层。

表 7-4　坝基 Q_3 黄土剪切波速法液化判别成果

序号	土层深度 Z(m)	剪切波速度 V(m/s)	上限剪切波速度 V_{st}(m/s)	判别结果
1	4.0	168	180	液化
2	5.0	196	200	液化
3	7.0	223	235	液化
4	9.0	245	263	液化
5	11.0	274	286	液化
6	13.0	288	304	液化
7	15.0	305	318	液化
8	17.0	324	331	液化
9	19.0	341	340	不液化
10	21.0	356	350	不液化
11	23.0	371	361	不液化

3. 标准贯入锤击数法复判

依照《水利水电工程地质勘察规范》(GB 50287—99)标准贯入锤击数法复判规定，当 $N_{63.5} < N_{cr}$ 时，土层应判为液化。

$N_{63.5}$ 为工程运行时，标准贯入点在当时地面以下 d_s(m)深度处的标准贯入锤击数；N_{cr} 为液化判别标准贯入锤击数临界值。

$N_{63.5}$ 按式(7-5)计算：

$$N_{63.5} = N'_{63.5}\left(\frac{d_s + 0.9d_w + 0.7}{d'_s + 0.9d'_w + 0.7}\right) \tag{7-5}$$

式中　$N'_{63.5}$——实测标准贯入锤击数；

d_s——工程正常运用时，标准贯入点在当时地面以下的深度，m；

d_w——工程正常运用时，地下水位在当时地面以下的深度，m；

d'_s——标准贯入试验时，标准贯入点在当时地面以下的深度，m；

d'_w——标准贯入试验时，地下水位在当时地面以下的深度，m。

N_{cr} 按式(7-6)计算：

$$N_{cr} = N_0[0.9 + 0.1(d_s - d_w)]\sqrt{\frac{3}{\rho_c}}\quad(\text{当 } d_s \leqslant 15\text{ m 时}) \tag{7-6}$$

式中　N_0——标准贯入击数基准值，由于场地属近震区，地震设防烈度 7 度时 $N_0 = 6$；

ρ_c——黄土的黏粒含量。

关于地下水位 d_w、d'_w 取值问题，根据前期勘察资料分析，坝基 Q_3 黄土下的 Q_2^1 地层中分布有两层砂砾石，具有较强的连续性。坝址区地下水主要赋存于该砂砾石中，砂砾石层埋深 25 m 左右，其下伏的 N_2 红黏土为相对隔水层。因此，标贯试验时的地下水位深度 d_w 按 25 m 考虑。工程正常运行时，坝上游水位按地面淹没于水面以下计，下游水位按下游坝脚高程计。

为划分地基黄土的液化等级，根据《建筑抗震设计规范》(GB 50011—2001)的规定，液化指数按式(7-7)计算：

$$I_{lE} = \sum_{i=1}^{n}\left(1 - \frac{N_i}{N_{cri}}\right)d_i W_i \tag{7-7}$$

式中　I_{lE}——液化指数；

n——每一钻孔标准贯入试验点总数；

N_i、N_{cri}——可能液化土层中第 i 个标贯击数和液化临界值；

d_i——第 i 个标贯点所代表的土层厚度，m；

W_i——i 土层单位土层的层位影响权函数值。

根据前期分析成果，在水库蓄水后，最可能发生液化的地段为上游坝趾和下游坝趾。因此，在计算中均未考虑坝体的盖重。地面以下 15 m 的 Q_3 黄土液化复判成果见表 7-5。

表 7-5　坝基 Q_3 黄土标准贯入锤击数法液化判别成果

试验编号	d_s (m)	d_w (m)	ρ_c (%)	N_{cr} (击)	$N'_{63.5}$ (击)	$N_{63.5}$ (击)	判别结果	d_i (m)	W_i (m^{-1})	液化指数 I_{lE}	液化等级
RZK1-2	1.75	0.00	11.3	4.3	10	1.0	液化	1.00	10.00		
RZK1-3	2.75	0.00	13.4	4.0	9	1.2	液化	1.00	10.00		
RZK1-4	3.75	0.00	11.8	4.2	7	1.2	液化	1.00	10.00		
RZK1-5	4.75	0.00	12.6	4.1	5	1.0	液化	1.00	10.00	5.4	中等
RZK1-6	5.75	0.00	11.9	4.4	6	1.3	液化	1.00	10.00		
RZK1-7	6.75	0.00	14.9	4.2	7	1.7	液化	1.00	10.00		
RZK1-8	7.75	0.00	15.6	4.4	11	3.0	液化	1.00	7.25		
RZK2-1	1.25	0.00	15.7	3.7	6	0.5	液化	1.00	10.00	8.7	中等
RZK3-1	0.75	0.00	12.9	4.1	8	0.5	液化	1.00	10.00		
RZK3-3	2.75	0.00	15.3	3.7	11	1.1	液化	1.00	10.00	6.9	中等
RZK3-4	3.75	0.00	13.3	4.0	10	1.5	液化	1.00	10.00		
RZK4-10	9.75	0.00	15.8	4.9	17	5.4	不液化				
RZK5-2	2.25	1.72	15.7	3.2	9	1.7	液化	1.00	10.00		
RZK5-3	3.25	1.72	14.2	3.4	9	1.9	液化	1.00	10.00	3.2	轻微
RZK5-4	4.25	1.72	15.3	3.3	14	3.3	液化	1.00	10.00		
RZK5-5	5.25	1.72	12.8	3.6	14	3.7	不液化				
RZK6-1	0.75	1.00	15.4	3.4	6	0.6	液化	1.00	10.00		
RZK6-3	2.75	1.00	14.9	3.5	11	1.8	液化	1.00	10.00	5.7	中等
RZK6-5	4.75	1.00	15.4	3.4	7	1.6	液化	1.00	10.00		
RZK6-6	5.75	1.00	15.6	3.6	8	2.0	液化	1.00	10.00		

标准贯入锤击数法复判结果表明，水库蓄水后，坝基 Q_3 饱和黄土液化深度埋深在 8 m 以上，液化等级以中等为主。

(三)地基处理建议

大梁水库坝基非心墙部位的 Q_3 黄土，存在的主要工程地质问题有地震液化、黄土湿陷和不均匀沉陷等。因此，在进行地基处理时，应采取适当的方法综合解决坝基存在的工程地质问题，达到事半功倍、经济实用的目的。

针对本工程的特点，结合本地区地基处理施工的经验，建议采用挤密法(也称土挤密桩法)对坝基土层进行处理。该方法具有就地取材、原位处理和深层挤密等特点，用于处理欠压密且非饱和的黄土地基，无需大开挖换填，在我国西北、华北等黄土地区已广泛应用，同时也是一项技术比较成熟的地基处理方法。

挤密法可处理的地基深度为 5 ~ 15 m，如采用冲击法成孔与夯填或钻孔夯扩法施工时，处理深度可增大至 20 m 以上。

由于该方法具有较强的地域性，因此应在地基处理施工前，在现场选择有代表性的地段进行试验或试验性施工，在取得必要的参数后再进行地基处理施工。

为了检查地基处理效果，并获得处理后地基的液化、地基承载力及变形指标等，在地基处理结束后，应进行质量检验，主要包括挤密效果、桩孔质量、夯填质量及处理地基综合检验(液化、承载力及变形等)。具体方法为：①桩间土：处理前和处理后分别进行标准贯入试验、静力触探及取土样进行室内试验；②桩体：进行开剖取样检验法、小环刀深层取样检验法、桩体原位测试法(包括动力触探法、动测法等)试验与测试；③复合地基：采用载荷试验。通过以上试验，对处理后的地基进行综合工程地质评价。

第四节　筑坝材料

一、土料场概况

土料场位于大梁水库西北的大梁村与东洼村之间的黄土山梁斜坡地带，距大梁水库约 1.3 km。地势西北高、东南低，斜坡地面高程为 1 400 ~ 1 465 m，相对高差 60 余 m。料场呈矩形，东西长约 1 100 m，南北宽约 500 m，面积约 55 万 m^2。

料场地层主要为第四系中更新统(Q_2)和上更新统(Q_3)地层，其下为第三系上新统(N_2)。

第四系中更新统(Q_2)：岩性主要为粉质黏土和以透镜体形式分布的粉土层。其中，粉质黏土较密实，稍湿，硬塑 ~ 可塑状，部分层位分布有姜石，姜石粒径为 0.5 ~ 70.0 cm，一般为 5 cm，主要分布在本层下部，其次为中部，只有少量分布于上部；粉土土质均一，稍湿，松散，呈透镜状，分布厚度为 2.10 ~ 12.50 m，平均为 2.5 m，该粉土层占 Q_2 地层总厚度的 18.7%。本层揭露厚度为 1.1 ~ 18.0 m，平均厚度为 10.7 m。

第四系上更新统(Q_3):岩性主要为黄土状粉质黏土和以透镜体形式分布的粉土层。其中,黄土状粉质黏土表部0.70~1.10 m含植物根系,干燥~稍湿,下部含有姜石,粒径一般小于5 cm,含量为5%~10%;粉土,稍湿,松散,厚度0.5~1.5 m,占Q_3土层总厚度的1.5%,主要分布于Q_3地层底部。本层厚1.7~14.5 m,平均厚度为6.7 m。

在料场勘探深度范围内,未见地下水,只在N_2地层顶面出现少量上层滞水。

二、土料质量研究

(一)天然土料物理力学性质

1. 第四系上更新统(Q_3)粉质黏土

Q_3粉质黏土层分布于料场地层表部,其保持水的能力较差,水的下渗和蒸发速度较快。

该土层的黏粒含量为7.4%~26.8%,平均值为13.6%,塑性指数为5.6~11.8,平均值为8.6,有机质含量平均值为0.27%,易溶盐含量平均为0.038%,天然含水率一般为10%~14%,塑限为15%~18%,pH值平均值为8.6。

击实试验成果最大干密度为1.73~1.83 g/cm^3,平均值为1.80 g/cm^3;最优含水量为13.2%~16.5%,平均值为14.4%。

2. 第四系中更新统(Q_2)粉质黏土

Q_2粉质黏土层分布于料场地层下部。该土层的黏粒含量为5.0%~29.5%,平均值为16.1%;塑性指数为5.2~12.8,平均值为8.6;有机质含量平均值为0.173%,易溶盐含量平均为0.030%,天然含水率一般为15%~19%,塑限为15%~18%,pH值平均值为8.6。

击实试验成果最大干密度为1.72~1.86 g/cm^3,平均值为1.80 g/cm^3;最优含水量为12.7%~15.8%,平均值为14.6%。

3. Q_2和Q_3粉土

Q_2和Q_3土层均夹有粉土透镜体。勘察与试验资料表明,粉土黏粒含量为5.1%~13.8%,平均值为10.2%,塑性指数为4.7~8.1,平均值为6.3,有机质含量平均值为0.13%,易溶盐含量平均为0.038%,pH值平均值为8.6。Q_3土层中粉土层的天然含水率为7%~11%,平均值为9.7%;Q_2土层中粉土层的天然含水率为8%~12%,平均值为10.9%。

击实试验成果最大干密度为1.72~1.81 g/cm^3,平均值为1.79 g/cm^3;最优含水量为13.0%~15.8%,平均值为14.1%。

以上三种土料质量指标对照见表7-6。

表 7-6　料场土料主要质量指标对照

项目	均质坝土料质量指标	防渗体土料质量指标	Q_3 粉质黏土	Q_2 粉质黏土	Q_3、Q_2 粉土
黏粒含量	10% ~30%	15% ~40%	7.4% ~26.8%	5% ~29.5%	5.1% ~13.8%
塑性指数	7 ~17	10 ~20	5.6 ~11.8	5.2 ~12.8	4.7 ~8.1
渗透系数	碾压后 < 1×10^{-4} cm/s	碾压后 < 1×10^{-5} cm/s	(2.05 ~3.70) $\times10^{-5}$ cm/s	(1.70 ~1.77) $\times10^{-5}$ cm/s	(4.20 ~9.20) $\times10^{-5}$ cm/s
有机质含量	<5%	<2%	0.27%	0.173%	0.13%
水溶盐含量	<3%		0.038%	0.03%	0.038%
天然含水率	与最优含水率或塑限接近		10% ~14%	15% ~19%	7% ~12%
pH 值	>7		8.6	8.6	8.6

(二)土料质量评价

仅从土料质量指标分析,Q_2 粉质黏土土料优于 Q_3 粉质黏土,尤其渗透性较小,是较理想的防渗体土料,适合填筑心墙部位。Q_3 粉质黏土土料质量稍差,适合填筑坝壳。而粉土层不完全满足筑坝土料质量要求,尤其是黏粒含量和塑性指数偏低,工程性质较差。

从本料场实际情况分析,料场开采规划无非有两种开采方式:平面开采(平采)和立面开采(立采)。平采的优点是能够对各种土料进行分层开采,对土料中的无用层(如姜石层等)进行"手术刀"式剔除,便于"优料优用";缺点为工序复杂,不利于大规模开采,开采速度慢,而且要有足够的堆料周转和弃料场地,对资源的占有多,影响施工进度。立采适合于开采土层比较均匀的料场,优点是可以大规模开采,开采速度快,不需要专门的堆料场;缺点是无法剔除无用层(特别是较薄的无用层)。

综合考虑各种影响因素,本料场开采方式宜以立采为主,局部结合平采。具体方法是把料场先分区开成梯田状,然后进行立采,同时根据料场勘察资料决定在某一部位进行平采,以剔除无用层,这样既保证了土料质量,又满足了施工进度要求。

(三)土料质量研究

由于本料场 Q_2、Q_3 土层中所夹的粉土透镜体非连续性分布,层厚不稳定,随机性大,分布状况复杂,再详细的勘察也不可能彻底查清粉土透镜体的分布情况,这样会给设计和施工开采造成很大的困难。鉴于其所占比例较小,工程性质并非完全不可用,因此需研究其与粉质黏土混合后的工程性质。

根据勘察资料和设计要求,研究单种土料及粉土与 Q_2、Q_3 粉质黏土不同比例混合后的工程性质,指导土料的使用和开采。

为了模拟土料开采的实际情况,根据三种土料所占比例的不同,共进行 8 种组合土料配比试验,具体土料配比见表 7-7。同时,根据土料击实试验成果资料(见表 7-8),对 8 种组合土料进行不同制样指标的试验。

表 7-7　土料试验配比

组合	组成成分含量(%)			制样标准		
				$\rho_d=1.65\ g/cm^3$	$\rho_d=1.70\ g/cm^3$	
	粉土	Q_2 粉质黏土	Q_3 粉质黏土	$w=14\%\sim16\%$	$w=w_{op}$	$w=13\%\sim13.5\%$
A	100	—	—	√	√	√
B	—	100	—	√	√	√
C	—	—	100	√	√	√
D	—	50	50	√	√	√
E	25	35	40	√	√	√
F	50	25	25			√
G	25	—	75	√	√	√
H	25	75	—	√	√	√

表 7-8　土料击实试验成果汇总

组合	土料组成	最大干密度 ρ_{dmax}(g/cm^3)		最优含水量 w_{op}(%)	
		范围值	平均值	范围值	平均值
A	粉土 100%	1.72~1.81	1.79	13.0~15.8	14.1
B	Q_2 粉质黏土 100%	1.80~1.84	1.81	13.7~15.5	14.7
C	Q_3 粉质黏土 100%	1.76~1.83	1.81	13.2~14.8	13.9
D	Q_2 粉质黏土、Q_3 粉质黏土各 50%	1.80~1.83	1.81	13.5~14.8	14.2
E	粉土 25% + Q_2 粉质黏土 35% + Q_3 粉质黏土 40%	1.81~1.84	1.83	13.2~15.2	14.2
F	粉土 50% + Q_2 粉质黏土 25% + Q_3 粉质黏土 25%	1.80~1.83	1.81	13.5~14.2	14.0
G	粉土 25% + Q_3 粉质黏土 75%	1.81~1.83	1.82	13.7~13.8	13.8
H	粉土 25% + Q_2 粉质黏土 75%	1.79~1.87	1.81	13.4~15.0	14.2

试验结果表明(见表 7-9、表 7-10)，取三种土料按不同比例制取混合重塑土样，分别按不同干密度和不同含水率制样进行渗透试验，渗透系数为 $9.90\times10^{-6}\sim9.20\times10^{-5}$ cm/s，其中 B 组合土样的渗透系数较小，A 组合土样的渗透系数较大，其余组合介于以上二者之间。

通过上述试验可以认为，土料的渗透性除与岩性有关外，还与制样指标(干密度和含水率)密切相关。随着干密度的增大,含水量愈接近最优含水量,其渗透性愈小,如按干密度1.70 g/cm^3 制样进行渗透试验,当含水量为13.0% ~13.5%时,渗透系数平均值大于1×10^{-5} cm/s,而当含水量为14.0% ~16.0%时,土样的渗透系数平均值小于1×10^{-5} cm/s,满足防渗土料渗透性指标要求。

表7-9　土料重塑土渗透试验成果(一)

组合	土料组成	制样指标	渗透系数K(cm/s)		
			平均值	大值平均值	小值平均值
A	粉土100%	$\rho_d=1.70$ g/cm^3 $w=13\%\sim13.5\%$	9.20×10^{-5}	1.95×10^{-4}	4.03×10^{-5}
B	Q_2粉质黏土100%		1.77×10^{-5}	3.30×10^{-5}	1.01×10^{-5}
C	Q_3粉质黏土100%		3.70×10^{-5}	5.07×10^{-5}	2.33×10^{-5}
D	Q_2粉质黏土、Q_3粉质黏土各50%		1.53×10^{-5}	2.60×10^{-5}	1.00×10^{-5}
E	粉土25%+Q_2粉质黏土35%+Q_3粉质黏土40%		2.02×10^{-5}	3.33×10^{-5}	1.04×10^{-5}
F	粉土50%+Q_2粉质黏土25%+Q_3粉质黏土25%		3.95×10^{-5}	5.47×10^{-5}	2.43×10^{-5}
G	粉土25%+Q_3粉质黏土75%		1.45×10^{-5}	2.85×10^{-5}	7.50×10^{-6}
H	粉土25%+Q_2粉质黏土75%		3.35×10^{-5}	6.65×10^{-5}	1.71×10^{-5}
A	粉土100%	$\rho_d=1.70$ g/cm^3 $w=w_{op}$	7.66×10^{-5}	1.57×10^{-4}	3.66×10^{-5}
B	Q_2粉质黏土100%		1.70×10^{-5}	2.95×10^{-5}	8.73×10^{-6}
C	Q_3粉质黏土100%		2.86×10^{-5}	4.83×10^{-5}	8.93×10^{-6}
D	Q_2粉质黏土、Q_3粉质黏土各50%		1.80×10^{-5}	2.85×10^{-5}	1.27×10^{-5}
E	粉土25%+Q_2粉质黏土35%+Q_3粉质黏土40%		1.81×10^{-5}	2.53×10^{-5}	1.28×10^{-5}
G	粉土25%+Q_3粉质黏土75%		9.90×10^{-6}	1.35×10^{-5}	6.30×10^{-6}
H	粉土25%+Q_2粉质黏土75%		3.75×10^{-5}	9.50×10^{-5}	1.83×10^{-5}
A	粉土100%	$\rho_d=1.65$ g/cm^3 $w=14\%\sim16\%$	4.20×10^{-5}	5.30×10^{-5}	2.00×10^{-5}
B	Q_2粉质黏土100%		1.72×10^{-5}	3.20×10^{-5}	9.78×10^{-6}
C	Q_3粉质黏土100%		2.05×10^{-5}	3.05×10^{-5}	1.55×10^{-5}
D	Q_2粉质黏土、Q_3粉质黏土各50%		2.77×10^{-5}	3.15×10^{-5}	2.00×10^{-5}
E	粉土25%+Q_2粉质黏土35%+Q_3粉质黏土40%		4.17×10^{-5}	5.15×10^{-5}	2.20×10^{-5}
G	粉土25%+Q_3粉质黏土75%		3.05×10^{-5}	5.75×10^{-5}	1.80×10^{-5}
H	粉土25%+Q_2粉质黏土75%		2.23×10^{-5}	3.45×10^{-5}	1.63×10^{-5}

表 7-10 土料重塑土渗透试验成果(二)

土料	制样指标	渗透系数 K(cm/s)		
		平均值	大值平均值	小值平均值
粉土	$\rho_d=1.70$ g/cm^3 $w=14\%\sim16\%$	3.20×10^{-5}	4.00×10^{-5}	2.40×10^{-5}
Q_2 粉质黏土		8.00×10^{-6}	8.40×10^{-6}	7.60×10^{-6}
Q_3 粉质黏土		8.23×10^{-6}	8.75×10^{-6}	7.20×10^{-6}

重塑土的抗剪强度指标(见表 7-11),也反映出一定的规律性。随着土样干密度的增大,其抗剪强度有明显的提高。但干密度相同的情况下,土样含水量的变化对抗剪指标影响不大。

表 7-11 土料三轴试验抗剪强度(饱和固结不排水剪 CU)指标成果

组合	土料组成	制样指标	总应力(平均值)		有效应力(平均值)	
			C_{cu}(kPa)	φ_{cu}(°)	C'(kPa)	φ'(°)
A	粉土 100%	$\rho_d=1.70$ g/cm^3 $w=13\%\sim13.5\%$	32.53	27.0	6.52	32.0
B	Q_2 粉质黏土 100%		25.67	17.0	9.57	26.0
C	Q_3 粉质黏土 100%		28.29	21.0	14.29	29.0
D	Q_2 粉质黏土、Q_3 粉质黏土各 50%		28.27	20.0	34.11	21.5
E	粉土 25% + Q_2 粉质黏土 35% + Q_3 粉质黏土 40%		21.25	20.0	9.03	26.5
F	粉土 50% + Q_2 粉质黏土 25% + Q_3 粉质黏土 25%		24.73	23.0	12.69	28.5
G	粉土 25% + Q_3 粉质黏土 75%		25.27	22.0	13.30	27.0
H	粉土 25% + Q_2 粉质黏土 75%		23.31	21.0	13.81	27.5
A	粉土 100%	$\rho_d=1.70$ g/cm^3 $w=w_{op}$	35.28	27.0	11.60	32.0
B	Q_2 粉质黏土 100%		24.30	16.0	14.08	24.0
C	Q_3 粉质黏土 100%		38.37	16.0	15.60	29.0
D	Q_2 粉质黏土、Q_3 粉质黏土各 50%		27.18	19.5	16.26	25.5
E	粉土 25% + Q_2 粉质黏土 35% + Q_3 粉质黏土 40%		46.70	16.0	13.83	25.5
G	粉土 25% + Q_3 粉质黏土 75%		23.07	23.0	8.84	29.0
H	粉土 25% + Q_2 粉质黏土 75%		36.85	18.0	19.42	25.5

续表 7-11

组合	土料组成	制样指标	总应力(平均值)		有效应力(平均值)	
			C_{cu}(kPa)	φ_{cu}(°)	C'(kPa)	φ'(°)
A	粉土 100%	$\rho_d = 1.65$ g/cm^3 $w = 14\% \sim 16\%$	43.94	19.0	15.07	29.5
B	Q_2 粉质黏土 100%		16.12	16.5	14.17	23.5
C	Q_3 粉质黏土 100%		24.05	19.5	12.76	27.0
D	Q_2 粉质黏土、Q_3 粉质黏土各 50%		7.76	21.0	3.23	27.0
E	粉土 25% + Q_2 粉质黏土 35% + Q_3 粉质黏土 40%		25.43	14.0	21.61	20.5
G	粉土 25% + Q_3 粉质黏土 75%		25.46	21.5	8.51	30.5
H	粉土 25% + Q_2 粉质黏土 75%		18.51	17.5	11.76	25.0

三、土料的工程地质评价

Q_3、Q_2 土层虽然均以粉质黏土为主，但存在一定的差异，无论是颗粒组成，还是土的渗透性等。

通过对筑坝土料的勘察和研究，Q_3、Q_2 黄土或其混合料，在满足干密度 1.70 g/cm^3 和接近最优含水率的条件下，可以达到设计上坝土料的要求。

根据我国华北、西北地区已建成的 28 座黄土坝设计指标统计，最优含水量为 16% ~ 19%，干密度为 1.6 ~ 1.7 g/cm^3，渗透系数为 $i \times 10^{-5} \sim i \times 10^{-7}$ cm/s，内摩擦角为 20° ~ 25°，黏聚力为 10 ~ 30 kPa。

土料中含有姜石(钙质结核)，其对坝的安全影响不大，但要防止在坝体内集中分布，蓄水后形成漏水通道，因此建议土料场开采时，最好采用立面开采，使其与含姜石少的土层混掺，上坝后应使姜石在坝体内散开。

土料含水量远低于最优含水量，碾压前需加水处理。建议在土料场根据地形条件，因地制宜划分畦块进行灌水，并注意控制灌水量，使灌水处理后的黄土含水量一般能保持在塑限附近，接近最优含水量。

第五节　勘察工作的几点体会

大梁水库是修建在湿陷性黄土地区和煤矿采空区附近的大型调蓄水库，具有复杂的工程地质条件和工程地质问题。历经 20 余年的勘察，通过了水规总院、中咨公司和世界银行专家组的审查和评估。在工程地质勘察、论述和评价重大工程地质问题方面取得了丰硕的成果和经验。其表现在以下几个方面。

一、深竖井勘察与取样试验

大梁水库库坝区竖井勘察工作量约 8 020 m/345 个，竖井最大勘探深度为 25 m。取原状土样约 1 000 组,黄土的试验约 750 组。

(1)通过上述工作查明了坝区 Q_3 黄土地层的分布、干密度、湿陷性、压缩性及天然含水量等随埋深的变化规律,为最终确定坝基心墙部位置换土层厚度为 17m 的设计方案,提供了充分的地质依据,基本解决了心墙坝基的沉陷及不均匀沉陷问题。

(2)通过深竖井对 Q_2 砂砾石层抽水试验和颗分试验,查明了该层在坝基下的分布和渗透性指标,为坝基高喷混凝土防渗墙方案的确立提供了可靠的地质依据,解决了坝基渗漏和渗透稳定问题。

(3)通过深竖井勘察,查明了土料场的 Q_3、Q_2 土层的分布及物理力学性质,为心墙坝方案的确立和料场的有效利用提供了翔实的资料。

实践证明,深竖井是深厚湿陷性黄土地区重要的勘察方法。

二、黄土试验

黄土颗粒组成分析、黄土结构电子显微镜观察和黄土湿陷性试验,有效地揭示了黄土的湿陷机理,特别是在最大试验压力 1.2 MPa 的条件下,得出 Q_3 黄土具有湿陷双峰值的特点,并认为湿陷性黄土地基的试验压力不应小于建筑物的实际荷载。通过上述试验,为计算坝基湿陷变形、压缩变形提供了翔实的地质资料。

三、关于煤矿采空区

对大梁水库右岸井西煤矿采空区的勘察,采用收集煤矿历年开采资料,并进行井下实地调查落实开采区的分布范围,采用地质测绘查明采空区地表塌陷状况,利用钻探了解建筑物及其附近地区煤层的厚度、氧化特征,通过压水试验圈定煤矿采空区松动岩体的影响范围等。为确定煤矿限采界线、评价建筑物地基沉陷稳定、渗透稳定以及防渗措施提供了依据。

四、关于上第三系红黏土缺失区

通过地震波及电法物探、化探,并进行钻探验证,查明了上第三系红黏土缺失区,为库区渗漏处理提供了地质资料。

五、关于库区蓄水后地面沉降

通过对我国地面沉降资料的分析,认为:①多为过量抽采地下水,使区域地下水位大幅度下降,产生负压真空造成的;②虽然大梁水库区域地下水位埋深 230 ~ 250 m,构成以上第三系红黏土为相对隔水层的"悬库",但负压真空的作用现已基本完成,因此大梁水库蓄水后,主要是库水的下渗,出现影响建库的库区土层塌陷的可能性不大,这是大梁水库建库重要的理论依据,并有待工程蓄水验证。

后　记

随着我国深埋长隧洞的大量涌现，遇到的 TBM 工程地质问题越来越多，日益引起 TBM 隧洞勘察设计的重视，TBM 脱困技术正在迅速发展，同时也促进了 TBM 机械功能的不断改进，使之能够适应复杂地质条件。

一、TBM 隧洞主要工程地质问题

（一）围岩大变形

当隧洞围岩地应力较高，围岩强度较低（多为软岩），围岩强度应力比 $S<2$（甚至小于1）时，可产生围岩大变形，造成卡机事故。例如，新疆某 TBM 隧洞，干燥无水的侏罗系泥岩洞段，曾多次卡住刀盘和护盾，需进行脱困处理，该段隧洞最大主应力方向与隧洞轴线近于直交，岩石强度应力比 $S\approx1$，地层倾角为 50°左右，岩层走向与隧洞轴线交角为 10°～20°。

据不完全统计，国内外 TBM 隧洞围岩大变形事故最多。随着 TBM 隧洞向深部发展，该类问题将更加突出。

（二）围岩塌方与大涌水

大断层带、地层不整合带、富水的承压含水层带等，常造成 TBM 隧洞塌方与大涌水，使 TBM 处于严重受困状态。例如，我国新疆某隧洞，在 TBM 进入基岩与第四系不整合带后，隧洞的大涌水与大塌方（泥石流）使 TBM 严重受困。据不完全统计，国内外发生此类事故很多。而我国辽宁某 TBM 隧洞，在工程地质条件复杂、具备大塌方和大涌水的洞段采用钻爆法施工，避免了许多 TBM 受困事故，提高了整个工程的掘进效率。

（三）岩溶发育的灰岩地区，突泥突水造成 TBM 严重受困

例如，我国云南某 TBM 隧洞的岩溶突泥突水造成 TBM 掘进困难，由于长期受困造成掘进机报废。

（四）特殊性岩（土）造成 TBM 受困

膨胀岩遇水后发生软化、泥化、崩解、膨胀及岩石强度急剧下降，造成围岩变形、塌方，使 TBM 严重受困。例如，新疆某 TBM 隧洞膨胀性泥岩，因施工用水、水泥灌浆水和工作段长期积水的影响，围岩产生强烈的膨胀变形与塌方，使 TBM 被困。

山西省某 TBM 隧洞由于石炭纪炭质岩与长石石英砂岩的岩石饱和抗压强度相差甚大，当炭质泥岩出露在隧洞底板附近时，容易造成 TBM 掘进的下栽和向一侧的偏离，需进行纠偏处理。

二、我国正在勘察设计的 TBM 深埋长隧洞工程主要研究课题

（1）工程地质研究的课题主要有高地应力条件下软岩大变形与硬岩岩爆、大断层等塌方与突涌水、岩溶与突泥突水、高外水压力与隧洞涌水量预测、活动性断层、高地温、放

射性元素与有害气体,以及超前地质预测预报问题等。

(2)工程设计研究的课题主要是针对各种工程地质问题,进行工程设计和施工对策措施的研究;同时进行 TBM 选型论证和钻爆法作为 TBM 隧洞的辅助施工手段合理运用等。

三、TBM 脱困技术研究

TBM 掘进过程中越来越多地遇到受困问题,因此脱困技术就应运而生。脱困方法主要有以下几种:

(1)灌浆(化灌及水泥灌浆等)加固围岩和治理隧洞涌水和突泥。

(2)施工导洞和扩挖 TBM 前方隧洞,使 TBM 脱困。

(3)超前探测与预测预报,为采取相应的 TBM 脱困施工方案提供依据。

(4)根据不同的地质条件,采取相应的掘进操作工艺。例如,通过断层带、软弱岩带时宜采取三低(低推力、低转速、低进尺)一连续(不停机)的技术措施;在通过膨胀岩地区时,需严格控制施工用水,使用出刃大的刀具等;当 TBM 掘进发生超差时,及时采取纠偏措施等。

四、改进和提高

不断改进 TBM 自身的功能,不断提高对不良地质体的适用性。例如,提高机械的动力(增大扭矩)和使用寿命,提高刀盘、刀具的功能和寿命,提高围岩支护和处理的能力,以及配置超前探测设备等。

引黄入晋工程为我国引进了 TBM 技术,揭开了 TBM 工程地质勘察、工程设计与工程施工新的一页。随着我国深埋长隧洞工程的大量实施,TBM 隧洞工程地质必将以前所未有的速度有所提高、有所发现、有所创新,为深埋长隧洞工程的发展做出应有的贡献。

作　者

2007 年 9 月

参考文献

[1] 水利电力部水利水电规划设计院．水利水电工程地质手册[M]．北京:水利电力出版社,1985.

[2] 严沛漩,等．水利水电工程勘测设计专业综述Ⅱ勘测[M]．成都:电子科技大学出版社,1997.

[3] 山西省矿产局．山西省区域地质志[M]．北京:地质出版社,1986.

[4] 原水利电力工业部水电水利规划设计总院,水利部水利水电规划设计总院．GB 50287—99 水利水电工程地质勘察规范[S]．北京:中国计划出版社,1999.

[5] 乔平光,等．黄土地区工程地质[M]．北京:水利电力出版社,1990.

[6] 仇德彪,等．山西省万家寨引黄工程勘测设计论文集[C]．郑州:黄河水利出版社,2003.

[7] 张有天．岩石水力学与工程[M]．北京:中国水利水电出版社,2005.

[8] 张永双,曲永新．硬土/软岩(岩土间新类型)的确认及判别分类的探讨[J]．工程地质学报,2000,8(增刊).

[9] 王宏斌．万家寨引黄入晋工程规划[J]．水利水电工程设计,2001(4).

[10] 宋嶽．万家寨引黄入晋工程地质勘察[J]．水利水电工程设计,2001(4).

[11] 闵家驹,仇德彪,等．万家寨引黄工程勘测设计过程[C]//山西省万家寨引黄工程勘测设计论文集．郑州:黄河水利出版社,2003.

[12] 闵家驹．浅谈万家寨引黄入晋工程设计中的几个问题[J]．水利水电工程设计,2001(4).

[13] 王晓全,张珏．万家寨引黄长隧洞的 TBM 施工[C]//山西省万家寨引黄工程勘测设计论文集．郑州:黄河水利出版社,2003.

[14] 马延臣,王晓全,等．引黄工程南干线 TBM 施工隧洞设计[J]．水利水电工程设计,2001(4).

[15] 宋长申,等．TBM 施工的总干线 6#、7#、8#隧洞不良地质缺陷处理[J]．水利水电工程设计,2001(4).

[16] 陈艳慧,池建军．引黄工程特殊洞段的施工塌方处理[J]．水利水电工程设计,2001(4).

[17] 宋嶽．山西省万家寨引黄工程掘进机隧洞工程地质[J]．工程地质学报,2001,8(增刊).

[18] 宋嶽．引黄入晋工程大梁水库坝基黄土湿陷变形特征及对工程的影响[J]．工程地质学报,1995,3(3).

[19] Bruae D · Riplay．华丽奇水电站引水隧洞的水压试验[J]．耿乃兴,译．水利水电工程设计,1994(2).

[20] 宋嶽．深长隧洞主要工程地质问题及勘察方法[C]//水利水电工程勘测新技术论文集．郑州:黄河水利出版社,2003.

[21] 宋嶽,徐建闽．万家寨引黄入晋工程泥质岩工程地质研究[J]．水利水电工程设计,2001(4).

[22] 范堆相．可持续发展水利在大型调水工程中的实践——万家寨引黄工程若干问题研究[M]．北京:中国水利水电出版社,2005.

[23] 地质矿产部水文地质工程地质技术方法研究队．水文地质手册[M]．北京:地质出版社,1978.

[24] 林昭．碾压式土石坝设计[M]．郑州:黄河水利出版社,2003.

[25] 宋嶽,李彦坡．万家寨引黄工程线路比选优化地质勘察[C]//山西省万家寨引黄工程勘测设计论文集．郑州:黄河水利出版社,2003.

[26] 张怀军．万家寨引黄工程地下泵站高压输水隧洞固结灌浆对围岩加固作用初探[C]//山西省万家寨引黄工程勘测设计论文集．郑州:黄河水利出版社,2003.

[27] 张怀军,李彦坡,等．山西省黄土地区某水库坝基土层地震液化分析[C]//2006 水利水电地基与基础工程技术．北京:中国水利水电出版社,2006.

[28] 张怀军,周颖．大梁水库筑坝土料勘察研究[C]//岩土工程勘察论文集．郑州:黄河水利出版社,2007.